青年积极心理素质养成

冯 靖 编著

中国电力出版社
CHINA ELECTRIC POWER PRESS

内 容 提 要

本书面向青年开展积极健康取向的心理健康教育，旨在通过普及积极、实用的心理学基础知识，开展富有启发性的体验活动，提高他们的心理品质，优化行为习惯，增强职场适应能力，促进其健康成长和发展，同时为从事心理健康服务的人员提供从活动方案、专业理论到心理测评的全方位的借鉴。本书共十讲，内容包括有关幸福的心理学、积极的自我、积极人格特质、幸福与乐观、积极情绪体验、压力应对、积极社会关系、爱与亲密关系、职场适应、心理健康：爱与创造。本书采用"行动导向法"模式编写，真正实现"为行动而学习，通过行动来学习，学习是为了以后更好的行动"，着力体现可读性、操作性和自助性的特点。

本书是青年心理健康教育的可选教材，也是关注自身成长与心理健康的读者朋友的有益读本，同时也可作为从事青年教育、心理健康服务等方面工作人员的参考书。

图书在版编目（CIP）数据

青年积极心理素质养成/冯靖编著. —北京：中国电力出版社，2019.9（2020.9重印）
ISBN 978-7-5198-3346-6

Ⅰ.①青…　Ⅱ.①冯…　Ⅲ.①青年心理学－素质（心理学）－研究　Ⅳ.①B844.2

中国版本图书馆 CIP 数据核字（2019）第 194536 号

出版发行：中国电力出版社
地　　址：北京市东城区北京站西街 19 号（邮政编码 100005）
网　　址：http://www.cepp.sgcc.com.cn
责任编辑：冯宁宁（010-63412537）
责任校对：黄　蓓　常燕昆
装帧设计：赵姗姗
责任印制：钱兴根

印　　刷：三河市百盛印装有限公司
版　　次：2019 年 9 月第一版
印　　次：2020 年 9 月北京第二次印刷
开　　本：787 毫米×1092 毫米　16 开本
印　　张：18.5
字　　数：447 千字
定　　价：59.00 元

习近平总书记在十九大报告中指出，要加强社会心理服务体系建设，培育自尊自信、理性平和、积极向上的社会心态。国家的发展，本质上是人的发展。人的发展，离不开心理的健康发展。建设富强、民主、文明、和谐、美丽的社会主义现代化强国，不仅需要有和谐的自然环境，更需要有和谐、健康的社会环境和心理环境。只有不断加强心理学的科学研究，预测、引导和改善个体、群体、社会的情感和行为，才能提高国民心理素质，促进社会和谐安定，提升国家凝聚力。

青年兴则国兴，青年强则国强。青年的心理健康状况是一个国家、一个民族的心理健康水平的重要指标，进而影响到国家、民族的进步。对于刚刚步入社会的青年而言，如何调整心态去适应这个纷繁的世界，使自己得到全面、健康的发展是摆在每个青年面前的重要课题。尤其在各种价值观多元化，社会经济、文化冲击激烈的环境中，如何使青年保持自我内心稳定安宁，培养积极乐观、能够应对各种变化，并具备无限发展潜力的健康心态，是全社会都应当关注和致力研究的重大课题。

"当一个国家或民族被饥饿和战争所困扰的时候，心理学的主要任务是治疗心理创伤。在经济繁荣的和平时期，心理学的主要任务是帮助人们活得更加幸福而有意义，生活得更加美好。"幸福的奥秘是什么？现代人为什么经常不快乐？怎样保持生命的最佳状态？怎样走进一个洋溢着积极精神、充满乐观希望和散发着春天活力的心理状态？继行为主义、精神分析、人本主义三大传统心理学流派后，20世纪末期新兴起的积极心理学拓宽了人类追求幸福的视野。积极心理学致力于研究如何获得幸福，以发展个体潜力、提升幸福为目标，开创了一场"幸福革命"，为人类打开幸福之门、获得幸福人生提供了新的钥匙。积极心理学不再仅仅关注"人出现了什么问题"，而专注于研究人类的力量和美德等积极方面，从而激发人自身内在的积极力量和优秀品质，以此帮助普通人或具有一定天赋的人最大限度地挖掘自己的生命潜力。自1999年美国哈佛大学在全世界首次开设"积极心理学"公开课后，时至今日，全美有超过200所高校开设了关于积极心理学的课程，并且无一例外成功超越了最受欢迎的传统课程，成为所有课程中参与人数最多的课程。

本书面向青年开展积极健康取向的心理健康教育，旨在通过普及积极、实用的心理学基础知识，开展富有启发性的体验活动，提高他们的心理品质，优化行为习惯，增强职场适应能力，促进其健康成长和发展，同时为从事心理健康服务的人员提供从活动方案、专业理论到心理测评的全方位的借鉴。本书改变了以往心理健康知识读本以传统心理学框架为纲、侧重于甄别治疗心理问题的做法，以 21 世纪心理学理论发展的最新成果——积极心理学为理论依据，结合作者及其工作团队近十年来从事青年心理健康服务工作积累的大量数据资料和真实案例，选取了与青年积极心理素质息息相关的积极的自我、积极人格特质、积极情绪体验、压力应对、积极社会关系等十个主题，基本涵盖了青年工作生活过程中可能面临的主要心理困惑。首次集中、专业地介绍了主观幸福感、萨提亚沟通模式、九型人格等近年网络风靡，而青年们对其却一知半解的心理学知识，可以极大地增强青年对心理学的兴趣和准确理解。本书采用"行动导向法"模式编写，以行动能力为目标，以任务为载体，以青年为主体，在指导者的带领下，通过完成一项项具体的任务或项目，进而了解相关积极心理学知识和技能，达到自我改变的目的，真正实现"为行动而学习，通过行动来学习，学习是为了以后更好的行动"。编写中着力体现可读性、操作性和自助性的特点，参照教育部文件（教思政厅〔2011〕5 号）要求，每个主题由一个故事引入，组织设计一个团体活动，进而引入帮助青年更好地参与活动的积极心理学知识。为了提升理论知识的趣味性和可读性，讲解过程中选取了大量专业、权威的心理学实验和趣味故事，以帮助读者更好地理解和把握积极心理学的要义。每一讲都根据主题内容设计了方便青年了解自我的心理测量，量表均来自由国内外著名心理学家编制、经过全球或全国心理专业领域长期使用并验证的专业量表，具有很强信效度。考虑到青年的学习娱乐习惯，"心理书单"和"心理银幕"向想进一步了解该主题的青年推荐了优质的书籍和电影，以增加对本书内容的理解。本书既可作为各高校、培训机构开展积极心理学教育的学习教材，也是关注自身成长与心理健康的青年读者朋友们自学的有益读本。

本书作者在大型国企青年培训机构和高等院校从事青年心理健康服务工作近十年，具有深厚的理论功底和丰富的实践经验，对青年教育工作的热爱和对青年心理状态的熟练把握，使本书从内容到形式都具有独到之处。此外，本书在编写过程中还借鉴和吸收了国内外专家、学者的相关资料及研究成果，在此深表感谢。同时，也参考了大量近年来出版的心理学方面的教材、刊物，吸收了其他院校在这一领域的研究成果，除书后列出的参考资料外，另有部分参考文献和数据未能一一详列。

在编写的过程中，尽管力图做一些积极的探索，但限于编者水平，本书不足之处在所难免，欢迎广大读者批评指正。

编　者

2019 年 5 月

目录

第一讲
有关幸福的心理学

初为人父的爸爸看着刚从医院抱回来、在摇篮里熟睡的女儿，心中充满了敬畏与感恩，他的女儿是如此完美。婴儿睁开了眼睛，凝视着上方。这位爸爸叫着婴儿的名字，以为她会转头过来看他，但是婴儿的眼睛动都没有动。

他拿起摇篮边的小铃铛，用力摇响，婴儿的眼睛还是没有转过来。他的心跳开始加速，他赶紧跑到卧室，把这个情况告诉了他的太太。"她对声音完全没反应，她好像听不到。"

"我想她应该没事……"他太太披上睡袍来到婴儿的房间。

她叫着婴儿的名字，摇着铃铛，拍着手掌——都没反应。最后，她把婴儿抱了起来。一抱起来，婴儿立刻扭动起来，嘴里发出"咕咕"的声音。

"我的天，她是个聋子!"爸爸说。

"她不是"，妈妈说，"我想现在下判断还太早了，她刚从医院回来，她的眼睛还不能凝视呢!"

"但是她的眼睛一动也不动，即使我很用力地拍手，她的眼睛都没有反应。"

妈妈从书架上抽出一本育儿指南。"看看书上怎么说吧!"她说。她找到"听觉"这一章，念了起来："如果新生的婴儿没有被突发的响声吓到，或是没有转头看发声的地方，不要担心，新生婴儿的惊吓反射和对声音的注意力要过一段时间才能发育完成。我可以让儿科医生测试孩子的听力，看她的神经有没有问题。"

"怎么样?"妈妈说，"书上的解释让你好过一点了吗?"

"没有"，爸爸说，"这本书没有提到其他的可能性，例如这个婴儿可能是个聋子。我只知道我的孩子听不见声音，对这件事我有最坏的考虑，或许因为我爷爷是个聋子。如果这么可爱的孩子是个聋子的话，那肯定都是我的错，我永远不能原谅自己。"

"喂，等一下"，太太说，"你未免太快就绝望了吧！星期一一早我们就打电话给儿科医生，把孩子抱去检查一下。现在先放宽心，来，你先抱着孩子，我来把她的小床整理一下。"

这位父亲虽然接过孩子，但当他太太一忙完，他立刻把孩子交了回去。整个周末他都无心准备下周上班要用的文件。他跟着他太太在屋里走来走去，嘴里咕哝着说："假如这孩子是聋子的话，她这一辈子就完了……"他只想到最坏的可能性：没有听力，不会说话，他的漂亮宝贝将永远被隔绝在社交生活之外，被关在一个没有声音的孤独世界里。到星期天晚上，他的心情已经坠入最深的谷底。

这位妈妈留言给医生，希望星期一早早地看医生。然后，她整个周末都在运动、看书，并想办法使她先生冷静下来。

儿科医生的检查显示婴儿的听力完好，但是这位父亲的心情仍然很低落。直到一个星期之后，婴儿被路过的卡车排气管发出的巨响吓到以后，他的心情才逐渐好起来，开始逗弄他的宝贝女儿。

这位父亲和母亲对这个世界有着两种截然不同的看法，当事情发生时，父亲立刻想到最坏的一面，他的健康也因此而受损。母亲则是另一个极端，看事情都看好的一面，对她来说，坏事只是暂时的，是一个挑战，最终都会被克服。所以遇到挫折时，她可以很快恢复，养精蓄锐，重新出发。

团体活动 1：我的优点树

活动目的　认识自己不同方面的优点，学会欣赏和接纳自己。

活动形式　全班分组，3～5 人为一组。

活动材料　纸、彩水笔或油画棒，每组一套。

活动过程

1. 请想象：你正沿着一条路走，突然发现前方有一棵很特别的树，这是一棵有象征意义的树，与你有关，它上面挂满了标志着你特别的能力和优点的硕果。仔细地观察它，它是怎么样的？枝干、树根如何？

2. 用彩笔在纸上画出"我的优点树"，不同的果实可以选用不同的颜色。

3. 成员分享，成员先在小组内部分享，然后各小组选代表在班级内分享：

（1）我所画的优点树能充分展现我的优点吗？有没有遗漏？

（2）我的这些优势是否得到了充分的发挥？这些优势对我产生了哪些重要影响？

这也许是一个心理疾病流行的时代，在我们的生活中，抑郁、焦虑、自杀的字眼不绝于耳，你甚至有时也会产生"我是否患上了心理疾病"的自问，有时甚至会在某个事件来临时产生"我不想活了"的念头。自 1879 年世界上第一个心理学实验室在德国莱比锡大学成立，标志着心理学的正式诞生以来，一代代各种流派的心理学家们致力于研究并治疗这些心理疾病，而且取得了显著的成效——目前 14 大类心理疾病都能够得到有效治疗。

然而，治疗心理疾病就是心理学这门学科的历史使命吗？心理学家们在"如何使人们生活得更幸福"这个课题面前就只能束手无策吗？我们不可能通过对问题的修修补补来为人类谋取幸福，心理学必须转向研究人类的积极品质。

20 世纪末，美国心理学界掀起了一股新的心理学研究思潮，致力于研究普通人的发展潜力和美德等积极品质，强调对心理生活中积极因素的研究，而不是把注意的重心放在消极、障碍、病态等方面的探讨，掀起了一场积极心理学运动（Positive Psychology）……

一、传统心理学面临的困境

传统心理学中有三大势力：它们分别是历史悠久的行为主义，影响深远的精神分析主义，以及以人的整体为核心，对前两大势力提出批判的人本主义。

行为主义的代表人物是斯金纳、华生等人，他们排斥意识，通过把纯粹"客观"的行为作为其研究对象而确立自身，并以纯粹客观的实验研究范式而成为心理学的"第一势力"，从而确立了其在主流心理学中长达半个世纪的统治地位。

与行为主义并存的第二大势力是精神分析心理学，代表人物是弗洛伊德、荣格等人，这一学派是把从研究精神病人那里得到的材料应用于正常人，认为人同动物一样，均被本能冲动和生理需求所支配。在弗洛伊德这里，人的特性被抹杀了，人的样貌破碎了，整体的人格被肢解为本我、自我、超我三个自成系统的部分。

针对近代心理学中这种非人化、肢解完整的人格和过度强调方法的倾向，"以人为核心"的第三大势力——人本主义心理学强调突出人的利益、价值，强调个人的尊严和自由，并注意人的内在潜能和发展的无限性，提出反对心理学的第一势力行为主义的机械决定论和第二势力精神分析的生物还原论，故人本主义心理学被称为第三势力，代表人物是马斯洛和罗杰斯。

传统心理学在学科上取得独立地位以后，面临三项主要使命：一是研究消极心理，治疗精神疾病；二是让所有人生活得更加充实有意义；三是鉴别和培养人才。二战之前三者均得到研究者同等程度的关注。而二战之后，在对精神疾病的了解和疗法取得巨大进步的同时，心理学却忘记了它的另外两项使命，逐渐成为一门大力致力于治疗疾病的受害者科学，它的研究焦点集中于测评并治愈个人心理疾病，出现了大量对心理障碍的研究以及对离婚、死亡、性虐待等环境压力对个体造成的负面影响的研究。据香港城市大学岳晓东博士[1]统计，对《心理学摘要》（《Psychological Abstracts》）电子版搜索显示，1887~2000 年以来的重要心理学文献中，关于焦虑（anxiety）的文章有 57800 篇，关于抑郁（depression）的文章有 70856 篇，而提及欢乐（joy）的文章仅有 851 篇，关于幸福（happiness）的文章有 2958 篇，关注消极情绪和关注积极情绪的研究文献比例为 14:1！著名心理学家亚伯拉罕·马斯洛[2]说："心理学作为一门科学，对于消极方面的研究远比对积极方面的研究要成功。它反映了很多人类的缺点、短处、过失，而很少关注人类的潜能、长处、实际愿望或心理高度。好像心理学自愿故步自封，局限于研究黑暗低劣的一半。"

"当一个国家或民族被饥饿和战争所困扰的时候，心理学的主要任务是治疗心理创伤。但在经济繁荣的和平时期，心理学的主要任务是帮助人们活得更加幸福而有意义，生活得更加美好"。随着整个人类社会的和平与发展，对正常人的研究越来越引起心理

---

[1] 岳晓东（1959—），美国哈佛大学心理学博士，香港城市大学应用社会科学系副教授，香港心理学会辅导分会首任会长，国内 20 多所大学客座教授。

[2] 亚伯拉罕·马斯洛（Abraham H. Maslow，1908—1970），美国著名社会心理学家，第三代心理学的开创者，提出了融合精神分析心理学和行为主义心理学的人本主义心理学，于其中融合了其美学思想。他的主要成就包括创立了人本主义心理学，提出了马斯洛需求层次理论，代表作品有《动机和人格》《存在心理学探索》《人性能达到的境界》等。

学的重视。越来越多的心理学家认识到，心理学不仅仅应对损伤、缺陷和伤害进行研究，它也应对力量和优秀品质进行研究。治疗不仅仅是对损伤、缺陷的修复和弥补，也是对人类自身所拥有的潜能、力量的发掘。心理学不仅仅是关于疾病或健康的科学，它也是关于工作、教育、爱、成长和娱乐的科学。

二、幸福革命

20世纪末期，愈来愈多的心理学家涉足人的积极心理品质这一研究领域，并逐渐形成了一场积极心理学运动，倡导心理学在了解各种心理疾病机理的情况下，也要理解人的积极品质和积极力量的心理机理。这场运动的创始人是美国当代著名的心理学家马丁·塞利格曼（Martin E.P. Seligman）❶、谢尔顿（Kennon M. Sheldon）和劳拉·金（Laura A. Kig）❷。1996年，塞利格曼担任美国心理学会主席，开始利用他的影响到处呼吁开展积极心理学运动，并把创建积极心理学看作自己在美国心理学会主席任期中最重要的使命之一。1998年，他在美国心理学年会上首次提出"积极心理学"这一概念，并在艾库马尔（Akumal）会议❸上确定了积极心理学的三大主要研究内容，并指定了相应的负责人。2000年，塞利格曼和米哈里·契克森米哈（Mihaly Csikszentmihalyi）❹在《美国心理学家》（《American Psychologist》）杂志上发表了《积极心理学导论》一文。2002年，C.R.斯奈德（Snyder C.R.）❺和沙恩·洛佩

❶ 马丁·塞利格曼（Martin E.P. Seligman, 1942—），美国心理学家，"积极心理学之父"，认知疗法的主要倡导者之一。塞利格曼通过对狗进行电击实验，研究狗的一系列行为表现，从而提出了习得性无助这一重要的理论，此后塞利格曼转向对抑郁、乐观主义、悲观主义等方面的研究。曾获美国应用与预防心理学会的荣誉奖章，并由于他在精神病理学方面的研究而获得该学会的终身成就奖。1998年当选为美国心理学会主席。其对人格与动机的研究成果，包括20余本书以及200余篇文章，被译成多种语言，畅销全球。其中，最著名的有《真实的幸福》《活出最乐观的自己》《认识自己，接纳自己》《教出乐观的孩子》《持续的幸福》等。

❷ 劳拉·金（Laura A. King），美国人，最初就职于达拉斯的南卫理公会大学，2001年转入密苏里大学哥伦比亚分校任教授。在研究方面，她获得美国国家心理健康研究所的研究基金，主要关注与幸福生活相关的研究主题。2001年她的研究成果获得了积极心理学的坦普顿奖（Templeton Prize）。

❸ 艾库马尔会议虽然是一次小型会议，却是积极心理学发展史上里程碑式的事件。这次会议在墨西哥的尤卡坦半岛举行，最终确定了积极心理学的三大研究支柱。

❹ 米哈里·契克森米哈（Mihaly Csikszentmihalyi），1934年9月29日出生于意大利阜姆港（南斯拉夫港市里耶卡的旧称），是一位22岁移民到美国的匈牙利籍心理学家。就读于芝加哥大学，于1960年获得学士学位，1965年获得博士学位。前任芝加哥大学心理系和森林湖学院社会人类系系主任。现在任职于莱蒙研究大学。

❺ C.R.斯奈德（Snyder C.R., 1944—2006），美国堪萨斯大学临床心理学杰出教授，临床、社会、人格、健康等心理学领域国际著名的学者。他是积极心理学领域的开创者之一，与沙恩·洛佩斯合作，撰写了该领域的第一本教科书《积极心理学：探索人类优势的科学与实践》。最为著名的研究是关于希望和宽恕，此外还建立了解释人们应对个人挫折、独特性的人类需求以及宽恕的相关理论。曾获得多达31个研究类奖项和27个教学类奖项，包括两次获得美国杰出进步主义教育家奖，以及巴弗尔·杰弗里人文和社会科学研究成就奖。

斯（Lopez S.J.）❶主编的《积极心理学手册》出版，正式宣告了积极心理学的诞生。马丁·塞利格曼被公认为"积极心理学之父"（见图1-1）。

图1-1 "积极心理学之父"马丁·塞利格曼［美］

积极心理学的诞生故事

大家可能不会想到，正在改变人类生活的"积极心理学"竟起源于一个父亲和他五岁女儿的一次交谈。那一天不仅让这个父亲——马丁·塞利格曼从过去50年阴暗的气氛中走出来，整个世界也开始向着探寻如何获得幸福的生活迈进……

一天，塞利格曼在自己屋前的花园里割草，他的小女儿尼奇在一边玩耍。塞利格曼是一个做事很认真、很专注的人，即使在割草的时候也是如此。他的女儿则显得天真活泼，她在父亲的身边又唱又跳，还不时地把割下的草抛向天空。塞利格曼对女儿尼奇的行为不耐烦了，于是对着尼奇大声地训斥了一声。

尼奇一声不响地走开了，可不久她又回到花园，并且一本正经地对塞利格曼说："爸爸，我想和你谈谈。"

"可以呀，尼奇。"塞利格曼回答说。

"爸爸，还记得我在过5岁生日之前的情况吗？我在3岁到5岁之间是一个经常爱抱怨和哭诉的人，那时的我经常要对许多事抱怨和哭诉，也不管这些事是要紧的还是无关紧要的。但当我过了5岁的生日后，我就下决心不再就任何事对任何人抱怨和哭

---

❶ 沙恩·洛佩斯（Lopez S.J.），英国克利夫顿优势学院研究主任和盖洛普咨询公司资深科学家，他创建了盖洛普学生民意调查，用于测量美国学生的希望、参与度和幸福感。他的研究领域是希望、优势发展、学业成功与整体幸福感之间的联系，迄今已发表了100多篇研究论文，并撰写了7部积极心理学著作中的章节，包括《积极心理学百科全书》《积极心理学手册》等。

诉了，这是我长这么大做过的最难的一件事。不过我发现，当我不再抱怨和哭诉时，你也会停止对我吼叫和训斥。"

尼奇的这番话使塞利格曼非常吃惊，他没想到自己小小的女儿居然明白如此深奥的道理——停止抱怨，积极生活。他开始自我反省——反省自己对女儿、对生活、对职业的态度和行为，并得出如下的结论：抚养孩子并不是一味地呵斥和纠正她的不当行为，而是要理解她的心，与她交流本身具有的积极力量，并对她的这种积极的力量进行培育。

三、继承与批判

行为主义、精神分析学派、人本主义心理学被称为传统心理学的三大流派，分别以华生、斯金纳；弗洛伊德；马斯洛、罗杰斯为代表人物。积极心理学是对人本主义流派的继承和发展。积极心理学的研究渊源最早可追溯至 20 世纪 30 年代路易斯·特曼（L.M.Terman）❶关于天才和婚姻幸福感的研究，以及卡尔·荣格（Carl Gustav Jung）❷关于生活意义的研究，马斯洛在《动机与人格》（见图 1-2）中也曾倡导积极心理学的研究。

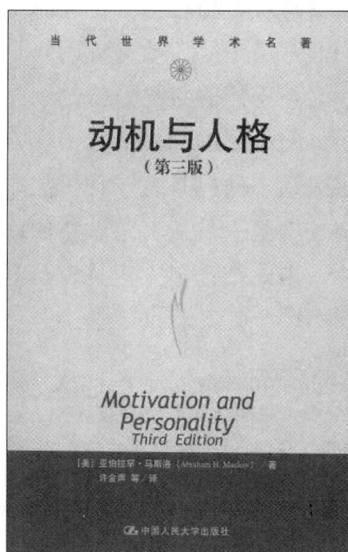

图 1-2 《动机与人格》（[美] 马斯洛）

---

❶ 路易斯·特曼（L.M.Terman），又译刘易斯·推孟，美国心理学家，被称为"智商之父"，一生中进行两大研究：修订比纳—西蒙量表；进行心理学史上历时最长的纵向研究。

❷ 卡尔·荣格（Carl Gustav Jung，1875—1961），瑞士心理学家。1907 年开始与西格蒙德·弗洛伊德合作，发展及推广精神分析学说长达 6 年之久，之后与弗洛伊德理念不和，分道扬镳，创立了荣格人格分析心理学理论。曾任国际心理分析学会会长、国际心理治疗协会主席等，创立了荣格心理学学院。他的理论和思想至今仍对心理学研究具有深远影响。

世界最著名的心理学纵向研究

20世纪50年代早期，路易斯·特曼（Lewis Terman）的天才遗传研究是心理学中历时时间最长、最著名的纵向研究之一。从1921年起，特曼以高IQ值为依据挑选青少年被试者，然后追踪并鼓励他们的职业发展。但让特曼失望的是，他的研究队列中只产生了寥寥几位著名科学家。在因为129的IQ值还"不够高"而没能入选的青少年中，包括诺贝尔奖得主威廉·肖克利（William Shockley）❶——晶体管的共同发明人之一。另一位诺奖得主物理学家路易斯·阿尔瓦雷茨（Luis Alvarez）❷当初也被拒绝了。

1. 积极心理学与人格心理学

美国人格心理学家高尔顿·乌伊拉德·奥尔波特（Gordon W. Allport）❸（见图1-3）鉴于对弗洛伊德主义过于强调人的潜意识的怀疑和不满，以及心理学中的实验化倾向而提出了人格特质理论。他认为个体和另一个体以一组普遍的特质相互比较，无法获得个体间的独特性，因为个体间重要的差距并不表现在普通的特质上，而在某些核心且组成其人格之特质上。奥尔波特将人格特质区分为共同特质（common traits）和个人特质（personal traits），并区分了三种不同的个人特质：首要特质、中心特质和次要特质。某种特质是一个人的首要特质，但在另一个人身上却是中心特质，在第三个人身上可能只是次要特质。人们通常用中心特质来说明一个人的性格。他还认为，人格是个体内那些决定个人特有行为与思想的心身系统的动态结构，个体的动机系统为其人格的形成提供动力，因为个体的不同的动机将直接影响到人格的形成。但动机与人格的关系不是简单的线性决定关系，动机具有一种机能自主的特性，正是这种特性才使得个体的人格是动态的。塞利格曼正是从奥尔波特的动机与人格的关系理论中受了启示，通过动物的习得无助感，由此推论出人也具有习得性无助，进而推论出人也具

---

❶ 威廉·肖克利（William Shockley，1910—1989），出生在英国，美国人，1955年在硅谷创办肖克利半导体实验室，担任主任。在贝尔实验室期间与人共同发明晶体管，被媒体和科学界称为"20世纪最重要的发明"，和另两位同事荣获1956年度的诺贝尔物理学奖，率先引导"硅谷"走向电子产业新时代，获得了90多项发明专利。

❷ 路易斯·阿尔瓦雷茨（Luis Alvarez，1911—1988），世界著名实验物理学家，美国著名高等学府加州大学伯克利分校（UC Berkeley）物理学教授。因对实验粒子物理学作出了重大贡献而获得1968年诺贝尔物理学奖，其中包括与伯克利同事唐纳德·格拉泽（Donald Arthur Glaser，气泡室发明者）一起升级了液氢气泡室（Liquid Hydrogen Bubble Chamber），曾参与了著名的"曼哈顿计划"，与其儿子Walter Alvarez一同提出了"小行星撞击说"的恐龙灭绝假说（又名"阿尔瓦雷茨假说"，Alvarez Hypothesis）。

❸ 高尔顿·乌伊拉德·奥尔波特（Gordon W. Allport，1897—1967），美国人格心理学家，现代个性心理学创始人一，1939年当选为美国心理学会主席，1964年获美国心理学会颁发的杰出科学贡献奖。1937年出版《人格：一种心理学的解释》（《Personality:A Psychological Interpretation》），成为人格心理学独立的标志。1961年出版了关于人格研究最重要的著作《人格的类型和成长》（《Pattern and Growth in Personality》）。其兄F.H.奥尔波特是美国著名社会心理学家，"社会促进"（Social facilitation）概念的提出者，曾出版《社会心理学》（1924）。

有习得性乐观，最终推动了积极心理学的提出。

图 1-3　人格心理学家高尔顿·乌伊拉德·奥尔波特［美］

2. 积极心理学与人本主义心理学

积极心理学的另一个渊源是人本主义心理学。人本主义理论是美国当代心理学主要流派之一，20 世纪 60 年代早期由美国心理学家马斯洛创立，七八十年代迅速发展，代表人物有卡尔·罗杰斯（Carl Ranson Rogers）[1]。人本主义既反对行为主义把人等同于动物，只研究人的行为，不理解人的内在本性，又批评弗洛伊德只研究神经症和精神病人，不考察正常人心理，故被称为心理学中的第三思潮，在心理学历史上第一次为心理学树立了一个充分体现人性意义的主题，这也正是积极心理学追求的目标和体现的意志。

积极心理学兼容并蓄，表现在对待传统主流心理学的态度上和研究方法上。它吸取了人本主义心理学发展中的经验，提倡积极人性论，它既消解了传统主流心理学过于偏重问题的片面性，充分体现了以人为本的思想，真正恢复了心理学本来应有的使命和功能，同时又吸取了传统心理学在研究方法等方面的优势。

四、积极心理学的基本主张

"积极"一词来自拉丁语 positism，具有"实际"或"潜在"的意思，这既包括内心冲突，也包括潜在的内在能力。国际积极心理学网站的首页对积极心理学有明确的解释，即：积极心理学是一种以积极品质和积极力量为研究核心，致力于使个体和社

---

[1]　卡尔·罗杰斯（Carl Ranson Rogers，1902—1987），美国心理学家，人本主义心理学的主要代表人物之一。从事心理咨询和治疗的实践与研究，并因"以当事人为中心"的心理治疗方法而驰名。1947 年当选为美国心理学会主席，1956 年获美国心理学会颁发的杰出科学贡献奖。

会走向繁荣的科学研究。塞利格曼认为"积极心理学是致力于研究普通人的活力与美德的科学"。我国华南师范大学教授郑雪❶认为，积极心理学倡导心理学的积极取向，以研究人类的积极心理品质，关注人类的健康幸福与和谐发展为主要内容，试图以新的理念、开放的姿态诠释和实践心理学。

1. 重视积极品质与力量

针对传统的"消极心理学"，积极心理学主张：

心理学不仅仅应对损伤、缺陷和伤害进行研究，它也应对力量和优秀品质进行研究。

心理治疗不仅仅是对损伤、缺陷的修复和弥补，也是对人类自身所拥有的潜能、力量的发掘。

心理学不仅仅是关于疾病或健康的科学，也是关于工作、教育、爱、成长和娱乐的科学。

积极心理学把研究重点放在人自身的积极品质和力量方面，提倡心理学要以人固有的、实际的、潜在的具有建设性的力量、美德和善端为出发点，提倡用一种积极的心态来对人的许多心理现象（包括心理问题）做出新的解读，从而激发人自身内在的积极力量和优秀品质，以此帮助普通人或具有一定天赋的人最大限度地挖掘自己的潜力而获得幸福。当然，积极心理学追求的目标不仅仅止于个人层面的幸福，幸福还应该延伸至社会制度及大众层面。在全民或社会层面去考虑幸福，并不是简单地把很多快乐的人聚在一起便会成为一个快乐的社会，快乐社会有自己特定的机理，除非人民群众都同意，这是大家想要发生的，否则我们的社会就不会是个更快乐的社会。

2. 三大研究内容

目前积极心理学研究内容主要集中在三个方面：主观水平上的积极体验研究、个人水平上的积极人格特质研究、群体水平上的积极社会组织系统的研究。

（1）主观水平上的积极情感体验：主张研究个体对待过去、现在和将来的积极体验，在对待过去方面，主要研究满足、满意等积极体验；在对待现在方面，主要研究幸福、快乐等积极体验；在对待将来方面，主要研究乐观和希望等积极体验。

（2）个人水平上的积极人格特质：积极人格特质是积极心理学得以建立的基础，是积极心理学研究的一个重要内容和概念。积极心理学相信在每一个人的内心深处都存在两股抗争的力量：一股力量是消极的，它代表压抑、侵犯、恐惧、生气、悲伤、悔恨、贪婪、自卑、怨恨、高傲、妄自尊大、自私和说谎等；另一股力量是积极的，它代表喜悦、快乐、希望、负责任、宁静、谦逊、宽容、仁慈、慷慨等，这两股力量

---

❶ 郑雪（1957—），华南师范大学心理学博士，现为华南师范大学教育科学学院教授，心理学专业博士生导师，中国心理学会理事、学校心理学分会会长。长期从事人格与跨文化心理学的研究和教学工作。

谁都可能战胜谁，关键是看个体自身到底是在给哪一股力量不断注入新的能量，在给哪一股力量创造适宜的生存心理环境。积极心理学重点研究人格中包含的积极方面和积极特质，特别是研究人格中关于力量和美德的人格特质，具体包括智慧、勇气、仁爱、正义、节制和卓越 6 大美德和 24 项积极品质。

（3）群体水平上的积极的社会组织系统：在群体的层面上，积极心理学研究健康的家庭、关系良好的社区、有效能的学校、有社会责任感的媒体等。提出这些系统的建立要有利于培育和发展人的积极力量和积极品质，使个体具有责任感、利他、关爱、文明、宽容和有职业道德。

3. 积极心理治疗

在对待心理疾病的态度上，积极心理学重视对心理疾病的预防，并认为心理疾病的预防应当主要依靠提高患者个体内部系统的塑造能力，而不是单纯地修正其缺陷。积极心理学认为，人类自身心理中存在着抵御精神疾病的强大力量，预防的大部分任务将是探究如何在个体身上发现、塑造这些品质，并使之迅速提高。通过挖掘困境中的个体的自身力量，就可以实现有效预防心理疾病的目的。若仅关注个体身上的缺点或弱点，只能就事论事，后知后觉，并不能达到有效地预防的效果。因此，积极心理学应当努力有效测量个体的积极心理品质，弄清它们的形成途径，并通过恰当干预来塑造这些心理品质，以减少心理疾病的发生。

因此，与传统心理治疗相比，积极心理取向的心理治疗强调，心理治疗不仅仅是修复来访者的受损部分，而是运用直觉与想象，利用故事作为治疗的媒介，增强来访者的心理力量，培育与强化人类最好的正向力量，发挥人类正向或积极的潜能，包括幸福感、自主、乐观、智慧、创造力、快乐、生命意义等。在积极心理治疗过程中，治疗师应当有意或无意地运用非属特定疗法所专有的"技巧"和"深度策略"。其中，技巧包括关注、权威形象、和睦关系、言语技巧及信任等；深度策略包括：灌注希望、塑造力量和叙述三种。

4. 积极的价值取向

传统心理学在过去很长一段时间内确实对人类和人类社会的发展做出了很大的贡献，但我们发现患心理疾病的人口数量却随着时间的推移而出现了成倍的增长。这一现象似乎和心理学的实践初衷相违背。塞利格曼把这一现象称为人类 20 世纪最大的困惑。谢尔顿和劳拉·金在《为什么需要积极心理学》中指出："非常遗憾，心理学家对如何促进人类的繁荣与发展知之甚少。一方面是对此关注不够；另一方面，更重要的是他们戴着有色眼镜妨碍了对这个问题的价值的认识。实际上，关注人性积极层面更有助于深刻理解人性。"

（1）寻找问题的积极意义。积极心理学提倡对个体或社会的问题作出积极的解释，并使个体或社会能从中获得积极的意义。当问题出现后，可以对问题作出各种理解，既可以关注消极的一面，也可以挖掘积极方面。因此，从某种程度来看，积极与消极是相对的，关键是我们注意什么。

少一只杯子与多一只碟子

电子学教授陈之藩，美国普林斯顿大学硕士，英国剑桥大学哲学博士，曾任教于美国普林斯顿大学、中国香港中文大学、美国波士顿大学、中国台湾成功大学、中国香港中文大学电机系创系的系主任。当年自美国来中国香港中文大学履新，临行之前，与夫人在家中整理行装。陈教授夫妇有一套精美的茶具，收拾装箱时，一不小心，打破了一只茶杯。

一般人的反应一定是感到十分心疼，好端端的成套茶具，打破一只杯，如何去配？

谁知陈教授的反应却不然，他莞尔一笑，坦然说道："真不错，又多了一只碟子！"

（2）帮助个体学会并保持乐观。乐观主义是积极心理学的核心概念和研究热点。但是，乐观不是天生的，而是在后天的家庭、学校、环境氛围中逐渐形成的。一旦学会了乐观，人们就会用乐观的方式去对待所经历的一切事情，这在积极心理学上被称为"乐观型解释风格"。

心理学研究表明，孩子一般在 8 岁之前就已经基本形成了相对固定的解释风格。塞利格曼在研究中发现，乐观型解释风格的人在遇到厄运时，会认为失败是暂时的，并且每次失败都有特定原因，不是自己的错，可能是运气不好或其他因素的结果。面对恶劣环境时，不会被失败击倒，他们会把它看成一种挑战，更努力地去克服困难。悲观型解释风格的人倾向于相信一切坏事都是自己的过错，而且发生的坏事一定会持续很久，并且会影响或毁掉生活的各个方面，而自己却无能为力，就此一蹶不振。就像本讲开头故事中的爸爸。两者之间虽然只是归因的区别，但这种区别对一个人的生活来说相当重要，它往往可以决定一个人的生活质量、事业的成功以及身体健康的程度，甚至寿命的长短。

当然，积极心理学强调乐观，但并不强调一味地乐观，更不强调过度乐观。积极心理学所提倡的乐观更多的是为了让个体形成一种生活观念，不论面对成功还是失败，尤其是在面对失败的结果时，人们要学会作出积极乐观的理解，以便为日后的成功打下基础。

（3）促进积极人格形成。积极心理学强调心理学必须研究人内心存在的积极力量。只有人所固有的积极力量得到培育和增长，人性的消极方面才能被消除或抑制。尽管先天的生理因素不可或缺，但人格的形成主要依赖于后天的社会生活体验，正因为每个人的后天社会生活体验不同，人与人之间才出现了不同的人格面貌。因此，积极心理学的重要核心就在于促进个体积极人格形成，积极人格是积极心理学培养人的标准，它和问题人格相对应。表1-1为六大美德和二十四项积极人格品质。

积极人格品质的由来

1999 年 11 月，塞利格曼接到了一个电话，电话是美国迈耶森基金会的主席尼尔·迈耶森（Neal Mayerson）先生打来的，尼尔·迈耶森在电话里表示希望资助塞利格曼的积极心理学研究。但迈耶森先生在和塞利格曼商谈资助时明确提出，他不想资助那些只能摆在书架上的研究成果，他想知道：积极心理学到底想培养什么样的人？这些人的品质又是怎样的？为了回答这两个问题，塞利格曼决定借鉴传统心理学的做法。传统心理学之所以取得很大的进步，就在于它建立了自己的"问题"标准，即《精神疾病诊断与统计手册》（DSM）。也就是说，一个人是不是有心理问题，只要按照 DSM 上所列举的标准来进行核对，如果符合了，就是有心理问题的人。所以，从本质上说，DSM 其实就是"问题人格"所具有的具体品质（消极品质）的集合。塞利格曼和迈耶森意识到，积极心理学如果想切实改善人类的生活实践，那积极心理学也一定需要这样的手册。他们一致认为，积极心理学应该建立一个"积极人格"所具有的品质集合，即积极人格应该包含哪些具体的品质。在确定了这一研究主题之后，迈耶森先生决定全额资助这项研究。塞利格曼认为密歇根大学的克里斯托弗·彼得森❶教授是主持这项研究的最佳人选。彼得森教授是一位享有世界声誉的人格心理学家，尤其是在乐观和希望的研究方面堪称世界性权威。最终，历经三年的艰苦努力，彼得森教授和他的研究小组提出了积极人格的六大美德和二十四项积极品质（见表 1-1）。

表 1-1 　　　　　　　　　　六大美德和二十四项积极人格品质

良好美德	定义性特点	优势	积 极 品 质
智慧（Wisdom）	知识的获得和运用	好奇心	1．好奇和对世界感兴趣
		热爱学习	2．掌握新技能、新话题和新知识
		创造力	3．心灵手巧、独创性和实践智能
		思维开阔	4．判断力、批判性思维和开放性思想
		社会智力	5．社会智能、个人智能和情绪智能
		洞察力	6．洞察力和大局观
勇气（Valor）	面临内在或外在压力时誓达目标	无畏	7．英勇和勇敢
		毅力	8．坚持不懈、勤奋和勤勉
		本真	9．正直、真诚和坦率

---

❶ 克里斯托弗·彼得森（Christopher Peterson），美国人，积极心理学的主要创始人之一，世界上论文被引用最多的心理学家之一，密歇根大学心理学教授，密歇根大学最高教学奖项"金苹果奖"的获得者，牛津大学出版社《积极心理学手册丛书》总编辑，《积极心理学》杂志顾问编委，以在乐观、品德和幸福感等领域的研究而闻名学术界。

续表

良好美德	定义性特点	优势	积极品质
仁爱 （Love）	人与人之间交往的 积极力量	善良	10. 亲切和慷慨
		爱	11. 爱和被爱
正义 （Fairness）	文明的积极力量	团队合作	12. 公民的职责、权利与义务，忠诚和团队精神
		公平	13. 按照公平原则对待所有人
		领导力	14. 组织群体活动，确保活动顺利完成
节制 （Self-control）	做事不过分的 积极力量	自我调节	15. 自我控制，调节自己的情绪和行为
		谨慎	16. 谨言慎行，不做后悔的事，不说后悔的话
		稳重	17. 让成绩说话
卓越 （Excellence）	使自己与全人类 相联系的积极力量	欣赏	18. 意识到生活方方面面的美好、卓越和精彩并欣赏之
		感恩	19. 意识到生活中发生的好事并心怀感恩
		希望	20. 抱最好的期望并努力实现之
		虔诚	21. 精神追求、信念和信仰
		宽容	22. 原谅对不起自己的人
		幽默	23. 喜欢逗乐搞笑，娱乐自己，娱乐他人
		热忱	24. 热情、激情、热心和精力充沛

5. 兼顾个体和社会层面的相关性

尽管积极心理学者强调个体的心理、人格的良好品质，但在研究内容上摆脱了过分偏重个体层面的缺陷，在关注个体心理研究的同时，还强调对群体和社会心理的探讨。此外，在对心理现象和心理活动原因的认知及其理论假设的建构上，积极心理学强调人的内在积极力量与群体、社会文化等外部环境的共同影响与交互作用，如人种、政治、经济、教育、家庭等因素对个体情绪、人格、心理健康、创造力以及对心理治疗的影响。积极心理学主张个体的意识和经验既可以在环境中得到体现，也在很大程度上受到环境的影响。从更广泛的进化角度来讲，环境塑造着人类积极与自然界相互作用的经验，因而对群体心理与行为的研究在积极心理学中占有重要地位。

积极心理的进化

积极心理学家们从进化的角度对阻碍人们达到积极的精神状态的原因提出了三种看法：首先，因为人们目前所生活的环境大大地迥异于祖先们在生活和精神上已经很适应好的环境，所以人们在现代的环境中常会有所不适。其次，进化了的机制会造成主观压力，但因其有效而得以保留下来，例如，嫉妒是人们时刻保持警惕以确保其配偶的忠实的一种心理机制。最后，选择是富有竞争性的，会给人们带来压力，但同时人们也拥有另一些进化了的机制，如产生快乐的来源：婚姻联结、友谊、紧密的亲属关系、合作性联盟等。通过有选择地控制一些心理机制，而激活另一些心理机制，可以增加人们的快乐。

心理测量 1：乐观性测试

指导语：

下面的测试没有时间限制，一般来说，测试大约要花 35 分钟。你应该先做测试，然后再去看后面的分析，不然你的答案就不准确了。

请仔细阅读每一个情境的描写，并想象你在那个情境下的想法。有的情境你可能从来没有经历过，也可能两个答案都不适合你，这都没有关系，圈出一个比较符合你的即可。请不要圈选出你认为"应该"的说法或是对别人来说这样才可接受的选项，只选择符合你的想法的选项即可。

每道题都是单选题。请不要顾及答案旁边的字母和数字。

1. 我所负责的项目非常成功   PsG
   A．我对手下监管很严   1
   B．每一个人都花了很多心血在上面   0

2. 我和配偶（男/女朋友）在吵完架后和解了   PmG
   A．我原谅了他（她）   0
   B．我通常是个宽宏大量的人   1

3. 我开车去朋友家的路上迷路了   PsB
   A．我错过了一个路口没转弯   1
   B．我朋友给我指路时说的不清楚   0

4. 我的配偶（男/女朋友）出乎意料地买了一件礼物给我   PsG
   A．他（她）加薪了   0
   B．我昨晚请他（她）出去吃了大餐   1

5. 我忘记了配偶（男/女朋友）的生日   PmB
   A．我不擅长记生日   1
   B．我太忙了   0

6. 神秘的爱慕者送了我一束花   PvG
   A．我对他（她）很有吸引力   0
   B．我的人缘很好   1

7. 我当选了社区的民意代表   PvG
   A．我花了很多的时间和精力在竞选上   0

B．我做任何事都全力以赴　　　　　　　　　　　1

8．我忘了一个很重要的约会　　　　　　　　　　　PvB

　　A．我的记性有时真是很糟糕　　　　　　　　　1

　　B．我有时会忘记去看记事本上的约会记录　　　0

9．我竞选民意代表，结果落选了　　　　　　　　　PsB

　　A．我的竞选宣传不对　　　　　　　　　　　　1

　　B．我的对手人脉比较广　　　　　　　　　　　0

10．我成功地主持了一个晚会　　　　　　　　　　　PmG

　　A．我那晚真是风度翩翩　　　　　　　　　　　0

　　B．我是一个好的主持人　　　　　　　　　　　1

11．我及时报警，阻止了一起犯罪事件　　　　　　　PsG

　　A．我听到了奇怪的声音，觉得不对劲　　　　　1

　　B．我那天很警觉　　　　　　　　　　　　　　0

12．我这一年很健康　　　　　　　　　　　　　　　PsG

　　A．我周围的人几乎都不曾生病，所以我没被感染　0

　　B．我很注意我的饮食，而且每天都保证足够的休息时间　1

13．我因为借书逾期未还而被图书馆罚款　　　　　　PmB

　　A．我看得太入迷，忘记了该什么时候还　　　　1

　　B．我忙着写报告，忘记去还书了　　　　　　　0

14．我买卖股票赚了不少钱　　　　　　　　　　　　PmG

　　A．我的经纪人决定冒险试试新股票　　　　　　0

　　B．我的经纪人是一流的投资人才　　　　　　　1

15．我赢得了一项运动比赛　　　　　　　　　　　　PmG

　　A．我所向无敌　　　　　　　　　　　　　　　0

　　B．我训练很刻苦　　　　　　　　　　　　　　1

16．我考试不及格　　　　　　　　　　　　　　　　PvB

　　A．我不像其他考生那么聪明　　　　　　　　　1

　　B．我准备得不充分　　　　　　　　　　　　　0

17．我特别为我的朋友烧了一道菜，而他连尝都没尝　PvB

　　A．我不是个好厨师　　　　　　　　　　　　　1

　　B．我今天准备得太匆忙　　　　　　　　　　　0

18．我输掉了一场准备已久的比赛　　　　　　　　　PvB

　　A．我不是一个优秀的运动员　　　　　　　　　1

　　B．我不擅长那项运动　　　　　　　　　　　　0

19．我的汽车在深夜的街道上没有了汽油　　　　　　PsB

    A．我没有事先检查一下油箱里还有多少油   1

    B．油量表坏了   0

20．我对朋友发了一顿脾气   PmB

    A．他总是烦我   1

    B．他今天情绪不好   0

21．我因未申报所得税而被罚款   PmB

    A．我总是拖延报税   1

    B．我今年很懒散，不想报税   0

22．我想与某人约会，但被拒绝了   PvB

    A．我那天状态非常糟   1

    B．我去约他（她）时，紧张得说不出话来   0

23．一个现场节目的主持人从众多的观众中挑选出我上台参加节目   PsG

    A．我坐的位置很容易被选上   0

    B．我表现得最热情   1

24．在舞会上，常有人请我跳舞   PmG

    A．我在舞会上很活跃   1

    B．那晚我表现得很完美   0

25．我为配偶（男/女朋友）买了一件礼物，而他（她）并不喜欢   PsB

    A．我没有好好花心思去想应该买什么   1

    B．他（她）是个很挑剔的人   0

26．我在应聘工作的面试上表现很好   PmG

    A．面试时我很自信   1

    B．我很会面试   0

27．我说了一个笑话，每个人都捧腹大笑   PsG

    A．这个笑话很好笑   0

    B．我的笑话说的很是时候   1

28．我的老板没有给我足够的时间去完成那项工作，但我还是按时完工了   PvG

    A．我对我的工作很在行   0

    B．我是一个很有效率的人   1

29．我最近觉得很疲惫   PmB

    A．我从来都没有机会休息一下   1

    B．这个星期我特别忙   0

30．我邀请某人跳舞，但他拒绝了我   PsB

    A．我不擅长跳舞   1

    B．他不喜欢跳舞   0

31. 我救了一个差点噎死的人　　　　　　　　　　　　　　PvG
　　A．我会这种急救技巧　　　　　　　　　　　　　　　0
　　B．我知道在危机时刻该如何处理　　　　　　　　　　1

32. 我的热恋情侣想要冷却一阵子我们的感情　　　　　　　PvB
　　A．我太自我中心了　　　　　　　　　　　　　　　　1
　　B．我冷落了他（她），花在他（她）身上的时间不够　0

33. 一个朋友说了一些使我伤心的话　　　　　　　　　　　PmB
　　A．他说话总是不经过大脑，冲口而出　　　　　　　　1
　　B．他今天心情不好，把气出在我身上　　　　　　　　0

34. 我的老板来找我，要我给他些建议　　　　　　　　　　PvG
　　A．我是这个领域的专家　　　　　　　　　　　　　　0
　　B．我很会提出有用的建议　　　　　　　　　　　　　1

35. 一个朋友感谢我帮助他度过了一段困难的时光　　　　　PvG
　　A．我很乐意协助朋友渡过难关　　　　　　　　　　　0
　　B．我关心朋友　　　　　　　　　　　　　　　　　　1

36. 我在聚会上玩得很痛快　　　　　　　　　　　　　　　PsG
　　A．每个人都很友善　　　　　　　　　　　　　　　　0
　　B．我很友善　　　　　　　　　　　　　　　　　　　1

37. 我的医生说我的身体健康状况很好　　　　　　　　　　PvG
　　A．我坚持运动　　　　　　　　　　　　　　　　　　0
　　B．我非常在意健康　　　　　　　　　　　　　　　　1

38. 我的配偶（男/女朋友）带我去过一个浪漫的周末　　　PmG
　　A．他需要休息几天　　　　　　　　　　　　　　　　0
　　B．他喜欢去探索新的地方　　　　　　　　　　　　　1

39. 我的医生说我吃了太多的甜食　　　　　　　　　　　　PsB
　　A．我对饮食不太注意　　　　　　　　　　　　　　　1
　　B．我不能不吃甜食，它们到处都是　　　　　　　　　0

40. 老板指派我去做一个重要项目的主持人　　　　　　　　PmG
　　A．我最近刚完成一个类似的项目　　　　　　　　　　0
　　B．我是一个好项目主管　　　　　　　　　　　　　　1

41. 我和我的配偶（男/女朋友）最近一直吵架　　　　　　PsB
　　A．我最近压力很大，心情不好　　　　　　　　　　　1
　　B．他（她）最近心情恶劣　　　　　　　　　　　　　0

42. 我滑雪时总是摔跤　　　　　　　　　　　　　　　　　PmB
　　A．滑雪是项很难的运动　　　　　　　　　　　　　　1

B．滑雪道上有冰	0
43．我赢得了一个很有声望的奖项	PvG
A．我解决了一个重大的难题	0
B．我是最好的员工	1
44．我的股票现在跌入了谷底	PvB
A．我那时不了解股市行情	1
B．我买错了股票	0
45．我中了 500 万大奖	PsG
A．真是运气	0
B．我选对了数字	1
46．我在放假时胖了起来，现在瘦不回去了	PmB
A．从长远来说，节食其实没有用	0
B．我这次尝试的这个减肥方法没有用	1
47．我生病住院，但是没什么人来看我	PsB
A．我在生病的时候脾气不好	1
B．我的朋友常会疏忽这类事	0
48．商店拒收我的信用卡	PvB
A．我有时候高估了自己的额度	1
B．我有时候忘了去付信用卡的账单	0

计分方法：

PmB_____   PmG_____

PvB_____   PvG_____

HoB_____   PsG_____

PsB_____

B 类总分_____G 类总分_____

G-B_____

结果解释：

一、解释风格有三个维度——永久性、普遍性和人格化。它是一种习惯性的思维方式，是你在童年期或青少年期养成的。你的解释风格表明了你是乐观的还是悲观的。

二、维度说明

（一）"永远"到底有多远：主要测试永久性或暂时性，是时间上的维度

1．PmB（Permanent Bad，永久性的坏）

容易放弃的人相信发生在他身上的坏事或霉运是永久的，坏事永远会影响着他的生活，而可以抵制无助感的人相信厄运的原因是暂时的。

如果你认为厄运是"有时候""最近"，那你就是乐观型的。如果你认为厄运是"永

19

远""从不"，那你就是悲观型的。

问卷中 PmB 项目有 8 个题——5、13、20、21、29、33、42 及 46 题；这些题都是测查你对不好的事情的看法是否永久，0 代表乐观，1 代表悲观。请将 8 个题相加的分数写到计分表的 PmB 项目上。

（1）得分 0 或 1 分：说明你在这个维度上非常乐观。

（2）得分 2～3 分：代表中等乐观。

（3）得分 4 分：属于平均水平。

（4）得分 5～6 分：代表相当悲观。

（5）得分 7～8 分：请一定要改变固有的消极思维。

2．PmG（Permanent Good，永久性的好）

乐观的人将好运归因于人格特质、能力等永久性的因素，悲观的人把好运看成与暂时性因素相关，例如情绪、努力等。相信好运是永久的人在他们成功后往往更加努力，而把成功看成是暂时的人常常在成功后就放弃了，因为他们相信成功只是侥幸。

问卷中 PmG 项目有 8 个题——2、10、14、15、24、26、38 及 40 题；请将 8 个题相加的分数写到计分表的 PmG 项目上。

（1）得分 7～8 分：说明你对好运的持续发生非常乐观。

（2）得分 6 分：代表中等乐观。

（3）得分 4～5 分：属于平均水平。

（4）得分 3 分：中等悲观。

（5）得分 0～2 分：非常悲观。

（二）打击面的大小：主要测试普遍性或特定性，是空间上的维度

1．PvB（Pervasiveness Bad，普遍性的坏）

悲观的人认为坏事情的发生是由于普遍的原因，而好事情的发生是由于特定的原因。例如，一家大型贸易公司的会计室的一半员工都被解雇了，其中包括娜拉和凯文，解雇让他们都很受伤。但是，当他们又被公司找回去做临时雇员时，娜拉想的是"公司终于认识到没有我不行了"，而凯文想的是"公司现在一定是人手不足才会找我回去"。

问卷中 PvB 项目有 8 个题——8、16、17、18、22、32、44 及 48 题；请将 8 个题相加的分数写到计分表的 PvB 项目上。

（1）得分 0～1 分：说明你在这个维度上非常乐观。

（2）得分 2～3 分：代表中等乐观。

（3）得分 4 分：是平均水平。

（4）得分 5～6 分：是中等悲观。

（5）得分 7～8 分：是非常悲观。

2．PvG（Pervasiveness Good，普遍性的好）

乐观者认为好事情的发生是由于普遍的原因，而坏事情的发生是由于特定的原因。

问卷中 PvG 项目有 8 个题——6、7、28、31、34、35、37 及 43 题；请将 8 个题相加的分数写到计分表的 PvG 项目上。

（1）得分 7～8 分：代表你非常乐观。

（2）得分 6 分：代表中等乐观。

（3）4～5 分：代表平均水平。

（4）得分 3 分：是中等悲观。

（5）得分 0～2 分：是非常悲观。

（三）希望与绝望

我们是否抱有希望是由解释风格的两个维度决定的：普遍性和永久性。为不幸的事找到暂时的和特定的原因是获得希望的艺术。反之，永久性使无助感延伸到未来，而普遍性使无助感扩散到生活的各个层面。为不幸的事找永久性和普遍性的原因是在练习绝望。

将 PvB 与 PmB 相加就是我们的希望分数（HoB）。

（1）得分 0～2 分，说明你充满希望。

（2）得分 3～6 分，说明中等希望。

（3）得分 7～8 分，说明平均水平。

（4）得分 9～11 分，说明中等绝望。

（5）得分 12～16 分，说明严重绝望。

对挫折采取永久性和普遍性解释风格的人容易在压力下崩溃，这个崩溃是长期的，而且是全面的。对你来说，任何分数都没有希望分数重要。

（四）人格化：都是我的错

当不好的事情发生时，我们可能怪罪自己（内在化），也可能怪罪别人或环境（外在化）。人在失败时，如果怪罪自己，那他们的自视很低，他们认为自己一文不值，没有才干，也不讨人喜欢。怪罪旁人的人比较不会失去自尊，总的来说，他们比前者更喜欢自己。

1. PsB（Personalization Bad，人格化的坏）

问卷中 PsB 项目有 8 个题——3、9、19、25、30、39、41 及 47 题；请将 8 个题相加的分数写到计分表的 PsB 项目上。

（1）得分 0～1 分：说明你的自尊很高。

（2）得分 2～3 分：代表中等自尊。

（3）得分 4 分：是平均水平。

（4）得分 5～6 分：是中等低自尊。

（5）得分 7～8 分：代表自尊非常低。

2. PsG（Personalization Good，人格化的好）

相信自己带来了好运的人比较喜欢自己，对自己的满意程度远比那些认为好运是别人带来的或是环境造成的人高很多。

问卷中 PsG 项目有 8 个题——1、4、11、12、23、27、36 及 45 题；请将 8 个题相加的分数写到计分表的 PsG 项目上。

（1）得分 7～8 分：代表你非常乐观。

（2）得分 6 分：代表中等乐观。

（3）得分 4～5 分：代表平均水平。

（4）得分 3 分：是中等悲观。

（5）得分 0～2 分：是极端悲观。

（五）总成绩说明

1．B 的总分（PmB＋PvB＋PsB），这是你有关不幸事件的分数

（1）得分 3～6 分：代表你非常乐观。

（2）得分 7～9 分：代表中等乐观。

（3）得分 10～11 分：代表平均水平。

（4）得分 12～14 分：代表中等悲观。

（5）得分 14 分以上：表示你需要改变。

2．G 的总分（PmG＋PvG＋PsG），这是你有关好事件的分数

（1）得分 19 分以上：说明你对好运、好事件的想法是非常乐观的。

（2）得分 17～19 分：代表中等乐观。

（3）得分 14～16 分：代表平均水平。

（4）得分 11～13 分：表示你相当悲观。

（5）得分 10 分之下：是极端悲观。

3．G-B，测试的是你整体的乐观程度

（1）得分 8 分以上：你是一个很乐观的人。

（2）得分 6～8 分：你是一个中等乐观的人。

（3）得分 3～5 分：代表平均水平。

（4）得分 1～2 分：是中等程度的悲观。

（5）得分 0 分或负分：是极端悲观。

心理书单 1："积极心理学之父" 塞利格曼幸福五部曲

[美] 马丁·塞利格曼

《持续的幸福》《真实的幸福》《活出最乐观的自己》《认识自己，接纳自己》《教出乐观的孩子》五部作品是系统学习积极心理学的必读经典之作，被称作"积极心理学

之父"塞利格曼幸福五部曲。作者马丁·塞利格曼是哈佛幸福导师本·沙哈尔的导师。他从"抑郁专家"到"积极心理学之父",从"习得性无助"中走来,不再只关注人性黑暗、脆弱与痛苦的一面,发出了"积极心理学"的召唤,帮助普通人增加幸福感。

《真实的幸福》:洪兰译,北方联合出版传媒(集团)股份有限公司出版(见图1-4)。本书以一种通俗而不失科学严谨的方式告诉人们,什么是真正的幸福,怎样才能变得更幸福。其实,真正的幸福来源于你对自身所拥有的优势的辨别和运用,来源于你对生活意义的理解和追求,它是可控的。如果你想变得更幸福一些,不妨照着塞利格曼的建议来试试:改变对过去的消极看法,重视当下的积极体验以及对未来的积极期望。

《持续的幸福》:赵昱琨译,浙江人民出版社出版。本书是在《真实的幸福》一书的基础上扩充而来的,本书专注于如何建立人们的幸福感,并让幸福感持续下去。在书中,塞利格曼具体阐释了构建幸福的方法,他提出,实现幸福人生应具有五个元素(PERMA),即有积极的情绪;投入;有良好的人际关系;做的事有意义和目的、有成就感。PERMA 不仅能帮助人们笑得更多,感到更满意、满足,还能带来更好的生产力、更多的幸福,以及一个和平的世界。

《活出最乐观的自己》:洪兰译,北方联合出版传媒(集团)股份有限公司出版。本书颠覆我们以往深以为是的观点。节食能达到减肥的效果吗?戒烟、戒酒能成功吗?我们从这本书中可以清楚地知道自己哪些方面是可以改变的,而哪些方面却无法改变,是自己必须接受的。塞利格曼从改变的可能性和生物局限性出发,帮助我们把有限的时间和精力集中在那些能够改变的特性上,并在此基础上找到一条自我提升的最有效途径。

《教出乐观的孩子》:洪莉译,北方联合出版传媒(集团)股份有限公司出版。本书目的在于让父母、老师及整个教育系统教会儿童习得乐观。这本书与其他育儿及自我提升书籍不同的是,它不仅有理论与实验,还有一些关于育儿问题的重要建议。一

图1-4 《真实的幸福》

些自称专家的人的轻率意见令许多父母如获救命稻草，基于脆弱的证明、原理和临床的假设，来改变自己抚养孩子的方式。《教出乐观的孩子》彻底改变这一点，特别反驳了纯粹的正向教育、纯粹的鼓励式教育和自尊教育，倡导用科学、理性的 ABCDE 法则教出乐观的孩子。

心理银幕 1：《当幸福来敲门》

　　《当幸福来敲门》是由加布里尔·穆奇诺执导，威尔·史密斯、贾登·史密斯、坦迪·牛顿、布莱恩·豪威、詹姆斯·凯伦、丹·卡斯泰兰尼塔等主演的传记类剧情片（见图 1-5）。2007 年，该片获得第 9 届青少年选择奖最佳剧情电影男演员、最佳电影火花和最佳剧情电影三项大奖。

　　该片讲述了一位濒临破产、老婆离家的落魄业务员，如何刻苦耐劳地善尽单亲责任，奋发向上成为股市交易员，最后成为知名的金融投资家的励志故事。

　　克里斯·加纳（威尔·史密斯饰）用尽全部积蓄买下了高科技治疗仪，到处向医院推销，可是价格高昂，接受的人不多。就算他多努力都无法提供一个良好的生活环境给妻儿，妻子（桑迪·纽顿饰）最终选择离开家。从此他带着儿子克里斯托夫（贾登·史密斯饰）相依为命。克里斯好不容易争取回来了一个股票投资公司实习的机会，就算没有报酬，成功机会只有百分之五，他仍努力奋斗，儿子是他的力量。他看尽白眼，与儿子躲在地铁站里的公共厕所里，住在教堂的收容所里……

　　他坚信，幸福——明天就会来临。

测一测　看一看
有关幸福的心理学

图 1-5　《当幸福来敲门》

第二讲
积极的自我

1957 年，泰国一家寺院迁址，其中一部分僧人负责搬运寺院里一尊巨大的黏土佛像。在搬运过程中，一名僧人注意到，佛像表面的黏土上出现了一丝裂缝。为了避免佛像受损，僧人们决定暂时中止佛像的搬运工作。那天夜里，一名僧人打着手电筒来检查佛像的时候，忽然发现裂缝处在手电光下发出了奇异的反光。这让僧人非常好奇，于是他找来了锤子和凿子，开始凿宽佛像上的裂缝。随着一块块黏土的落下，佛像逐渐现出了黄澄澄的颜色。最终，辛苦了几个小时的僧人抬起头来，发现灰扑扑的土佛已经变成了一尊华贵的金佛。

许多历史学家相信，这尊金佛是在几百年前被当时的泰国僧人们用黏土覆盖起来的，因为当时缅甸的军队正在入侵泰国，他们要保护佛像不被敌军掠走。而所有参与保护佛像的僧人都死于战火，所以直到 1957 年寺院搬迁的时候，佛像的秘密才重新被人发现。

这则故事告诉我们，不管我们认为自己有多么平凡又普通，多么不出众，我们每个人心中都藏着一块闪闪发光的金子，那是我们灵魂的精髓，是我们作为一个人的精到之处，如果我们能试着探究自己的内心，这种探究就能让外面的黏土裂开一条缝，让我们窥见里面金子的光芒。

团体活动 2：动物星球

活动目的

1. 通过活动，探索自我概念，促进对自我压力状态的了解。

2. 促进成员对压力状态的相互宣泄，彼此获得心理上的支持。

3. 加深相互了解，尽快彼此熟悉。

活动时间

大约 50 分钟。

活动道具

将不同颜色的彩色大卡纸（圆形或椭圆形）剪成 8～10 张大小接近但形状不同的纸片（拼合后仍可复原成一张）、记号笔若干。

活动场地

宽敞的室内。

活动过程

1. 活动开始时请每位参与者随意拿一张纸片和一支记号笔。

2. 请参与者思考"假如我是一只动物，一只最能代表自我的动物，我希望自己是什么，为什么？"并将动物名称写在纸上（只能写一个）。

3. 参与者拿着写好的纸，寻找同色卡纸片的"动物"同伴形成新组合。

4. 新组合成员要迅速将不同形状的纸片拼合复原，最先完成组合的"动物星球"将获得奖励，最后完成的组合要表演节目。

5. 小组交流，集体分享。组内交流，以"我希望__，因为__"的方式自我介绍并解释选择代表动物的理由，然后派代表向所有成员介绍本"动物星球"的成员。

（1）开展上述活动的每个程序中有什么感想？

（2）交流过程中看到、听到了什么？有何体验？

（3）为什么会选择这样的动物，是否反映了参与者此时的心理状态？

注意事项

1. 活动能够反映出每个成员潜意识中对自我的评价，因此，主持人要注意倾听，以便重点提问，深入挖掘个性特质。

2. 主持人要鼓励成员发表自己看法，也可以将"同种动物"引出，鼓励推荐自己、了解他人。

3. 每张彩色卡纸在剪裁前先在一面做记号，这样能保证每个人在同一面上写动物名称。剪裁的张数要与每组人数设定相符。

一、自　我

千百年来，镌刻在古希腊戴尔菲城神庙中唯一的碑铭"认识我自己"，激励着人们不断地探索自我。我们常自问："我是谁？我究竟是一个怎样的人？"也常发出"迷失自我"的感慨。那么，到底什么是"我"？诸如此类的问题都属于心理学中自我意识的研究范畴，更是深刻影响人们幸福感和乐观心态的决定性因素之一。

1. 心理学中的"我"

"自我"是心理学的重要研究内容。美国心理学之父威廉·詹姆斯（Willian James）[1]是最早对自我进行系统研究的心理学家。在其著作《心理学原理》中，他提出，凡属于"我"或与"我"有关的事物都是自我的内容，如身体、品质、能力、愿望、家庭等，自我从物质自我、精神自我和社会自我三个层次起作用。

美国社会心理学家查尔斯·霍顿·库利（Charles Horton Cooley）[2]指出：自我是一面镜子，它从别人那里反映自己的行为，自我是经历无数次他人评价而形成的社会产物。

美国社会心理学家乔治·赫伯特·米德（G.H.Mead）[3]在《意识、自我与社会》一书中认为：自我分为主体我（I）和客体我（Me），主体我代表每个人的自然特性，而客体我代表自我社会的一面；主体我先于客体我形成，客体我形成需要很长时间，自我意识的发展包含主体我与客体我的不断对话。

然而，提起关于自我的研究，精神分析学派创始人西格蒙德·弗洛伊德（Sigmund Freud）[4]是一个无论如何也绕不过去的人物。他提出了著名的"自我三结构说"，即本

---

[1] 威廉·詹姆斯（William James，1842—1910），美国心理学之父，美国本土第一位哲学家和心理学家，也是教育学家、实用主义的倡导者，美国机能主义心理学派创始人之一，亦是美国最早的实验心理学家之一。1904 年当选为美国心理学会主席，1906 年当选为国家科学院院士。2006 年被美国的权威期刊《大西洋月刊》评为影响美国的 100 位人物之一（第 62 位），著有《心理学原理》。

[2] 查尔斯·霍顿·库利 （Charles Horton Cooley，1864－1929），美国社会学家和社会心理学家，美国传播学研究的先驱。曾任美国社会学会主席。理论研究的重点是探讨个人如何社会化，并贯穿于他的三部极具分量的著作《人类本性与社会秩序》（1902）、《社会组织》（1909）和《社会过程》（1918）之中。

[3] 乔治·赫伯特·米德（George Herbert Mead，1863－1931），美国社会学家、社会心理学家及哲学家，符号互动论的奠基人。生前从未出版过著作，去世后，他的学生把他的讲稿和文稿编成 4 卷文集：《当代哲学》（1932）、《意识、自我和社会》（1934）、《19 世纪的思想运动》（1936）和《艺术哲学》（1938）。

[4] 西格蒙德·弗洛伊德（Sigmund Freud，1856—1939），奥地利精神病医师、心理学家、精神分析学派创始人。1895 年正式提出精神分析的概念。1899 年出版《梦的解析》，标志着精神分析心理学的正式形成。1919 年成立国际精神分析学会，标志着精神分析学派最终形成。1930 年被授予歌德奖。1936 年成为英国皇家学会会员。他开创了潜意识研究的新领域，促进了动力心理学、人格心理学和变态心理学的发展，奠定了现代医学模式的新基础，为 20 世纪西方人文学科提供了重要理论支柱。

我（id）、自我（ego）和超我（superego），从人格的三个维度上研究自我的发展。

本我（id）是人格结构中最原始的部分，出生即已存在，构成本我的成分是人类的基本需求，如吃饭、喝水、性等生物本能。本我遵循快乐原则，例如婴儿感到饥饿时要求立刻喂奶，决不考虑母亲有无困难。

自我（ego）是个体出生后，在现实环境中由本我分化发展而产生的各种需求，如不能在现实中立即获得满足，就必须迁就现实的限制，并学到如何在现实中获得满足，支配自我的是现实原则。自我介于本我与超我之间，对本我的冲动与超我的管制具有缓冲与调节的功能。

超我（superego）是个体在生活中，接受社会文化道德规范的教养而逐渐形成的，它包含两个部分：一为自我理想，要求自己的行为符合理想的标准；二为良心，规定自己行为免于犯错。因此，超我是人格结构中的道德部分，支配超我的是道德原则。

弗洛伊德认为，人格结构中的三个层次相互交织，形成一个有机的整体。它们各行其责，分别代表着人格的某一方面：本我反映人的生物本能，按快乐原则行事，是"原始的人"；自我寻求在环境允许的条件下，让本能冲动能够得到满足，是人格的执行者，按现实原则行事，是"现实的人"；超我追求完美，代表了人的社会性，是"道德的人"。在通常情况下，本我、自我和超我处于协调和平衡状态，从而保证了人格的正常发展。如果三者失调乃至破坏，就会产生精神疾病，危及人格的发展。弗洛伊德自我意识结构如图 2-1 所示。

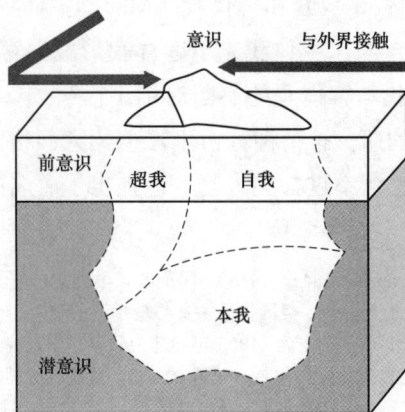

图 2-1　弗洛伊德自我意识结构

❀ 心 中 的 小 孩

从前，有一幢三层小洋房，洋房里住着三个小孩，分别住在洋房的一、二、三层。这三位孩子的母亲对他们管教十分严格，分别按照不同的目标养育他们。因此，在每一层的楼梯口处安排了一位保姆，阻拦他们之间相互串门。一开始，三个小孩可以各就其位、相安无事，过得也算顺利。可是时间长了，小孩子按捺不住心中的好奇心，总想去别人家看看。可是无奈，楼梯口有保姆站岗。这怎么办呢？于是，他们想出了一个办法。趁着夜晚保姆睡觉的时候，一楼的小孩乔装打扮一番，改头换面，以保姆不容易辨识出来的模样穿过楼梯，来到了二楼，和二楼的小孩玩耍。有时，三楼的小孩也会溜到二楼来和二楼的小孩玩。这是因为，他们发现，母亲每次都到二楼去和二楼的小孩玩。

这三个小孩的名字是：一层的叫本我，二层的叫自我，三层的叫超我。

2. 什么是自我意识

综合各派心理学家们的理论，我们可以概括出"我"，即自我意识（self-consciousness），是个人意识发展的高级阶段，是意识的核心部分，是个体在社会实践中自己对自身及周围关系的认知、体验和评价，它包括三个层次：对自己及其状态的认识；对自己肢体活动状态的认识；对自己思维、情感、意志等心理活动的认识。

自我意识不仅是人脑对主体自身的意识与反映，而且人的发展离不开周围环境，特别是人与人之间关系的制约和影响，所以自我意识也反映人与周围现实之间的关系。自我意识具有意识性、社会性、能动性、同一性等特点。

一是意识性。意识性是指个体对自己以及自己与周围世界的关系有着清晰、明确的理解和自觉的态度，而不是无意识或潜意识。从马克思主义哲学的角度来看，这种自我意识是主体我对客体我的一切主观能动的反映。

二是社会性。自我意识是个体长期社会化的产物。这不仅因为它是在社会实践中产生的，而且因为它的主要内容是个体社会属性的反映。对自我本质的意识，不是意识到个体的生理特性，而是意识到个体的社会特性，意识到个体的社会角色，意识到个体在一定的社会关系和人际关系中的地位和作用，这是自我意识发展到成熟阶段的重要标志。

三是能动性。自我意识的能动性不仅表现在个体能根据社会或他人的评价、态度和自己实践所反馈的信息来形成自我意识，而且还能根据自我意识调控自己的心理和行为。

四是同一性。心理学研究表明，自我意识一般需要经过 20 多年的发展，直到青年中后期才能形成比较稳定、成熟的自我意识。虽然这种自我意识有可能又与个体实践的成败和他人的评价的改变而发生变化，但到青年期以后，个体会对自己的基本认识和态度保持同一性。正因为自我意识的同一性，才会使个体表现出前后一致的心理面貌，从而使自己与其他人的个性区别开来。

3. 自我意识的结构

自我意识是一种多维度、多层次的复杂心理现象。

（1）生理自我、社会自我与心理自我。从自我意识的活动内容来看，自我意识分为生理自我、社会自我与心理自我。生理自我、社会自我与心理自我是密切联系、相互影响的，它们都包含着不同的自我认知、自我体验与自我控制，但由于比例和搭配不同，构成了个体与个体自我意识之间的差异，也使得每个人都有对人、对己、对社会独特的看法和体验。自我意识的结构如表 2-1 所示。

表 2-1   自我意识的结构

自我类别	自我认识	自我体验	自我控制
生理自我	身体、外貌、衣着、风度、家属、所有物等	英俊、漂亮、有吸引力、迷人、自我悦纳等	追求身体的外表、物质欲望的满足，维持家庭的利益等
社会自我	名望、地位、角色、性别、义务、责任、力量等	自尊、自信、自爱、自豪、自卑、自怜等	追求名誉地位，与他人竞争，争取获得他人的好感等
心理自我	气质、性格、智力、兴趣、能力、记忆、思维等	聪明、能干、优雅、敏感、迟钝、感情丰富等	追求信仰，注意行为符合社会规范，要求智慧与能力的发展等

（2）自我认识、自我体验和自我控制。从知、情、意的角度来看，可以将自我意识分为自我认识、自我体验和自我控制三种心理成分。这三种心理成分相互联系，相互制约，统一于个体的自我意识之中。

第一，自我认识。从认识形式看，自我表现为自我感觉、自我观察、自我分析和自我批评等，统称为"自我认识"。"自我认识"主要解决"我是一个什么样的人"的问题，比如有人观察自己的体形，认为属"清瘦型"；分析自己的品性，认为自己是个诚实的人；用批评的眼光审视自己时，觉得自己脾气急躁，容易冲动。

在客观的自我认知的基础上作出正确的自我评价，对于个人的心理活动、行为表现及社会群体中的人际关系都具有重大的影响。如果一个人在社会生活中，把自己看作低人一等，没有价值，那么，他就会产生自卑感，做事缺乏胜任的信心，没有主动性和积极性，其结果是，无论做什么事情都难以保证质量。相反，如果一个人只看到自己的长处，那么，他就会产生盲目乐观的情绪，自我欣赏，自以为是，其结果是往往不能处理好人际关系，难以与人合作，或被他人拒绝、被群体所孤立。可见，自我的客观认知和评价，对个人的健康发展有着不可忽视的影响。

进行客观的自我认知，并在这一基础上作出正确的自我评价是一个极为复杂的过程。个体生活在社会群体中，要想与他人和睦相处，适应周围环境，完成社会化，就必须十分清楚周围的社会环境，知道自己所处的社会地位和社会作用。如果个体对周围的社会环境不了解，就会无所适从，会感到紧张不安，甚至产生焦虑。个体在进行自我认识时，还同时要受到个体的需要、愿望、动机等许多心理因素的影响。因此，个体的自我认识总是或多或少存在着一定的误差。当个体发现自己与社会对自己的评价一致时，就会有安全感，对自我评价充满信心；反之，当个体发现自我与社会对自己的评价相距甚远时，个体则会与周围人的关系失去平衡，产生矛盾，而丧失安全感。长此下去，就会导致个体自满或自卑，不利于个体心理的健康成长。

第二，自我体验。从情绪形式看，它表现为自我感受、自爱、自尊、自卑、责任感、义务感和优越感等，统称为"自我体验"。自我体验是个体对自己怀有的一种情绪体验，即主我对客我所持有的一种态度。它反映了主我的需要与客我的现实之间的关系。客我满足了主我的要求，就会产生积极肯定的自我体验，即自我满足；反之，客我没有满足主我的要求，则会产生消极否定的自我体验，即自我责备。自我体验主要涉及"对自己是否满意""能否悦纳自己"这类问题，比如有人感到自卑，因为自己长得不好看，所以对自己感觉不满意，甚至不愿接受这个丑陋的我。

客我能否满足主我的要求，往往与个体的自我认知、自我评价和个体对社会规范、价值标准的认识有关。自我体验的内容十分丰富，比如自尊心与自信心、成功感与失败感、自豪感与羞耻感等。

自尊心是一种内驱力，激励着个体尽可能获得别人的尊重，尽可能维护自己的荣誉和社会地位。自信心是对自己智能与精力的坚信，使个体知难而进，走向成功。但是，如果自尊心和自信心把握不当，就会产生脱离集体、追求虚荣的个人英雄主义，稍有点成绩就趾高气扬，瞧不起他人，而一旦遇到点挫折，则会自卑、自贬，一蹶不振。

成功感和失败感是根据个体的自我认识与自我期望水平而确定的，取决于个体的内部标准。比如，当个体在完成某项工作时，别人认为他未获成功，而个体可以认为自己取得了成功，或者别人认为他已取得成功了，而自己却认为是失败的。由于个体的自我期望水平要受社会期望标准的影响，因而，在一定程度上，决定个体成功与失败情绪体验的内部标准要与社会的共同标准相适应。当个体体验到成功感时，就会产生积极的自我肯定，向更高的目标进取；反之，当个体体验到失败感时，则常会产生消极的自我否定，闷闷不乐，甚至放弃努力。可见，如何恰当地处理自我体验，对个体的身心发展具有重大的意义。

第三，自我控制。从意志形式看，它表现为自立、自主、自制、自强、自卫、自律等，统称为"自我控制"。自我控制是个体对自己行为和思想、言语的控制，以达到自我期望的目标，包括自我激励、自我暗示、自强自律。自我控制是自我意识的最高阶段。核心内容是"我将如何规划自己的人生？""我应该做什么？""我应该成为什么样的人？""我可以选择如何做？"我们经常讲的"自制力"其实就是自我控制的能力。心理学研究表明，自我控制与大脑额叶的发展紧密相关，当我们生理正常时，自我认知与自我体验决定了自我控制。

4. 自我意识的影响

（1）对现实的影响：自我意识决定行为方式。人是社会动物，人的行为既受诸多社会因素影响，又与自我意识有很大的联系。那些自我意识积极的人，其成就动机及取得的成绩明显优于那些自我意识消极的人。当一个人认为自己声名不佳时，他们会放松对自己的约束。可以说，个人怎样理解自己，是个体如何行为及以何种方式行动的重要前提。

（2）对过去的影响：自我意识影响归因风格。不同的人即使获得完全相同的经验，产生的解释也会有所不同。本书将在第三讲论述，归因解释风格的不同决定了对于同一经验，不同的人将产生不同的解释和理解。解释经验的方式取决于一个人的自我意识。一个自认为能力一般、只能获得平均成绩的人，面对获得的较好成绩会认为是取得了极大的成功，感到十分满足；面对同样的成绩，一个自认为能力优秀、应当获得更出众成绩的人，会认为遭到了很大的失败，并体验到极大的挫折。事实证明，当个人的自我意识消极时，每一种经验都会与消极的自我评价联系在一起；而如果自我意识是积极的，每一种经验都可能被赋予积极的含义。

（3）对未来的影响：自我意识影响期望水平。自我意识不仅影响到个体现实的行为方式和归因风格，而且还影响到个体对未来发生事情的期待。这是因为个体对自己的期望是在自我意识的基础上发展起来的，并与自我意识相一致，其后继的行为也取决于自我意识的性质。研究表明，学生的成绩落后并不是孤立存在的，而是他的整个行为动力系统都出现了角色偏离。

二、自 尊

自尊（self-esteem）是现代人应有的个性心理品质，是心理素质的一个重要组成部分，在自我意识的结构中属于自我体验。它对于维护人的社会积极心理、激发人的意志力、充分发挥智力因素和取得人生的成功具有很大的影响。

1. 什么是自尊

人人都有自尊，人人都需要自尊。生活中，为了维护自己的良好形象，人们不仅需要在容貌和衣着上修饰自己，还要在言行上约束自己，同时不容许别人歧视与侮辱自己，这是自尊的第一个表现——自我尊重和自我爱护。每当人们做了好事、取得了好成绩，甚至穿了一件新衣服，都希望受到他人的肯定或赞扬，这是自尊的第二个表现——人人都有要求他人、集体和社会对自己尊重的心理。而且，他人、集体、社会的承认往往比自我承认更重要。可见，自尊是一种自己尊重自己、爱护自己，并期望受到他人、集体和社会尊重和爱护的心理。

从心理学角度来看，自尊作为个体自我体验的核心，是指个体在社会比较的过程中所获得的有关自我价值的积极的评价与体验，是社会评价与个人自尊需要之间关系的重要反映，是个体评价自己的程度及对自己的价值感、重要感的体验。自尊是建立在比较之上，具体是拿现在是什么状况与渴望未来是什么状况做比较。一般认为，自尊包含两大结构要素：一是"自我喜爱感"，二是"自我能力感"。"自我喜爱感"主要包含对自己在社会生活中的一般价值的主观感受和情绪体验；"自我能力感"主要包括对自己面临挑战、处理日常学习、工作及生活问题时表现出的才能、成就、能力等方面的主观评价和情绪体验。

自尊是人们前进的动力，是一种积极的心理品质，是个人要求得到社会和集体尊重的情感，是尊重自己、维护自己的人格尊严、不容许别人侮辱和歧视的心理状态。它使个体珍惜自己在集体中的合理地位，保持自己在集体中的声誉，是个体积极向上的内部动力之一。具有自尊心的人，能够积极履行个人对社会和他人应尽的义务，为人处世光明磊落，对工作有强烈的责任心，在学习方面能够发扬自觉、勤奋、刻苦的精神。

2．自尊的特点

自尊与自我效能感不同。自尊反映了对个人价值的判断，而自我效能感反映了对个人能力的判断。它们是相互独立的概念，自尊影响总体情绪，而自我效能感影响具体任务的执行。

（1）适度性。凡事都有个"度"，超越了一定的"度"，事物的本质属性就变了。对于自尊而言，尤其要把握好"度"。因为自信过度的人会变自大，自信不足的人会变成自卑，自信建立在自尊的基础之上（见图 2-2）。

自尊者知道维护自己的尊严不受伤害，但不是"死要面子""追求虚荣""盲目骄傲"等。

自信者了解自己，知道自己什么可以、什么不可以、什么能够做、什么不能做。自信者胸有目标，奋发图强，积极向上，勇于进取，了解自己有什么样的极限，同时也知道自己有什么样的潜能，并且在那个极限之内认真努力地做到最大、最好。

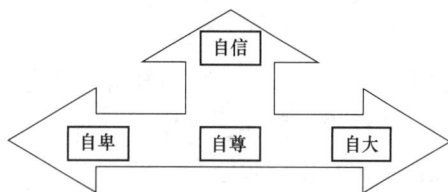

图 2-2　自卑、自尊、自信、自大的关系

自大者以自我为中心，往往孤芳自赏，唯我独尊，一意孤行，经常自以为是，以为自己什么都行，什么都可以，经常习惯性地看不起别人，经常在很多的场合以为自己是佼佼者，然而他却不知自己可能是大家经常看不起的人之一。

自卑者只是一味地看到自己的不足，总觉得自己什么都落于人后，无法跟别人比较，甚至自暴自弃，生命在不断的自我限制中退缩，潜能无法得到充分的发展。

由此可见，自卑、自大都是不可取的，只有摆脱自卑，克服自大，维护自尊，相信自己，努力拼搏，才能有所作为。

（2）真实性。真正的自尊和虚假的自尊之间有根本的区别。

真正的自尊建立在真实和谦虚的基础上，真正有自尊的人知道自身能力的局限性，他们的自尊源自他们的努力和细心。真正的自尊是经过大量建设性的批评和谦虚打磨而成的。建设性的批评允许人们反思他们的想法，承认他们的过失或判断错误，必要的时候做出调整，并让他们总是保持谦逊的态度。

虚假的自尊建立在自大和痴心妄想的基础上。虚假自尊的人刻板地维持着他们自尊和全能的姿态，不惜一切代价躲避过失和批评。他们依靠歪曲的令人费解的辩解和合理化的理由编纂事实以满足他们的"正确"需要，他们害怕会因为"不够好"而被抛弃。

3．自尊从何处来

（1）客观因素。能力、行为、性格、智力等方面的个体差异容易影响自尊。一个人在集体中是否有威信、是否担任一定的社会工作，对他的自尊会有一定的影响。在集体中威信高、担任干部的人容易获得自尊，反之，就容易缺乏自尊。

（2）主观因素。经常遭受批评指责的人，会怀疑自己的能力，认为自己很差。这种经常性的消极自我一旦固化下来，就成了自卑。一般来说，如果成人给予孩子表扬、肯定、鼓励时，就容易使孩子提高自尊。相反，如果孩子受到成人的批评或对孩子评价较低时，就容易使孩子降低自尊。由于个体对自己的认识和评价主观成分较多，评价尺度不够稳定，情绪起伏变化很大，容易走极端，这就会使个人的自尊心和自信心也容易走极端。

（3）家庭因素。不良的家庭环境会影响自尊。首先，娇惯、溺爱不利于自尊的形成。过度的照顾、保护甚至包办代替，容易养成孩子的依赖心理，这种依赖心理使孩子遇事畏惧退缩，遇到挫折、失败就产生自卑。其次，忽视非智力因素的发展会导致孩子低自尊。不少父母注重孩子的学习成绩及智力因素开发，却忽视情感、意志等非智力因素的发展，特别是社会交往方面的发展，孩子缺乏与同伴交往的经验，使得他们在交往中被同伴群体排斥，因而感到孤独，缺乏自尊，由此产生自卑感。第三，过高的期望容易导致孩子自卑，由于孩子经常达不到父母的要求，缺乏成功的体验，自尊因此极易受到伤害。

4．增进自尊

由于自尊取决于成就抱负比，产生了提高自尊的策略。如果价值感低是由贫穷或社会弱势引起的，那就可以使用改变环境的策略来提高自尊，比如，再就业培训、换工作或者搬家。如果价值感低是由于不切实际的抱负造成的，那么就可以用认知治疗来挑战这些不切实际的抱负。

（1）增强实力，体验成功。实力是自尊的坚强基础，缺乏实力，自尊会成为虚荣，自信会成为自卑。一般情况下，自信心较弱的原因主要有两方面：一是能力差；二是在集体中长期被忽视，锻炼机会少。要充分利用各种途径，锻炼、培养自身的实力，尽可能多地体验成功，寻找个人自尊的支点。

✳ 心理自助小贴士

设定恰当的目标。目标不能太高，否则不易达到，更加挫伤自尊心。

尽量做自己喜欢的事情。自己喜欢做的事，容易取得成功，继而产生成就感，非常有利于自尊的提高。

做好充分的准备。有了充分的准备就容易成功，有利于顺利完成活动。

扬长避短。抓住机会展现自己的优势和特长，同时注意弥补自己的不足，不断进步。

（2）积极归因。归因是人们对他人或自己的行为进行分析、解释及寻找原因的过程。正确归因是人们进行科学行为评价的关键。当获得成功时，应归因于自身的能力和努力，进一步增强自信；当遇到失败时，应多归因于客观和主观的可变而不稳定的因素，如不努力、粗心等，不要怀疑自己的能力，保持较好的自信心。

（3）建立良好的同伴关系。自尊受个体在群体中的地位和威信以及群体评价的影响极大。个体能否受到同伴和集体的认可与接纳，是影响积极自我评价的关键因素。因此，多与同伴交往，学会合作、分享、谦让，善于听取别人的意见，是积累提高自尊的必经途径。

✵ _____ 眼 中 的 我

我们怎样获得他人对自己的评价？我们可以请身边的人真诚地告诉他们，我们希望听到最客观、最真实的想法。把其他人眼中的我和自己眼中的我、自己理想中的我，通过比较，我们就能够得到一个对自己更客观、接近真实情况的评价。

1. 父亲眼中的我：
2. 母亲眼中的我：
3. 兄弟姐妹眼中的我：
4. 同辈亲戚眼中的我：
5. 老师眼中的我：
6. 同学眼中的我：
7. 朋友眼中的我：
8. 他人眼中的我：
9. 自己眼中的我：
10. 自己理想中的我：

三、自我悦纳

积极的自我意识是建立在对现实自我的全面客观认知基础上的一种积极态度。这种积极态度不仅意味着一个人对自我的认同和积极接纳，还意味着一个人自我的不断完善和发展。因此，培养积极的自我意识，首先是如何全面客观认识自我并接纳自我，其次是如何不断地积极调整自我、完善自我。

1. 在比较中探索自我

美国心理学家乔瑟夫·勒夫（Jone Luft）和哈里·英格拉姆（Harry Ingram）提出了"乔哈里窗口理论"（见表 2-2）。

表 2-2 乔哈里窗口理论

他人情况	自知	自不知
他知	公开我	盲目我
他不知	秘密我	未知我

"公开我"代表我们自己知道、别人也知道的领域，对自己和他人都是透明的，这是我们不能隐瞒的，或者我们愿意公开的部分，例如，我是某某，我身高一米七。

"盲目我"代表别人知道而自己不知道的领域，我们没有意识到或无意识地在别人面前表现出来的部分，比如一些姿态、习惯动作等，可能你说话很快，自己不觉得，别人却很清楚。

"秘密我"代表我们自己知道而别人不知道的领域，这是我们不愿意在别人面前显露出来的，属于个人隐私，例如惭愧的往事、内心的痛楚等。

"未知我"代表我们自己不知道，别人也不知道的领域，属于待开发部分。

自我是一个不断探索的过程。我们人生的成长目标就是不断减少"盲目我""秘密我"和"未知我"的领域，扩大"公开我"的部分，那样我们的生活会更加真实和有建设性。一个人的盲目领域越小，他对自己的认识就越全面，可以更好地发挥出自己的潜能。

（1）社会比较法。社会比较是人际比较的社会心理现象，按照比较的方向，可以将社会比较分为平行比较、上行比较和下行比较。

上行比较由费斯汀格（Leon Festinger）[1]在 1954 年提出，他提出经典的"社会比较理论（Social Comparison Theory）"[2]，认为当个体想对自身的观点、能力进行评价时，由于没有可以直接用来衡量的渠道，往往会通过寻找其他与自己能力、观点相近似的人进行比较，从而为个人进行自我评价提供一个较为客观的标准。

上行比较由惠勒（Wheeler）[3]提出，个体与比自己优秀的人进行比较，可以修正自身的缺点，通过缩小与优秀阶层的差距，实现自我的提升和进步[4]。当然，上行比较可能产生两种不同的效果，如果比较个体与优秀阶层的差距较大，且通过努力也无法消除这种差距，那么比较个体就会产生一种自卑感，评价的效果就呈现出消极性；如果比较个体预期自己在未来可以达到与优秀阶层相似的水平，那么比较个体就会产生

---

[1] 费斯汀格（Leon Festinger，1919—1989），美国社会心理学家。主要研究人的期望、抱负和决策，并用实验方法研究偏见、社会影响等社会心理学问题。提出的认知失调理论有很大影响。1959 年获美国心理学会颁发的杰出科学贡献奖，1972 年当选为国家科学院院士。

[2] 社会比较理论（Social Comparison Theory）：费斯汀格（Festinger）在 1954 年其论文《论社会比较》一文中所提出，指出团体中的个体具有将自己与他人进行比较，以从中确定自我价值的心理倾向，受到社会情境之影响，个体时而与条件胜于自己者相比较，有时将与条件劣于自己者相比较，旨在追寻自我价值。

[3] 惠勒（Wheeler），美国社会心理学家。

[4] Wheeler L.Motivation as a Determinant of Upward Comparison[J].Journal of Experimental Social Psychology，1966，（1）.

一种价值感，评价的效果就呈现出积极性。❶

下行比较由哈克米勒（Hakmiller）❷提出，认为比较个体为了维护自身的尊严，更愿意与境况不如自己的人进行比较❸，这是为了维护自尊和主观幸福感。尤其当比较个体身处逆境时，个体的心理承受能力就会降低，如果以境况差的人为参照进行比较，那么从主观上逆境中个体的自尊心就会得到维护，幸福感也会得到提升❹。

心理实验室

研究者让大学生被试和另一些竞争对手一起讨论参加工作的问题。在讨论前，大学生被试都接受自尊测试。之后，有一半被试看到的是衣冠不整、仪表一般的竞争对手；另一半被试所接触的是仪表端庄、谈吐文雅之士。讨论后，实验者又对大学生作自尊测验。

结果显示：接触到仪表比自己强的竞争者的大学生自信心明显下降；而看到仪表不如自己的竞争对手的大学生，他们的自信心却大大提高。

这项实验说明了他人是反映自我的镜子，与他人交往接触，是个人获得自我认识的重要来源。

（2）自我比较法。除了与他人的比较，我们还可以通过和自己的比较来认识自我，包括过去我、现在我和将来我之间的比较。

心理学家威廉·詹姆斯（William James）❺提出一个公式：自尊=成就/目标。"自尊"可以看作是对现在的自我的态度；"成就"是过去活动的结果，因而标志着过去的自我；"目标"即自我为自己设定的目标，因而标志着将来的自我。这个公式概括了过去我、现在我、将来我三者的关系。如果我已取得"成就"与追求的"目标"一致，甚至高于"目标"，自信心就会较强，标志着现在的自我充满自信，自尊感较强。反之，如果"成就"低于自我设定的"目标"，自信心和自尊感都会降低，并对现在我产生不满意的感觉。因此，一个人过去所取得的成功或失败对个人的自我评价有着重要的影响，并通过此评价影响到整个自我的态度。

（3）他人评价法。俗话说"当局者迷，旁观者清"。别人对自己的态度，是自我评

---

❶ Collins R L.For Better or Worse：The Impact of Upward Social Comparison on Selfevaluations[J].Psychological Bulletin，1996，（1）.

❷ 哈克米勒（Hakmiller），美国社会心理学家。

❸ Hakmiller K L.Social Comparison Processes under Differential Conditions of Egothreat[J].Dissertation Abstracts，1963，（2）.

❹ Wills T A.Downward Comparison Principles in Social Psychology[J].Psychological Bulletin，1981，（2）.

❺ 威廉·詹姆斯（William James，1842—1910），美国哲学家、心理学家、教育学家、实用主义的倡导者，美国最早的实验心理学家之一，美国机能主义心理学派创始人之一，1875年建立美国第一个心理学实验室，1904年当选为美国心理学会主席，1906年当选为国家科学院院士。2006年，被美国的权威期刊《大西洋月刊》评为影响美国的100位人物之一（第62位）。代表作品有《心理学原理》。

价的一面镜子。在人际互动中，人们相互之间会对对方进行各种各样的评价，个体同时也或多或少地感知到周围他人对自己所做的评价。别人对自己的态度和评价是认识自己的重要依据之一，可以帮助我们纠正自我认识的偏差，形成较为客观的自我概念。

心 理 实 验 室

研究者让大学生参加 10 分钟的会谈。在交谈的前两分钟，主试对大学生的态度反应为中性，两分钟后，通过微笑和声调等非言语行为对一部分大学生表现出感情深厚，对另一部分大学生以冷淡的态度对待。会谈后，让大学生评价他们各自的表现。结果显示：受到热情接待的大学生比受到冷遇的大学生对自己的评价要高。

2. 接受独一无二的我

在面对"理想自我"与"现实自我"的差距时，最重要的是学会自我接纳。"自我接纳"是指个人对自身及特征所持有的一种积极的态度，既能欣然接受现实中的状况，满意于自己某些长处的同时，也允许自己有很多不足。

（1）爱自己。在许多人的印象中，"爱他人"和"爱自己"似乎是截然对立的。实际上，爱自己是爱他人的前提，自爱的人才有空间、有能力去爱别人。

爱自己，就是对自己宽容，被自己感动，为自己流泪，允许自己犯错误。也许我们都爱过一位老师，爱过一个婴儿，爱过一朵花、一首歌。其实，只要把这种爱注入自己的心灵，给自己带来温暖与力量，让生命的活力重新循环流动，就能获得对自己的接纳和爱。

独一无二的你

"是时候了！"爸爸说。

"是的。"妈妈点点头。

"什么时候？"小丹尼问。

爸爸的嗓音温柔起来，"是分享智慧的时候了，每时每刻都准备好认识新朋友。

随时随地发现美，并用心记住那份美丽。有时要融入集体，有时也要突出自己。

寻找自己的路，没必要总跟着别人走。

学会何时表达自己，何时安静倾听。

无论你已经知道多少，总是还有更多未知值得你去探索。

如果你走错了方向，那么请转身回来。

如果有东西挡住了你的去路，那么请绕过它。

每天，都给自己一点安静的时间放松和反思。

学会欣赏艺术，美其实无处不在。

仰望星空，许下愿望。"

"孩子，谢谢你的倾听。"妈妈说，"我们希望你都能记在心里。"爸爸挤了挤眼，轻声说，"我们知道，全记下来有点多。"丹尼向后翻了筋斗，俏皮地冲他们微笑。马上就要带着刚学到的东西去闯世界了，他很兴奋。"等等我啊!"他冲他的朋友们喊道，就在丹尼要游走的时候，他转身对父母说，"我会记住的。"妈妈在他额头上亲了一下说，"在这个世界上，你是独一无二的。把世界变得更美好吧!"

——儿童绘本《独一无二的你》

（2）无条件地接纳不完美的自己。完美只是一个概念，每个人都是有缺陷的人，都有长处、有不足，我们要学会面对不完美的自己，接受有缺憾的自己。一个能接受自己缺陷的人，才有可能接受他人。很多人以为只有具备某种条件，如漂亮的外表、优秀的学习成绩、过人的专长、出色的业绩等，才能获得被自己和他人接纳的资格，因此背上了自卑的包袱。由于曾经被挑剔，也就逐渐习惯用挑剔的眼光看待自己，越看越觉得无法接受。接纳自己就是无条件地、无批判地接受自己的现状。

（3）停止与自己对立。"停止与自己对立"是指停止对自己的不满和批评。我们要学习站在自己这一边，维护自己生命的尊严和价值。停止苛求自己，允许自己犯错误。当然，这与犯错后要吸取经验教训是不矛盾的。

首先，以建设性的态度和方法对待自己的弱点和错误。我们要学会正视自己的弱点，注意不要把时间花在自责和沮丧上，而是把精力集中在如何改正错误上，从修正错误中学习。

其次，停止否认或逃避自己的负性情绪。先坦然地承认并且接纳自己的负性情绪，不论它是沮丧、愤怒、焦虑、还是敌意。人产生负性情绪是很正常的，它提醒我们要对现状有所警觉，这是改变现状的先决条件。如果一个人不为自己的成绩差而沮丧，他就不会想努力学习；如果一个人不为和别人的矛盾而苦恼，他就不知道自己的人际交往方式需要调节。在接纳的基础上，想办法解决引起负性情绪的问题，并告诉自己："不论产生什么样的负性情绪，我都选择积极地正视、关注并体验它，我将从中了解自己的思想，并建设性地解决问题。"

费斯汀格法则

美国社会心理学家费斯汀格（Leon Festinger）[1]有一个很著名的判断，被人们称为"费斯汀格法则"：生活中的 10%是由发生在你身上的事情组成，而另外的 90%则是由你对所发生的事情如何反应所决定。换言之，生活中有 10%的事情是我们无法掌控的，而另外的 90%却是我们能掌控的。

---

[1] 费斯汀格（Leon Festinger，1919—1989），美国社会心理学家。主要研究人的期望、抱负和决策，并用实验方法研究偏见、社会影响等社会心理学问题。他提出的认知失调理论有很大影响。1959 年获美国心理学会颁发的杰出科学贡献奖，1972 年当选为国家科学院院士。

卡斯丁早上起床后洗漱时，随手将自己的高档手表放在洗漱台边，妻子怕被水淋湿了，就随手拿过去放在餐桌上。儿子起床后到餐桌上拿面包时，不小心将手表碰到地上摔坏了。

卡斯丁心疼手表，就照儿子的屁股揍了一顿。然后黑着脸骂了妻子一通。妻子不服气，说是怕水把手表打湿。卡斯丁说他的手表是防水的。

于是二人猛烈地斗嘴起来。一气之下卡斯丁早餐也没有吃，直接开车去了公司，快到公司时突然记起忘了拿公文包，又立刻转回家。

可是家中没人，妻子上班去了，儿子上学去了，卡斯丁钥匙留在公文包里，他进不了门，只好打电话向妻子要钥匙。

妻子慌慌张张地往家赶时，撞翻了路边水果摊，摊主拉住她不让她走，要她赔偿，她不得不赔了一笔钱才摆脱。

待拿到公文包后，卡斯丁已迟到了15分钟，挨了上司一顿严厉批评，卡斯丁的心情坏到了极点。下班前又因一件小事，跟同事吵了一架。

妻子也因早退被扣除当月全勤奖。儿子这天参加棒球赛，原本夺冠有望，却因心情不好发挥不佳，第一局就被淘汰了。在这个事例中，手表摔坏是其中的10%，后面一系列事情就是另外的90%。

都是由于当事人没有很好地掌控那90%，才导致了这一天成为"闹心的一天"。

试想，卡斯丁在那10%产生后，假如换一种反应。比如，他抚慰儿子："不要紧，儿子，手表摔坏了没事，我拿去修修就好了。"这样儿子高兴，妻子也高兴，他本身心情也好，那么随后的一切就不会发生了。

可见，你控制不了前面的10%，但完全可以通过你的心态与行为决定剩余的90%。在现实生活中，常听人抱怨：我怎么就这么不走运呢，每天总有一些倒霉的事缠着我，怎样就不让我消停一下有个好心情呢，谁能帮帮我？其实能帮助自己的不是他人，而是自己。

（4）只做自己。每个人都是这个世界上独一无二的、最独特的那一个，我们要学会只做自己。如果你拥有一个稀世之宝，你会如何珍惜它呢？你是否想过，你自己本身也是绝无仅有，独一无二的？你的外表、动作、个性和思维都是唯一的，过去没有，现在没有，将来也不会有其他的人跟你一模一样。在这天地之中，你就是你，无人可以取代！你的遗传、环境、经历和经验造就了你自己。无论它是什么样子，你都可以接纳它，喜欢它，珍视它，因为那毕竟是你自己。

鞋 匠 的 儿 子

第十六届美国总统亚伯拉罕·林肯出身于一个鞋匠家庭，而当时的美国社会非常看重门第。林肯竞选总统前夕，在参议院演说时，遭到了一个参议员的羞辱。那位参议员说："林肯先生，在你开始演讲之前，我希望你记住你是一个鞋匠的儿子。""我非常感谢你使我想起了我的父亲，他已经过世了，我一定会永远记住你的忠告，我知道我做总统无法像父亲做鞋匠做得那么好。"参议院陷入一阵沉默，林肯转头对那个傲慢的参议员说："就我所知，我的父亲从前也为你的家人做过鞋子。如果你的鞋子不合脚，我可以帮你改正它。虽然我不是伟大的鞋匠，但我从小就跟随我父亲学到了做鞋子的技术。"然后，他又对所有的参议员说："对参议院的任何人都一样，如果你们穿的哪双鞋子是我父亲做的，而它们需要修理或者改善，我一定尽力帮忙。但是有一件事是可以肯定的，我无法像他那么伟大，他的手艺是无人能比的。"说到这里，所有嘲笑都化成了真诚的掌声。

林肯不以父亲是鞋匠为耻，而是向参议员们传递了这样的信念：每个人，只要做最好的自己，就值得拥有别人的尊重，也是这样的理念，使林肯最终赢得了大家的尊重与拥护。

3．建立积极自我意象

"自我意象"就是"我属于哪种人"，它建立在我们对自身的认知和评价的基础上。一般而言，个体的"自我意象"都是根据自己过去的成功或是失败，他人对自己的反应，自己根据环境的比较意识，特别是童年经验而不自觉地形成的。自我意象的确立十分重要，其正性或负性倾向是我们的生命走向成功或失败的方向盘、指南针。

心理学家马克斯威尔·马尔兹（Maerzi）[1]说，人的潜意识就是一部"服务机制"——一个有目标的计算机系统。而人的自我意象，就如同计算机程序，直接影响这一机制动作的结果。如果自我意象是一个失败的人，就会不断地在自己内心那"荧光屏"上看到一个垂头丧气、难当大任的自我，听到"我是没有出息、没有长进"之类的负面信息，然后感受到沮丧、自卑、无奈与无能，而在现实生活中便会"注定"失败。反之，如果自我意象是一个成功人士，就会不断地在内心的"荧光屏"上见到一个充满自信、不断进取、敢于经受挫折和承受强大压力的自我，听到"我做得很好，而我以后还会做得更好"等鼓舞人心的信息，然后感到喜悦、自尊、快慰与卓越，而在现实生活中便会"注定"成功。高自我意象与低自我意象的对比如表2-3所示。

表2-3　　　　　　　　　　高自我意象与低自我意象的对比

高自我意象	低自我意象
接纳自我	否定自我
喜欢和尊重自己	不尊重和讨厌自己
有安全感、自我肯定	不安全感、怀疑自己

---

[1]　马克斯威尔·马尔兹（Maerzi），美国著名心理学家，他通过多年的临床实践和理论研究，发现了人的外表形象、气质、人生态度，与内在自我意象的特殊关系，以及自我意象在人类行为中的关键作用，从而建立了一门新的学科理论——自我意象心理学。

续表

高自我意象	低自我意象
清楚个人的能力	不清楚个人的能力
独立自主、自律	依赖他人、情绪化
对自己的行为负责	逃避责任
对自己有恰当的期望	没有恰当的期望
有勇气开放、表达自己	羞怯、不敢表达自己
对自己的成就感到自豪	害怕成功

4．抛弃不良自我意识

（1）过分追求完美。每个人都希望自己是完美的，也都不同程度地追求自我完美。追求完美是人类健康向上的本能，它是一种进步的推动力，但过分追求完美则会引起自我适应的障碍。其一，过分追求完美的人对自己持有过高的要求，期望自己完美无缺，却不考虑自己的实际情况，因而完美的期望必然受到挫折，从而增加了适应的困难。其二，过分在意自己"不完美"的地方，甚至把一种普遍存在的问题看成是自己不完美的表现而过于苛求自己，从而严重影响了自己的情绪和自信心，使自我适应和认识更加困难。克服完美主义的方法和途径有：

首先，树立正确的认知观念。人无完人，不可能十全十美，一个人应该接纳自己，并肯定自己的价值，既不自以为是也不妄自菲薄。

其次，建立合理的评价参照体系和立足点。不同方式的自我评价（相符的、过高的、过低的）可能激发或者压抑人的积极性。以弱者为参照会自大，以强者为标准会自卑。因而人应该选择合适的标准，更重要的是以自己为标准，按照自己的条件评定自己的价值。

最后，合理恰当。目标符合自己的实际能力，不苛求自己，不被他人的要求左右。必须明确自己的期望是什么，以及这种期望的来源是自我的本身能力和需要，还是从满足他人的期望出发。只有明确这一点，才可能真正地认清自己，规划正确的发展方向，最终建立独立的自我。

（2）自卑。自卑是在对自己过低的、不切实际的评价基础而产生的一种消极的、否定的情感，往往是自尊屡屡受挫的结果。这类人自我认识不客观，只看到自己的缺点而忽略了自己的长处，不喜欢自己，不能容忍自己的缺点和不足，否定、抱怨、指责自己，看不到自己的价值，感到处处低人一等，丧失信心，严重的还可能由自我否定发展为自我厌恶甚至走向自我毁灭。过高的自尊心和过强的自卑感是密切联系、互为一体的。那些自尊心表现越外显、越强烈的人往往是非常自卑的人。为了摆脱自卑心理的困扰，我们可以从以下几个方面来克服：

第一，充分认识自卑的危害，有改变自己的勇气和决心。自卑心理对人的发展有非常消极的影响，它是潜藏在人的内心、吞噬人心灵的恶魔，我们一旦被自卑所侵扰，心灵便没有了晴天，潜力的发挥会受阻，难以适应环境的变化，躯体症状就会找上门来。

第二，坦然面对自己的不足和缺陷。只有坦然面对自己的不足和缺陷，才能从内心进行自我调整和改变。如个子矮小的人，往往对自己的身材不满意，总觉得矮人一截。诚然，矮子变高已不可能，但挺起胸膛做人是可以做到的事。一个心地善良、作风正派的人，其轩昂的气宇与良好的精神面貌，足以弥补身材不高或某种生理上的不足。贝多芬只有一米六三的身高，但并没有影响他成为一代乐圣；康德只有一米五二的身高，也没有影响他成为一代哲学大师。因此，对于身材矮小或生理有缺陷的人，只要不执着于自己这些生理上的不足，就可以极大地减轻这种心理负担。

第三，运用积极的自我暗示。暗示是用含蓄的间接方式，对别人和自己的心理及行为产生影响。发明大王爱迪生曾说："假如心中一直想要做某一件事，那么，最后一定能随心所欲地去做这件事。"自我暗示或自我鼓励，往往能产生意想不到的效果。如果一个人总是有"我不如别人""我不行，是个差劲的家伙"这些消极的想法，将会对其行为产生不良影响。相反，如果随时对自己进行"这难不倒我，我一定能做得到""别人行，我也行"的积极暗示，则会信心倍增。实践证明，积极的自我暗示对于提高自信心，克服各种心理不适有非常重要的作用。

"圣斑"实验

在中世纪，一个医生做过这样一个试验，他让一个歇斯底里的病人（受暗示性强，爱幻想）按照《圣经》中耶稣被钉在十字架上的描述，想象自己也被钉在十字架上。然后过了几天，这个病人的手上，真的出现了类似于被钉子钉过的溃疡，当时这种溃疡被称为"圣斑"。这个实验验证了心理暗示作用的存在。

第四，建立积极的自我评价。自卑的本质就是自我评价过低，而且这种评价往往是歪曲的、不合理的，表现为在某一事件失败的基础上对自己的能力和价值作出普遍性的否定。正确的做法应是全面、客观、辩证地看待别人和自己，力求认识到人无完人、不可能十全十美。人不应该以自己的弱项与别人的强项比。除此之外，还应该对某一行为进行具体、积极的分析和评价，不能以偏概全。

第五，利用补偿作用克服自卑。一个人如果在某些方面自觉不足，他可以发奋努力，通过取得另一方面的成就进行补偿，这就是所谓的"失之东隅，收之桑榆"的补偿作用。这种作用尤其对那些因长相或身体残疾等不可改变的现实条件而产生自卑感的人有较好的效果。他们可以将注意力转移到自己感兴趣，也最能体现自己才能的活动中，强化自己的优势以增强自信，用成就使倾斜的心理天平恢复平衡。

（3）克服自我中心。所谓自我中心，即人在观察事物或考虑问题时，以个人主观图式去对待有关事物，不能考虑他人观点和内心需求的一种心理状态。以自我为中心的人常自以为具有无穷的力量，自己是完全正确、无所不能的，完全有能力按照自我的设想来改造社会和世界，使之达到理想的境界。凡事从自我出发，不能设身处地进行客观思考，只关心自己，不顾及他人的感受和需要，喜欢把自己的意志强加于人。因此，人际关系大多不和谐，做事难得到别人的帮助，易遭挫折。正确的做法是：摆正自己的位置，既重视自己也不贬抑他人，自觉地把自己和他人、集体结合起来，走出自我的小天地。实事求是、恰如其分地评估自己，既不高抬自己，也不妄自菲薄。学会共情，设身处地从他人的角度思考问题，尊重他人感受，关心他人。

四、自我效能感

✵ 宝 箭 与 断 箭

春秋战国时期，一位父亲和他的儿子出征打仗。父亲已做了将军，儿子还只是马前卒。又一阵号角吹响，战鼓雷鸣了，父亲庄严地托起一个箭囊，其中插着一支箭。父亲郑重对儿子说："这是家传宝箭，配带身边，力量无穷，但千万不可抽出来。"那是一个极其精美的箭囊，厚牛皮打制，镶着幽幽泛光的铜边儿，再看露出的箭尾，一眼便能认定用上等的孔雀羽毛制作。儿子喜上眉梢，贪婪地推想箭杆、箭头的模样，耳旁仿佛有箭声嗖嗖地掠过，敌方的主帅应声折马而毙。果然，佩带宝箭的儿子英勇非凡，所向披靡。当鸣金收兵的号角吹响时，儿子再也禁不住得胜的豪气，完全背弃了父亲的叮嘱，强烈的欲望驱赶着他"呼"一声就拔出宝箭，试图看个究竟。骤然间他惊呆了，一只断箭！箭囊里装着一只折断的箭！

"我一直挎着只断箭打仗呢！"儿子吓出了一身冷汗，仿佛顷刻间失去支柱的房子，轰然间意志坍塌了。

结果不言自明，儿子惨死于乱军之中。

拂开蒙蒙的硝烟，父亲拣起那支断箭，沉重地说道："不相信自己的能力，永远也做不成将军。"

自我效能感影响或决定人们对行为的选择，以及对该行为的坚持性和努力程度，影响人们的思维模式和情感反应模式，进而影响新行为的习得和表现。效能预期越强烈，所采取的行为就越积极，努力程度也就愈强愈持久，情绪更加积极。

把胜败寄托在一支箭上，多么愚蠢！而当一个人把生命的核心与把柄交给别人，又是多么危险！但是，生活中有不少人，或把成绩的取得寄托在老师身上；或把希望寄托在爸妈身上；或把幸福寄托在儿女身上；或把生活保障寄托在单位身上……其实，真正的箭正是我们自己，若要它坚韧、锋利，若要它百步穿杨、百发百中，磨砺它、拯救它的都只能是自己——相信自己的能力才是成功的根本保证！

1. 自我效能感的含义

自我效能感与自尊不同，自尊关注的是对个人价值的判断，自我效能感关注的是对个人能力的判断，是人对自己能否成功地进行某一行为的主观判断，即自我能力感，是个体对自己能力的主观感受，而不是能力本身。它包含三层含义：第一，自我效能感是对能否达到某一表现水平的预期，产生于活动发生之前；第二，自我效能感是针对某一具体活动的能力知觉；第三，自我效能感是对自己能否达到某个目标或特定表现水平的主观判断。自我效能感专家、美国斯坦福大学阿尔伯特·班杜拉（Albert Bandura，1976 年）❶认为，"人生的基本现实就是它充满了阻碍、不幸、挫折、失败和不公平"，因此，人们需要具备很强的自我效能感使自己不被击垮。

积极、适当的自我效能感使人们认为自己有能力胜任所承担的工作，由此将持有积极、进取的工作态度。而如果人们的自我效能感比较低，认为无法胜任工作，那么对工作将会产生消极回避的想法，工作积极性将大打折扣。

2. 自我效能感的特点

（1）主观性。自我效能感是对自己能否完成某一行为的主观预期，是先于某一行为发生的，不是对某一活动事后结果的追溯，它不是个体实际上的行为表现。如果个体认为他能够完成某件事，而且 100%能完成这件事，则他的自我效能感高，不管他是不是真能完成这件事。

（2）中介性。自我效能感是人类获得知识、技能、经验和随后行为之间的中介，通过选择、思维、心身反应等中介过程而实现其作用。

自我效能感影响人们的行为选择。通常，人们选择自以为能胜任的活动和能有效应对的环境，回避感到无能为力的活动和无法控制的环境，通过这种选择，人们顺利完成某项任务或活动，效能期待从结果期待中得到进一步强化，形成良性循环。因此，自我效能感的高低影响着人们对任务难度、完成任务的条件、工具和环境等的选择。

自我效能感影响人们的思维过程。自我效能感通过思维过程对个体活动产生自我促进或自我阻碍。一般情况下，自我效能感越强，个体就会越努力，越能够坚持下去，越愿意以更大的努力去迎接挑战，而那些怀疑自身能力的人会放松努力，甚至完全放弃。

自我效能感影响人们的心身反应。自我效能感决定个体的应急状态、焦虑反应和抑郁程度等心身反应过程，进而影响个体的行为及功能发挥。自我效能感低的人与环境作用时，会过多想到个人的不足，夸大困难，产生悲观或自卑情绪。这种悲观或自卑会带来心理压力，使其将注意力转向可能的失败和不利后果的焦虑上，而不是如何有效地运用其能力来实现目标。自我效能感高的人主要将注意力和努力集中于情境的要求上，并被困难激发出更大的努力，进而引发乐观体验。

（3）三维性。自我效能感的发展变化表现在三个维度上：一是水平，水平不同导致个

---

❶ 阿尔伯特·班杜拉（Albert Bandura，1925—），美国当代著名心理学家，新行为主义的主要代表人物之一，社会学习理论的创始人。

体选择不同难度的任务；二是强度，强度不同影响个体对自我能力的判断；三是广度，有的人在很窄的范围内自我效能感高，有的人则在很宽泛的领域中都有良好的自我效能感。

3. 影响自我效能感的因素

（1）自我成败经验。自我成败经验是对自我效能感影响最大的因素。一般来说，成功的经验能提高个人的自我效能感，多次的失败会降低自我效能感。因为成功经验越多，就越相信自己的胜任能力，因而效能期望就越高；失败的体验越多，就越怀疑自己的胜任能力，甚至还会产生"习得性无助"，形成自我无能的策略，最终导致他们的努力目标是避免失败，而无暇追求成功。他们容易焦虑、恐惧、懒散、怠慢、拖延，或只完成不费力气的任务；他们沮丧，并以愤怒的形式表现出来；面临困难时很快就放弃，因而效能期望就越低。

（2）个人成败的归因方式。个人自身行为的成败经验对自我效能感的影响主要通过归因方式实现。如果把成功归因于外部的不可控因素，感觉成功与个人的能力和努力没有关系，就不会增强自我效能感；而如果把失败归因于内部的可控因素，认识到自己有能力弥补不足或过失，就不一定会降低自我效能感，相反，可能还会增强自我效能感。因此，归因方式是影响自我效能感的直接因素。尤其是在一项行动刚刚开始之时的失败，因其不能反映出努力的不足或不利的环境因素，容易使人错误地归因于自己能力的不足。

但不同的人受归因方式影响的程度并不一样。对于先前已经具备很强的自我效能感的人而言，偶然的失败不但不会影响其对自己能力的判断，反而能提高其信念，因为他更有可能寻找环境因素，或努力不足和策略方面的可变性内因，他会相信改进后的策略会带来将来的成功。

心 理 实 验 室

保险业在美国是一个影响比较大的行业，但是总面临两个难题：其一，由于保险从业人员必须有百折不挠的勇气才会成功，所以流动性特别大，几乎所有的保险公司每年都要招聘大量的新员工，但在这些新招聘来的员工中，不到一年时间就会流失很多，仅培训费一项每年就要损失很多。如美国著名的大都会保险公司每年都会招聘5000名左右的新员工做保险销售，在新员工的培训期间，公司对每个新员工的投入大约在3万多美元。但往往在一年之后，就有约一半以上的员工辞职，到了第四年的时候，留下的新员工就没有多少了，大量的培训费就打了水漂。其二，许多保险销售员容易患上抑郁症，这不仅影响了这些人之后的生活，同时也影响了保险行业的声誉。

面对这种情况，大都会保险公司的总裁希望塞利格曼来帮他解决这两个难题。塞利格曼研究后发现，保险行业是一个与人打交道的行业，推销员每天都要面对不同职业、性格、年龄、文化等特点的个体。在此过程中，这些保险推销员必然会经历多次的拒绝，有时甚至还会挨骂（统计显示，保险推销员每打10个电话可能只有1个人愿意坐下来谈谈，而且还不一定购买保险）。许多员工在遭受这样的打击之后，自信心迅速降低，失去进一步努力的动机，业绩自然也就会下降。当他的业绩不好之后，他就会觉得自己不适合这个行业，跳槽也就成了一种必然的选择。即使公司不辞退他，他自己也不好意思继续留下来了。而当一个人带着失败离开时，如果他的性格本来就不太乐观的话，那抑郁就自然而然产生了。因此，塞利格曼认为保险行业应该仔细挑选员工，保险销售工作并不是什么人都能干的，只有那些具有乐观型解释风格的人才更适合做这项工作。

于是，塞利格曼决定和大都会保险公司合作，为公司挑选新员工。为了检验自己的假设是否正确，塞利格曼对当时参加面试的 1.5 万名应聘人员进行了两次测试：一次是大都会保险公司安排的职业测试（即公司以前挑选员工的做法），另一次是塞利格曼自己安排的归因风格测试（ASQ）。ASQ 问卷的核心就是测量个体对积极事件和消极事件归因的三个维度：稳定的——不稳定的、普遍的——特定的、外在的——内在的。同样，录用新员工时也采用两种标准：一种是按该公司之前的标准录用，也就是按这些人的职业测试分数的高低，一共录用了 1000 人，同时对这些人进行归因风格测试，并根据测试分数在这些人中筛选出乐观型风格组和悲观型风格组。另外一种是挑选出职业测验不合格，但特别乐观的人，按这个标准共录用了 129 人。

通过两年的追踪发现：在 1000 人组中，具有乐观风格的推销员的业绩要比悲观者高——第一年高出 8%，第二年则高出 31%；129 人组与 1000 人组中的悲观者相比，两年间的业绩差异更为显著——第一年高出 21%，第二年则高出 57%；129 人组比 1000 人组的平均销售业绩高 27%。这些结果充分证明乐观型解释风格在保险销售行业中的重要性。

塞利格曼认为，具有乐观型解释风格的人之所以能创造更好的业绩，主要是因为乐观者在推销失败后，会将失败视为只是暂时没有成功，并没有将失败视为难以逾越的鸿沟而使自己陷入绝望之中。因此，他们会屡败屡战，将面前的困难看作是一种挑战，百折不挠地坚持到最后，直到成功。只有在每一次拒绝面前都能保持乐观的人，才可能成为真正的优秀推销员，也才能获得真正的成功。

（3）替代经验。个体自我效能感除了建立在自身成败经验基础上外，在很多场合、很多时候要受周围他人成败的替代经验❶的影响，人的许多效能期望来源于观察他人的替代经验。也就是说，尽管自身还没有亲自经历或体验某件事情，但周围人的经历或体验会给自己一些触动和启示。当观察者与榜样的一致性和近似性越高，这种替代经验的影响越大。另外，当一个人对自己某方面的能力缺乏现实的判断依据或知识时，也就是对自身能力不清楚时，这种替代经验的影响力最大。

（4）言语劝说。言语劝说就是说服个体相信自己有能力完成某项活动或任务，通

---

❶　替代性经验是指个体能够通过观察他人的行为获得关于自我可能性的认识。关于替代性经验的研究始于阿尔伯特·班杜拉（Albert Bandura），在其社会学习理论的自我效能理论中提出。

过帮助个体回忆自身成功的经验或失败的教训,通过正确的归因、他人的替代经验,以及发现个体优势等,使个体相信自己的能力,树立起自信心,进而提高自我效能感。言语劝说包括他人的评价、鼓励、劝说及自我规劝等,因其简便易行、行之有效而得到广泛应用。值得注意的是,言语劝说的价值取决于它是否切合实际,缺乏事实基础的言语劝说难以令当事人信服,对自我效能感的影响不大。

(5)情绪唤醒状态。放松警觉状态是最佳的情绪唤醒❶状态,这时心身统一,平静安宁,思维活跃,精力充沛而又没有威胁和恐惧,因而自我效能感积极而客观。相反,个体在面临某项活动任务时,激动情绪、过度紧张等通常会妨碍行为的表现而降低自我效能感。比如:考试焦虑过度,不仅不会提升对成功应试的信心,反而会增加对应试失败的担忧和恐惧,导致自卑,甚至会出现某些心理生理反应,影响临场正常水平的发挥。

(6)情境条件。不同的情境条件提供给人们的信息是大不一样的。当一个人进入陌生而又易引起焦虑的情境中时,其自我效能感水平与强度就会降低。比如,体育比赛的主场与客场对运动员自我效能感的影响是十分鲜明的。大型考试的提前热身、熟悉环境,在很大程度上就是为了降低情境条件对自我效能感的消极影响。

4. 增强自我效能感的途径

(1)寻找积累成功经验的机会。积累成功经验可以增强自信,对自己的能力给予积极正面的评价,从而形成较高的自我效能感。如果个体很少经历成功,则会降低自我效能感。所以,采取措施保证成功、减少失败是很有必要的。

第一,任务难度适中、要求恰当。如果难度太高,超出个人目前的能力,则易导致失败。

第二,客观评价任务难易程度。由于评价任务难易度的主观性很大,所以,成功与否的标准是相对的,不同的人对同一任务的难易度有不同的评价标准。如果标准过高,本来的成功也会被视为失败。

(2)提供与个体有相似性的榜样。榜样的力量是巨大的,榜样与观察者越相似,那么榜样的行为结果对观察者自我效能感形成过程的影响就越大。当一个人看到与自己水平差不多甚至还不如自己的示范者取得了成功,就会增强自我效能感;看到与自己能力不相上下甚至比自己还强的示范者遭遇了失败,就会降低自我效能感,觉得自己也不会取得成功。但要注意,过高的榜样对大多数人来说不具备学习的可行性,而那些身边从平凡走向成功的人,更能成为学习的榜样,更能增强观察者的自我效能感。

(3)充分运用语言的暗示和劝说功能。暗示是一种特殊的心理现象,是权威者运用语言、行为及所创建的环境对人的心理产生影响的过程。通过积极的自我暗示和他人暗示可提高自我效能感。当人们被劝说自己拥有完成任务和工作的能力时,他们更有可能投入更多的努力和毅力坚持下来。

---

❶ 情绪唤醒是指生理或心理被吵醒或是对外界刺激重新产生反应。

自我暗示练习

首先，分阶段设置暗示语。在实施自我暗示前，必须根据自己的情况设置积极的暗示语言。如"我今天一定行""我明天能做得更好"等。经过一段时间的暗示训练，当发现自信心有所提高，每天都很充实、快乐时，就应考虑重新设置自我暗示语。这个阶段的暗示语不必那么具体，但一定要根据现阶段的状况提出更高要求。暗示语设置好之后，要熟练地背下来，牢记于心。

其次，实施积极的自我暗示。早上起床，精神饱满地站在镜子前，感受自己的状态。如果感觉不是很清醒，可以先暗示自己"我感觉非常有精神，状态很好！"然后，看着镜子中的自己，想象振奋的感觉由内而外散发出来。然后伴随一些体态语（可以握紧拳头，震动两下，感受自己的力量），大声说出事先想好的鼓励自己的话，声音一次比一次高。每说一次，就会感觉内心的自信和力量就增加一些。这样说几遍后，就会感觉心情畅快、很轻松、很有劲头。每天可以连续说 3~5 遍。刚开始训练时，需要意志进行控制，一旦养成习惯，每天就会自然地去做。这样，逐渐地就会成为一个自信、向上的人。

（4）积极的情绪唤醒。

第一，增加掌控能力。掌控能力指有效地应对环境的挑战而作出合理行为的自控能力，是自我激励的重要因素。人越有掌控的能力，对事情就越有把握，便可更加积极乐观。

第二，提升正面情绪。正面情绪不但可以提高人的掌控能力，更有助于培育积极思想，如：多回忆成功和愉快的经验，可以增加人的积极行为。

第三，正向解释。以正面和乐观的思维去理解事情和因果关系，学习阳性赋义，建立积极的人生观。

第四，使用积极的心理防卫机制。例如：幽默感、升华等方法可帮助减轻焦虑或忧郁的情绪，令人跳出低迷的处境。

第五，做好时间管理。科学的计划安排、目标设置、时间分配、结果检查等一系列监控活动，可提升对实施行为的自信心，从而提高自我效能感。

心理测量 2：自我和谐量表（SCCS）

指导语：

下面是有关个人对自己看法的陈述，回答时，请您看清每句话的意思，然后选择一个答案，以代表该句话与您现在对自己的看法相符合的程度，每个人对自己的看法都有其独特性，因此答案没有对错，您只要如实回答就行了。

A．完全不符合　　B．比较不符合　　C．不确定　　D．比较符合　　E．完全符合

1．我周围的人往往觉得我对自己的看法有些矛盾。

2．有时我会对自己在某方面的表现不满意。

3．每当遇到困难，我总是首先分析造成困难的原因。

4．我很难恰当表达我对别人的情感反应。

5．我对很多事情都有自己的观点，但我并不要求别人也与我一样。

6．我一旦形成对事物的看法，就不会再改变。

7．我经常对自己的行为不满意。

8．尽管有时得做一些不愿做的事，但我基本上是按自己的愿望办事的。

9．一件事情好就是好，不好就是不好，没有什么可以含糊的。

10．如果我在某件事上不顺利，我就往往怀疑自己的能力。

11．我至少有几个知心的朋友。

12．我觉得我所做的很多事情都是不该做的。

13．不论别人怎么说，我的观点决不改变。

14．别人常常会误解我对他们的好意。

15．很多情况下我不得不对自己的能力表示怀疑。

16．我的朋友中有些是与我截然不同的人，这并不影响我们的关系。

17．与别人交往过多容易暴露自己的隐私。

18．我很了解自己对周围人的情感。

19．我觉得自己目前的处境与我的要求相距太远。

20．我很少去想自己所做的事是否应该。

21．我所遇到的很多问题都无法自己解决。

22．我很清楚自己是什么样的人。

23．我能很自如地表达我想表达的意思。

24．如果有了足够的证据，我也可以改变自己的观点。

25．我很少考虑自己是一个什么样的人。

26．把心里话告诉别人不仅得不到帮助，还可能招致麻烦。

27．在遇到问题时，我总觉得别人都离我很远。

28．我觉得很难发挥出自己应有的水平。

29．我很担心自己的所作所为会引起别人的误解。

30．如果我发现自己在某些方面表现不佳，总希望尽快弥补。

31．每个人都在忙自己的事情，很难与他们沟通。

32．我认为能力再强的人也可能会遇上难题。

33．我经常感到自己是孤立无援的。

34. 一旦遇到麻烦，无论怎样做都无济于事。

35. 我总能清楚地了解自己的感受。

计分方法：

各分量表的得分为其包含的项目分直接相加（A、B、C、D、E 分别记 1、2、3、4、5 分，三个分量表包含的项目及题号如表 2-4 所示。

表 2-4   各分量表的得分情况

自我情况	包含题目	青年常模	自测分数
自我与经验的不和谐	1、4、7、10、12、14、15、17、19、21、23、27、28、29、31、33 共 16 项	46.13±10.01	
自我的灵活性	2、3、5、8、11、16、18、22、24、30、32、35 共 12 项	45.44±7.44	
自我的刻板性	6、9、13、20、25、26、34 共 7 项	18.12±5.09	

结果解释：

1. 自我与经验的不和谐：反映的是自我与经验之间的关系，包含对能力和情感的自我评价、自我一致性、无助感等，它所产生的症状更多地反映了对经验的不合理期望。

2. 自我的灵活性：与敌对和恐怖的相关显著，可以预示自我概念的刻板和僵化。

3. 自我的刻板性：同质性信度较低，与偏执有显著相关，使用仍然在探索中。

将"自我的灵活性"分量表得分反向计分，再与其他两个分量表得分相加，得分越高，自我和谐度越低。在青年中，低于 74 分为低分组，75～102 分为中间组，103 分以上为高分组。

心理书单 2：《认识自己，接纳自己》

马丁·塞利格曼著，任俊译

北方联合出版传媒（集团）股份有限公司

每个人都是不完美的，但这并不影响人们与家人、朋友、同事的生活与沟通。我们很强大，可以扮演不同的角色，快乐的、悲伤的、愤怒的、贪婪的、自私的，所有的这些都是为了一点点的慰藉与满足。如果有人是完美的，那他就是幸福的。可是，大多数人都不知道自己，因为我们的言行都不属于我们自己。塞利格曼在《认识自己，接纳自己》一书中用他自己的幸福观让我们更真实地认识自己，从而更坦诚地接纳自己（见图 2-3）。

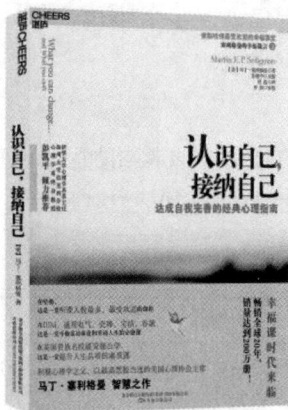

图 2-3　《认识自己，接纳自己》

心理银幕 2：《跳出我天地》

《跳出我天地》由史蒂芬·戴德利执导，杰米·贝尔、朱丽·沃特斯、杰米·德拉文、卡瑞·刘易斯等主演（见图 2-4）。

1984—1985 年，在英国矿工大罢工时期，12 岁的英格兰北方小男孩比利·艾略特的家人是英国的底层矿工。他们参加罢工，挣扎在贫困的生活中，并认为比利应该学些男人的拳术。比利本来每周都去一次拳击班，因为一个小意外，比利发现了潜意识中对芭蕾舞的热爱，挑剔世故的芭蕾舞老师威尔金森无意中发现了比利极具芭蕾天赋。二人一拍即合，威尔金森把全部心思放在培养小比利上。可是，比利的家庭全然不理解儿子为何爱上女生的玩意。因为家人的反对，比利站在一个十字路口，选择着他的人生……

《跳出我天地》是一部极佳的励志影片，演绎了一个小男孩对芭蕾艺术执着的爱，克服重重困难，最终战胜贫困和偏见，实现自我的故事。影片中有很丰富的跳舞镜头，有小男孩在大街上奋力地跳动，使劲地踏击街道，双手快速地拍击铁栏杆，奏出活泼的生命律动。比利开始学习芭蕾舞时，就是从基本的原地转圈开始练习的，于是比利刚学时不断地跳倒、摔跤，甚至在狭窄的浴室中他也练习转圈。这么多的转圈、跳跃的镜头，也是因为生活就是不断地绕圈圈，不断地想超越自己，跳出自己的框架。比利的家庭并没有让他受到良好的文化教育，面对英国皇家芭蕾学院主考官们的提问："你在跳舞的时候，有什么感受？"紧张的比利用干燥生涩的声音说："我不知道。"直到最后一刻，鼓起勇气的他才说："觉得很好，有一点僵硬，但只要一跳舞，我就会忘记全部事情，一切都消失了，感觉身体在改变，有一把火在里面，我像一只鸟一样在飞翔。"比利的奋力舞动，再加上天赋，使之最终成为第一位进入英国皇家芭蕾舞学院的男生。

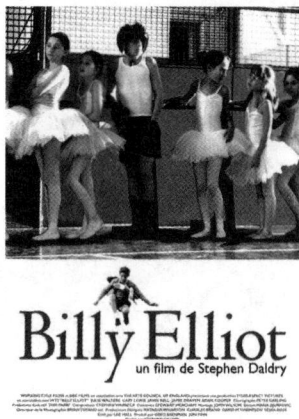

图 2-4　《跳出我天地》

测一测　看一看
积极的自我

第三讲
积极人格特质

在遥远的非洲部落有一个美丽的神话传说。在那里，哪个姑娘的项链越美丽，追求她的男性也会越多，所以姑娘们都以拥有美丽的项链为荣。

部落有一个姑娘叫艾美，她善良、勤劳，也很漂亮，有许多男性追求她。这让村子里其他的姑娘很嫉妒，于是她们想了一个恶作剧去戏弄艾美。

艾美每天都会去村头的河边洗衣服。有一天，当艾美在洗衣服时，那些嫉妒她的姑娘们对她说："艾美，你知道吗？这河里住着河神呢。如果你跳下去，河神就会送给你世上最美丽的项链。"

艾美当然也很想得到世上最美丽的项链，于是她毫不犹豫地跳下了河。艾美在河里游啊游啊，在河的深处，她发现了一个黝黑的山洞。在山洞的入口处，站着一位长满脓疮、丑陋无比的老婆婆。

老婆婆对艾美说："可爱的姑娘，你抱抱我吧。"

艾美觉得这个老婆婆好可怜，就毫不犹豫地走上前去紧紧地抱住了她。刹那间，艾美怀里丑陋的老婆婆变成了一位美丽的女神。原来这个老婆婆正是河神变的。为了嘉奖艾美的善良，河神送给艾美一条非常漂亮的项链。这条项链不仅漂亮，还有一种特殊的功能，它能够使佩戴者在恶魔面前隐身。河里住着河神，当然也住着河魔，戴着项链的艾美成功地逃过了河魔的眼睛，顺利地回到了岸上。

见艾美戴着漂亮的项链回到岸上，那些嫉妒艾美的姑娘们一下子惊呆了，不等艾美开口，立刻一个个争先恐后地跳下了河。到了河里，她们也发现了那个黝黑的山洞以及山洞口河神变成的丑陋老婆婆。老婆婆也向她们提出了同样的要求，而她们不但拒绝了老婆婆的要求，还恶言相向。

被恶言辱骂的河神恢复了本来面目，生气地对她们说："我本来已经给你们准备了漂亮的项链，但你们没有资格得到它。"姑娘们因为没有项链，很快就被河魔发现了行踪并被其吞噬，再也没能回到家乡。

在每个人的内心深处其实都有一个黝黑的山洞，而在山洞口都站着一个丑陋的自己。是的，我们每个人都是这样，一半是天使，一半是魔鬼，天使代表积极正面，是人性的光辉；魔鬼代表消极负面，是人性的弱点。

团体活动 3：自画像

活动目的	促进自我认识和自我觉察。
活动形式	2 人为一组。
活动材料	图画纸、彩水笔或油画棒。

活动过程

1. 每人 1 张图画纸，中间对折；一半代表现实中的自己，画在纸的一边；另一半代表理想中的自己，画在另一边；展开比较，觉察二者有何不同？两人之间分享。

2. 每人 1 张图画纸，中间对折；一半代表自己心目中的自我，画在纸的一边；另一半代表别人眼中的自己，画在另一边，展开比较，察觉二者有何不同？两人之间分享。

3. 团体分享：通过自画像，思考自己今后应该如何完善自我？

积极心理学不仅关注积极情绪（本书第六讲），而且关注积极特质（Lopez&Snyder，2009；Seligman，2002）。积极心理学的四个价值取向之一（本书第一讲）就是促进积极人格特质形成，包括好奇心、勇敢、善良、宽容等，本书第一讲中详细介绍了六大美德二十四项积极人格特质（表 1-1）。

一、一个传统心理学领域——人格

在了解积极心理学的"积极特质"这个较新的概念之前，我们需要先了解一个相对较传统的心理学研究领域——人格。心理学中的"人格"概念与我们日常生活中常说的"人格高尚"中的"人格"含义不同。日常生活中的"人格"常常具有道德素质的含义，有好坏优劣之分。而心理学中的"人格"是一个人的个性心理特征的组成部分，具有鲜明的独特性，没有好坏之分，是探讨完整个体和个体差异的领域，是一个人区别于他人的稳定的心理品质。❶

人格是一个复杂的结构系统，它包括许多成分，其中最重要的两个概念是气质

---

❶ 彭聃龄，普通心理学，北京师范大学出版社，2001 年 5 月第 2 版，426 页。

和性格。这两者是两个既相互区别又紧密联系的概念，是在不同的实践领域中发展起来的。

1. 气质

心理学中的"气质"与我们日常生活中所说的"某人气质不错"的含义也是不同的。日常生活中的气质一般是指一个人的行为举止、外貌谈吐甚至衣着打扮、文化修养等。而人们通常叫做"性情""脾气"的相当于心理学中的"气质"的含义。

气质由体质因素决定这一观点最早是由一位生理学家、而非心理学家提出的。公元前4世纪，希波克拉底认为，人体内各种体液所占比例的不同决定了气质的不同：血液占优势的人属于多血质，长大后形成快乐、活泼的性格；黏液占优势的人属于黏液质，长大后形成冷静的性格；黄胆汁占优势的人属于胆汁质，长大后容易形成冲动、易怒的性格；黑胆汁占优势的人属于抑郁质，长大后容易形成悲观的性格❶。因此，人的气质差异是先天形成的，孩子刚一出生落地，最先表现出来的差异就是气质差异，有的孩子好动爱哭，有的孩子平稳安静。气质是人的天性，没有好坏之分，不具有道德评判含义，也不能决定一个人的成就。除非有十分重大的变故，一个人的气质是很难改变的。

胆汁质（choleric temperament）：这种人情绪体验强烈、爆发迅速、平息快速，思维灵活但粗枝大叶，精力旺盛、争强好斗、勇敢果断，为人热情直率、朴素真诚、表里如一，行动敏捷、生气勃勃、刚毅顽强。但这种人遇事常欠思量，鲁莽冒失，易感情用事，刚愎自用。《红楼梦》中的王熙凤是胆汁质的典型代表。

多血质（sanguine temperament）：这种人情感丰富、外露但不稳定，思维敏捷但不求甚解，活泼好动、热情大方、善于交往但交情浅薄，行动敏捷、适应力强。他们的弱点是缺乏耐心和毅力，稳定性差，见异思迁。《红楼梦》中的薛宝钗是多血质的典型代表。

黏液质（phlegmatic temperament）：这种人情绪平稳、表情平淡，思维灵活性略差，但考虑问题细致而周到，安静稳重、踏踏实实、沉默寡言、喜欢沉思，自制力强、耐受力高、内刚外柔，交往适度、交情深厚。但这种人的行为主动性较差，缺乏生气，行动迟缓。《红楼梦》中的贾宝玉是黏液质的典型代表。

抑郁质（melancholic temperament）：这种人情绪体验深刻、细腻持久，情绪抑郁、多愁善感，思维敏捷、想象丰富，不善交际、孤僻离群，踏实稳重、自制力强。但他们的行为举止缓慢，软弱胆小，优柔寡断。《红楼梦》中的林黛玉是抑郁质的典型代表。

不同气质类型的人的行为表现如图3-1所示。

---

❶ Alan Carr，积极心理学——关于幸福和人类优势的科学（第二版），中国轻工业出版社。

图 3-1　不同气质类型的人的行为表现

2. 性格

性格是一种与社会相关最密切的人格特征,在性格中包含有许多社会道德含义。性格表现了人们对现实和周围世界的态度,并表现在他的行为举止中。性格主要体现在对自己、对别人、对事物的态度和所采取的言行上。所谓态度,是个体对社会、对自己和对他人的一种心理倾向,它包括对事物的评价、好恶和趋避等方面,态度表现在人的行为方式中。性格表现了一个人的品德,受人的价值观、人生观、世界观的影响,是在后天社会环境中逐渐形成的,是人的最核心的人格差异。

美国作家弗洛伦斯·妮蒂雅(Florence Littauer)❶发展出了一种实用、轻松易懂的性格分类学说,经过无数人的实践应用,被认为是迄今最好的性格分类法(见图 3-2)。

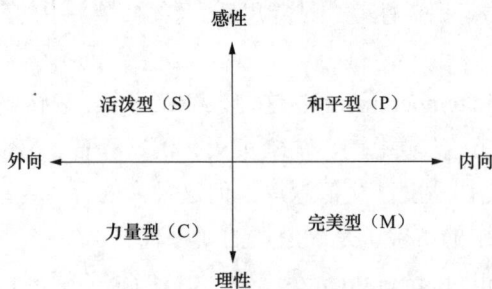

图 3-2　性格的解读

(1)活泼型(S)。活泼型的人以猪八戒为典型。外向、多言和乐观,典型的享乐型。快乐、情感外露、热情奔放、不记仇、积极主动、好赞美、多朋友、善于表达、

---

❶　弗洛伦斯·妮蒂雅(Florence Littauer),美国作家和演讲家,她根据古希腊医学和哲学家希波克拉底的性格分类学说,发展出了真实实用、轻松易懂的性格系统。

引人注意、故事大王、表现欲强、舞台高手、晚会灵魂、极具活力和感染性。不足之处是自我为中心，不太关注他人，爱插嘴，粗心，缺少条理，健忘，先张嘴后思考，夸张，天真，像个长不大的孩子，不注重细节，对数字不敏感，办事拖拉、虎头蛇尾等。

总而言之，活泼型的人对别人无所谓，对自己也无所谓。完善的目标是：让活泼型的人安静下来。

说得太多：压缩谈话，切忌言过其实。

以我为中心：关注他人的兴趣，学会聆听。

不注意记忆：记住别人的名字，将重要事情写下来。

做事虎头蛇尾：做好计划，并切实执行。

（2）完美型（M）。完美型的人以唐僧为典型。内向、思考者和悲观，属于分析型。善于分析，有思想，有深度，先思考后发言，严肃认真，一丝不苟，目标明确，干净整洁，做事条理，注重细节，习惯计划，善始善终，怕别人不在意，又怕别人太在意，交友慎重，忠诚，很少赞美人，有规律，对人对己要求标准高，易成为杰出的专业人士和艺术家。

不足之处是过于理性，敏感多疑，生活在自己的内心感受里，消极忧虑，容易受伤害，爱钻牛角尖，对别人要求不切实际，有意见不愿意表达，而习惯于叫别人猜测，标准高，总是给身边的人造成很大压力，难以行动，遇事不果断，显得犹豫、拖拉。

总而言之，完美型的人对别人要求严格，对自己严格要求。完善的目标是：让完美型的人快乐起来。

易忧郁：要意识到没人喜欢郁闷的人，多从正面角度看问题。

自惭形秽：注意寻找没有安全感的原因。

拖拖拉拉：不要花太多时间做计划。

要求太高：放宽标准、学会放松。

（3）力量型（C）。力量型的人以孙悟空为典型。外向、行动者和乐观，属于工作狂。自信，坚定，有主见，善组织，好决策，喜欢控制，天生的领导者，精力充沛，主动创造，行动力强，生活在目标中，不能容忍没做完的事情存在，就像一个上足发条的机械人，一天到晚干个不停，对达成目标远比取悦他人更有兴趣，义气，直率，执着，愈挫愈勇。

不足之处是总生活在目标中，难以放松，过于自我，坚持己见，控制欲强，好争论，不道歉，性情急躁，态度专横，缺少耐心，不善于处理人际关系。

总而言之，力量型的人对别人要求严格，对自己无所谓。完善目标是：让力量型的人缓和下来。

强迫型的工作者：学会放松，多给自己安排娱乐活动，降低对自己和他人的压力。

必须取得控制：学会沟通与妥协，尽量不要支配他人。

性情急躁：平时注重修炼，遇事要有耐心。

不善处理人际关系：停止争论，换位思考，学会道歉。

（4）和平型（P）。和平型的人以沙和尚为典型。内向、旁观者和悲观，是一种最容易与之相处的性格。处事低调，为人谦和，有耐心，轻松，平静，乐天知命，处处为他人考虑，避免冲突，善于聆听，面面俱到，能不开口尽量不开口，极具亲和力和好人缘，通常属于慢性子、好脾气的人。

不足之处是容易墨守成规，不喜欢改变，得过且过，不愿承担责任，做事马虎、随便、少条理，待人缺少热情，遇事没主见，难以决定，办事拖拉，有时为了避免矛盾而经常妥协，有时极为倔强。

总而言之，和平型的人对别人不要求，对自己不苛求。完善目标是：让和平型的人振奋起来。

不易兴奋：尽力获得热情。

旁观者：主动承担更多工作。

拒绝改变：尽力尝试新鲜的事物。

缓慢、办事拖拉：自我激励，行动更为迅速。

得过且过，易妥协：制定目标，自我激励。

根据以上四种性格的分析，设想：假如有栋住房着火了，四种性格的人会如何反应？

活泼型的人会大叫：楼上楼下大叫"不得了啦，起火了！"

完美型的人会思考：是什么原因起火了，是电线短路还是其他原因？

力量型的人会行动：关掉电闸，找到灭火器，马上去灭火！

和平型的人会旁观：反正有人会报警，消防队马上会到，不用那么着急吧！

二、风靡的九型人格

九型人格，又名性格形态学、九种性格。它按照人们习惯性的思维模式、情绪反应和行为习惯等性格特质，将人的性格分为九种。它的英文名称为 enneagram，来自于希腊词汇 ennea（9）＋grammos（尖角），并且刚好可以用一个九角星的方式呈现。九型人格在近年来倍受美国斯坦福等国际著名大学 MBA 学员推崇并成为现今最热门的课程之一，近十几年来已风行欧美学术界及工商界，全球 500 强企业的管理阶层很多在研习九型性格，并以此培训员工，建立团队，提高执行力。

九型人格理论的历史和来龙去脉已经无从稽考。但研究者们都一致认为它的起源非常久远，可能要追溯到公元前 2500 年的苏菲教派。它的奥妙之处在于每一个前去解决困扰的人都能得到非常满意的解答，可是即使是相同的问题，每个人得到的解答却不同，如同中国的太极、八卦。1950 年，智利心理学家奥斯卡·伊察索将这套学说作为心理训练的教材，并在智利的艾瑞卡市成立艾瑞卡学院，许多知名的心理学家、精神病学教授都追随伊察索学习九型人格，并传入美国，在斯坦福大学发扬光大。1994年，美国斯坦福大学主办了第一届九型人格大会，同年成立国际组织。

美国生理学家亚历山大·汤马斯（Dr. Alexander Thomas）和史黛拉·翟斯（Dr. Stella Chess）在他们1977年出版的《气质和发展》（*Temperament and Development*）中认为，我们可以在出生后第二至第三个月的婴儿身上辨认出九种不同的气质（Temperament），它们是：活跃程度、规律性、主动性、适应性、感兴趣的范围、反应的强度、心景的素质、分心程度、专注力范围/持久性。斯坦福大学教授戴维·丹尼尔斯发现这九种不同的气质与九型人格精准匹配。

九型人格不仅仅是一种精妙的性格分析工具，更主要的是为个人修养与自我提升、历练提供深入的洞察力。与当今其他性格分类法不同，九型性格揭示了人们内在最深层的价值观和注意力焦点，它不受表面的外在行为变化影响，它可以让人真正地知己知彼，可以帮助人明白自己的个性，从而完全接纳自己的短处、活出自己的长处；可以让人明白其他不同人的个性类型，从而懂得如何与不同的人交往沟通及融洽相处，与别人建立更真挚、和谐的合作伙伴关系。

（一）九型人格特征

1. 1号——完美型——改革者

"我有我的标准"：公平正直、做事认真、讲究原则。世界是黑白分明的，对就是对，错就是错。怕自己做错事、变坏，总希望自己是对的。我有崇高的理想，追求社会改良，凡事力求完美。但他人却认为缺乏弹性、自以为是、吹毛求疵。

基本困境："我若不完美，就没有人会爱我"。

他们知道要行为得当，要承担责任；他们认为最重要的事情就是争取他人的肯定；他们记得因为做错事而被批评的痛苦，他们因此学会了严格监督自己，避免因为错误而被他人注意；他们着重将注意力放在他们"应该"做的事情上。

家庭环境：小时候受过严厉的责罚，为了远离麻烦，开始增强自我控制，成为了听话的好孩子，将父母的要求内化，习惯于获得进步和自我控制的快乐。

主要特征：做决定犹豫不决时，害怕做出错误的决定；在意他人的批评，容易把自己和他人比较；发展出两个自己：一个事事操心的自己，住在家里；一个尽情玩乐的自己，出现在遥远的陌生地。

基本恐惧：怕自己做错事、变坏、被腐败。

基本欲望：希望自己是对的、好的、贞洁的、诚信。

对自己的要求：只要我做得对，我就OK了。

特质：世界是黑白分明的，对是对，错是错；做人一定要公正，有节制；做事一定要有效率。

顺境（被认同时）：有崇高的理想，追求完美。

逆境（不被认同时）：过度批判，缺乏弹性，自以为是。

处理感情的方法：压抑，否定，将感情投入工作/活动中，追求完美，愿意"跟大队"，讨厌不守规则的人。

身体语言：硬挺，可以长久保持同一姿势；面部表情变化少，严肃，笑容不多。

讲话方式/语调：缺乏幽默感，直接，毫不留情，不懂得婉转；重复信息多次；速度偏慢，声线较尖。

常用语：应该，不应该；对，错；不，不是的；照规矩。

工作环境：环境稳定不变，工作标准精确，技术性，不需牵涉办公室政治。

不能处理逆境时出现的特征：强迫型性格，愤怒，憎厌，嫌弃，吹毛求疵，需索过高，支配，驾驭，控制，完美主义，高度控制，自我批判，追求高度自律、他律。

1 号警钟：过强的责任感，当 1 号说"我不做谁做""还是我做更好"时，那就要敲响警钟了；执着于纠正、组织、控制环境；焦点放在"错"上，心里的担子日益沉重。

2. 2 号——助人型——帮助者

"我在爱中行走"：我善良、有爱心、有亲和力。我怕不被爱、不被需要。我喜欢帮助别人，可从来没有考虑过自己的"帮助"是否是别人所需要的。我总是过分强调别人的需求，却忽略了自己的需求。我爱别人，也希望别人爱我，心里有"感情账本"。

基本困境："我若不帮助人，就没有人会爱我"。

他们喜欢与人相处；他们要知道自己是否受欢迎；他们需要他人的认可和好感；他们希望被爱，被保护，并成为他人生命中的重要部分。

家庭环境：他们喜欢与人相处，他们要知道自己是否受欢迎，他们需要他人的认可和好感，他们希望被爱，被保护，并成为他人生命中的重要部分。

主要特征：对于他人需求很敏感，对自己能满足他人需求而骄傲；对于自己为了满足他人而扮演的多重角色而困扰；对自己的需求感到困扰。

基本恐惧：不被爱，不被需要。

基本欲望：感受爱的存在。

对自己的要求：有人被我爱，有人爱护我，我就 OK 了。

特质：感性，热心，友善，取悦人，时常感觉自己付出得不够，乐于助人，甘于牺牲，占有欲强，有感情账簿。

顺境（可以爱人及被人爱时）：富有同情心，体恤别人的处境，无条件付出爱。

逆境（没有人爱或被背叛时）：蛮横无理，操纵性强，对人有过分要求。

处理感情的方法：过分强调别人的需求，而忽略了自己的需求；否认自身需求；对生命失望；充满愤怒，有被伤害的感觉。

身体语言：柔软而有力，愿意与人有身体接触；面部表情柔和，多笑容。

讲话方式/语调：速度偏快，声线较沉；自嘲；有幽默感。

常用语：你坐着，让我来；不要紧，没问题；好，可以；你觉得呢。

工作环境：强调合作，大家向同一目标迈进，没有人际纠纷。

不能处理逆境时出现的特征：戏剧性性格，骄傲，对爱的极度需求，享乐主义，高度诱惑性，任性，戏剧化表现（吸引人注意），不要求/不允许别人帮助，感情易受牵制，反智主义。

2号警钟：取悦人，过分友善，太关注别人的处境，太过慷慨，过分阿谀奉承，内心极度空虚，不能确定别人的好感是否真实，不懂得接受别人的赞誉。

3. 3号——成就型——促进者

"我要成功立业"：我重视名利、追求成就、喜欢出风头。我需要鲜花和掌声。如果没有成就，不被大家认可，我就觉得自己没有价值。我充满自信，喜欢竞争，喜欢做第一。我是实干家，大家都说我是"工作狂"。

基本困境："我若没有成就，就没有人会爱我"。

他们从小成绩名列前茅；他们屋里贴满了奖状；他们总是靠自己的能力得到一切；他们习惯去做，而不是去感觉。

家庭环境：受到夸奖的原因是取得的成就而不是自己，学会了把自己塑造成工作需要的理想角色。

主要特征：看重自己的表现和成就，讲究效率；喜欢竞争，避免失败；相信爱情来自我能提供什么，而不在于我是谁；在工作的时候把情感放在一边，难以了解个人的感觉。

基本恐惧：没有成就，一事无成。

基本欲望：感觉有价值，被接受。

对自己的要求：如果我成功，而且受别人敬仰，我就OK了。

特质：重视名利，实用主义者；注意形象；把最好的一面给人看，喜欢出风头。

顺境（有成就时）：充满自信和活力，有魅力，受欢迎，积极追求，自我增进，有强烈的目标感，有野心。

逆境（一事无成时）：为达到目的会不择手段，投机性强，自私自利，说谎。

处理感情的方法：压抑，令自己忙碌；以成就掩盖痛苦；虽然愿意"跟大队"，但是经常不守规则，喜欢走捷径。

身体语言：动作快，变化多，大手势；目光直接，刻意不表露感受。

讲话方式/语调：夸张，喜欢讲笑话，大声，声线不尖不沉。

常用语：可以，没问题，保证，绝对，最，顶，超。

工作环境：多元化，好玩，有创意，有挑战性，规则越少越好，有人欣赏自己的热忱、创意及想象力。

不能处理逆境时出现的特征：躁郁型性格，需要大量注意力，虚荣，急功近利，为求成功不择手段，喜欢支配，竞争心极强，自欺欺人，认同"流行"价值及市场导向，肤浅，过度注重外表，现实，高度戒备，情绪易波动。

3号警钟：将个人价值等同于外在成就，以事业成就标榜个人，把奖状、房子、车子、文凭等视为地位的象征物；失败=没有价值=没用。

4．4号——艺术型——艺术家

"我是独一无二的"：我独特、直觉敏锐、有品位、有出色的感受力和创造力。我是悲情浪漫主义者，一生致力于追求独特的体验与感受，喜欢活在过去、沉溺于痛苦。我希望别人了解我内心的感受，但好像没有人能够真正懂我。

基本困境："我若不是独特的，就没有人会爱我"。

他们总是记得小时候被别人抛弃时候的样子；他们因此若有所失；他们的眼神闪烁着忧郁，他们感伤失去的美好；他们过着戏剧性的生活，他们的目标总是遥不可及。

家庭环境：童年遭到遗弃，或者父母中的一方时而出现，时而消失，并且态度反复无常。

主要特征：觉得少了某些东西，而别人又刚好拥有自己缺少的东西；被遥不可及的事物深深吸引；依靠情绪、礼貌、高雅的品位等外在表现来支撑自尊。

基本恐惧：没有独特的自我认同或存在意义。

基本欲望：寻找自我，在内在经验中找到自我认同。

对自己的要求：如果我忠于自我，我就OK了。

特质：浪漫，有幻想，喜欢通过有美感的事物来表达个人情感，内向，情绪化，容易忧郁及自我放纵，追求独特的体验。

顺境（有独特认同时）：创造能力强，有直觉，有灵感，触感敏锐，立场坚定，严肃中带幽默。

逆境（无独特认同时）：自我封闭，自我破坏，容易产生无助无望的感觉，扮演受害者，沉溺于痛苦。

处理感情的方法：寻找拯救者，即能了解4号，并且支持其梦想的人；对人若即若离，却又依赖人。

身体语言：刻意优雅，没有大动作，慢；面部表情静态，幽怨。

讲话方式/语调：抑扬顿挫，小心措辞，语调柔和。

常用语：惯性保持静默。

工作环境：自由自在的工作环境，单独工作，有创意，不必做重复性的工作。

不能处理逆境时出现的特征：自虐抑郁型性格，嫉妒，自我形象低，扮演受害者，玩感情游戏，极具诱惑性，情绪极度不稳定，自视清高，蔑视人，扮酷。

4号警钟：利用幻想加强感受，以内在感受作为自我认同的基础；内在感受经常转变，自我认同经常转变。

5．5号——思想型——思想家

"我是业内专家"：我追求知识，希望自己是业内最好的。我喜欢读书和思考，但只想不做，身边的人都说我是"思想的巨人，行动的矮子"。我喜欢独处，不善于人际交往。由于不懂表达感情，给人很冷血的感觉。

基本困境："我若没有知识，就没有人会爱我"。

他们是非常私密的人；他们喜欢待在家里，把电话线拔掉；他们喜欢与世隔绝，不受感情问题的困扰；当他人积极投入时，他们却像旁观者一样，无动于衷。

家庭环境：一种情况是不断受到来自家庭的心理干扰，于是为了逃避而封闭自己的情感；另一种情况是孩子觉得被家庭遗弃，只能接受命运，学会与自己的情感分离。

主要特征：保持不被涉及的状态；感到威胁时，第一道防线是撤退或者系紧安全带；情感延迟，在他人面前控制感觉，等到独自一人的时候才表露情感；希望能够预测将要发生的事情。

基本恐惧：无助，无能，无知。

基本欲望：能干，知识丰富。

对自己的要求：当我成为某一方面的专家时，我就 OK 了。

特质：热衷于寻求知识，喜欢分析事物及探讨抽象的观念，从而建立理论架构。

顺境（能干时）：理想主义者，对世界有深刻的见解；专注于工作，敢于革新；拥有有价值的新观念。

逆境（无能时）：愤世嫉俗，对人是敌对及排斥的态度，自我孤立，夸大，妄想，只想不做。

处理感情的方法：用抽离的方式处理，仿佛是旁观者；100%用脑做人；不喜欢群体动作；对规则不耐烦。

身体语言：双手交叉胸前，上身后倾，跷腿；面部表情冷漠，皱眉头。

讲话方式/语调：平淡，刻意表现深度，兜转，没有感情。

常用语：我想；我认为；我的分析是；我的意见是；我的立场是。

工作环境：具有理论性和逻辑性，需要充分的私人空间和高度的隐私；单独工作，无时间限制；不必管理别人。

不能处理逆境时出现的特征：与现实脱节型性格，吝啬；有被吞噬的恐惧；抗拒感情牵绊；病态式的自我孤立；冷血、无感觉；认知导向差；空虚感；内疚；自卑；负面；过敏；长时间独处，希望不被骚扰；有特殊专长，基本技能拙劣；想象能力极高，恐惧特别多；不祈望被爱，防止受伤害。

5 号警钟：把脱离世界的评判当作现实。

6. 6 号——忠诚型——忠诚者

"我怀疑一切人和事"：我很忠诚，我内心深处充满焦虑，疑心重。没有他人的支援，我一个人是无法生存的。我喜欢被虐，生活太顺的话，我会没有安全感。我非常有责任感，重承诺，是很好的执行者。

基本困境："我若不顺从，就没有人会爱我"。

他们从小就失去了对权威的信任，他们记得掌握权力的人有多可怕，他们记得自己如何在强权的压迫下违背了自己真实的愿望，长大后，这些记忆仍然伴随着他们，让他们对他人的动机感到怀疑。

家庭环境：一种情况是父母的阴晴不定，使得孩子必须得不断警惕，以便第一时间发现危险信号；另一种情况是家庭里藏着不可告人的秘密，大家必须保持沉默。

主要特征：对于权威的极端态度，要么顺从，要么反抗；怀疑他人的动机，尤其是权威人士；害怕直接发火。把自己的怒气归罪于别人；在环境中搜索能解释内在恐惧感的线索。

基本恐惧：得不到支援和引导，单凭一己之力无法生存。

基本欲望：得到支援及安全感。

对自己的要求：如果我能够达到他人对我的期望，我就 OK 了。

特质：认同及服从权威；有责任感；面对异己者容易陷入忍耐/攻击的矛盾中，因而变得优柔寡断及过度谨慎。

顺境（得到支持时）：自我肯定，信赖别人和自己，容易与人建立亲密的关系，对家人、朋友及所属团体永远忠诚及信守承诺。

逆境（没有支持时）：缺乏安全感，极度焦虑；自我贬抑，有被虐的倾向。

处理感情的方法：恐惧被遗弃和无人支援，对人太过依赖；对人有承诺感，值得信赖，同时保持独立，防卫性颇强。

身体语言：6 号有两种：P6（也叫正 6、惶恐 6）、CP6（也叫反 6、先发制人 6）。

P6：肌肉拉紧，双肩向前弯；面部表情慌张，避免眼神接触。

讲话方式/语调：声线微带颤抖，久久不入正题。

CP6：肌肉拉紧，刻意挺起胸膛；瞪起眼睛盯着人。

讲话方式/语调：故意粗声粗气，兜兜转转，不入正题。

常用语：慢着，等着，让我想一想，不知道，唔，可以的，怎么办。

工作环境：

P6：选择做打工仔，需要规则及操作标准，允许自由发展，有时间追求自己的兴趣及爱好。

CP6：希望能够掌有实权，愿意服从规则及操作标准，允许自由发展。

不能处理逆境时出现的特征：妄想狂型性格，恐惧犯错、未知、敌意、欺诈、不能生存、孤独、被出卖、去爱、怕授权，缺乏安全感，迟疑，无决断力，妥协，过度谨慎，懦弱。

6 号警钟：寻找外在的指引及支持，对将来充满焦虑；从婚姻、工作、信仰、朋友网络中寻找安全感，未雨绸缪，投资未来，建立安全网，谨慎前进，降低期望，一心寻旧路，不懂走捷径。

7. 7号——活跃型——多面手

"我是快乐至上的"：我是享乐主义者，追求快乐，喜欢开玩笑，可朋友却说我"把自己的快乐建立在别人的痛苦之上"。我喜欢自由自在、无拘无束的生活。我总是被新鲜、未知的东西吸引。我点子特别多，身边的人都说我是"点子大王"。

基本困境："我若不带来欢乐，就没有人会爱我"。

他们是小飞侠 Peter Pan；他们无忧无虑，在阳光下的海滩上享受生活；他们积极乐观，对世界充满了好奇，对未来充满憧憬；他们的血管中流淌的不是血液，而是香槟酒。

家庭环境：童年充满了美好的回忆，装满了快乐，没有痛苦，对于负面事件也很少产生负面情绪。

主要特征：对很多事物都感兴趣，同时参与多项活动；避免与他人发生直接冲突；喜欢把信息相互关联，进行系统分析，容易在事物间找到不寻常的联系；用快乐的精神活动取代深层的接触。

基本恐惧：被剥削，被困于痛苦中。

基本欲望：追求快乐、满足、得偿所愿。

对自己的要求：如果我得到我需要的一切，我就 OK 了。

特质：外向，非压抑型，见闻广博，物质主义者，喜欢探索新鲜事物，深谙自我娱乐之道。

顺境（被认同时）：拥有鉴赏力，令人喜悦，懂得充分享受生命，热情洋溢，活得精彩，多才多艺。

逆境（不被认同时）：残暴无礼，对人具攻击性，极度以自我为中心，为了满足自己的需求而伤害别人，沉溺于享乐，有时冲动得令人讨厌。

处理感情的方法：逃避痛苦；过分强调个人的需求，觉得照顾别人是负担。

身体语言：不断转动身体，坐立不安，手势大；大笑或不笑，很少微笑，有不屑的表情，有时瞪眼望人。

讲话方式/语调：语不惊人死不休，一针见血，刻薄。

常用语：管他呢，爽，用了/吃了/做了再说。

工作环境：多元化，有趣，多变；工作环境随便，无固定架构，时间自由；用有创意的方法解决问题。

不能处理逆境时出现的特征：犯罪倾向自恋型性格，贪食，不知足，放任式的享乐主义，反叛，无纪律，无承诺感，大话连篇，口甜舌滑，极端自恋，欺诈。

7 号警钟：家花不及野花香；被新鲜的、未知的东西所吸引，却不懂得欣赏眼前拥有的东西；没有深度。

8. 8号——领袖型——指导者

"我是天生的领袖"：我要做强者，最怕别人瞧不起我、说我软弱。我喜欢支配人，给人的感觉过于强权、霸道。我勇于承担，有正义感，喜欢保护自己人。我逆反心理强，别人说向东，我偏要往西。我报复心也强。

基本困境："我若没有权利，就没有人会爱我"。

他们的童年充满了斗争，强者受到尊敬，弱者被人欺负；他们因此学会了保护自己，让自己变成强者；他们是愤怒的公牛，却愿意为弱小者提供安全的保护伞；他们可以不择手段地追逐权力和地位，目的却是让自己成为正义的执行者。

家庭环境：童年很不容易，依靠强硬的外表才得以生存；努力和不公正的压迫做斗争；没受过什么虐待，但是被灌输弱肉强食的思想。以硬汉的形式赢得他人的尊重。

主要特征：控制个人的占有物和空间，控制那些可能影响自己生活的人；具有进攻性，公开表达自己的愤怒；"要么全有，要么全无"的关注方式；把过度看做克服厌倦的良药，如疯狂娱乐。

基本恐惧：被认为软弱，被人伤害、控制、侵犯。

基本欲望：决定自己生命中的道路，捍卫自身的利益，做强者。

对自己的要求：如果我坚强不屈及能够控制自己的处境，我就 OK 了。

特质：彻底的自由主义者；敢冒险；掌舵人；创业者；任性；好战；不是臣服于权威，而是另建王国。

顺境（有权有势时）：英雄人物，心胸宽大，自信，天生的领袖，启发和鼓舞人，受人尊敬。

逆境（没有权势时）：残暴，具有攻击性，没有同情心，欺凌弱者，自大，复仇心重。

处理感情的方法：恐惧被人控制和驾驭，与人亲密（信任及关怀）令人脆弱，防卫性强，强化外壳，防止受伤。

身体语言：用手指指，教导式，大动作；七情上脸，多变化。

讲话方式/语调：肯定，有他说的份而没别人说的份，直接进入正题，声如洪钟。

常用语：喂，我……；你告诉我……；为什么不能；去，看我的；跟我走……。

工作环境：允许自己领导、控制、组织；喜欢挑战，喜欢竞赛。

不能处理逆境时出现的特征：反社会型性格，剥削导向，贪欲，色欲，权欲，财欲，惩罚性，反叛，支配性，感觉迟钝，骗子，暴露狂，愤世嫉俗，抗拒情感牵绊。

8 号警钟：执着地追求自给自足；恐惧依赖，认为自己不需要任何人，独立才是最好的"自保"，与世界对抗，挣扎到底；不喜欢受命于人，宁愿冒险创业；必须掌握环境，认为竞争等于争上风。

9. 9号——和平型——调停者

"我是随遇而安的"：我是和平的使者，希望大家和睦相处。我从来不会拒绝别人，是大家心目中的老好人。我喜欢平静、安稳，不喜欢变化。我善解人意，却不清楚自己的需求。我不愿意面对问题，遇事容易优柔寡断。

基本困境："我若不和善，就没有人会爱我"。

他们从小就是被忽视的孩子；他们学会忘记自己，学会知足常乐，学会寻找爱情的代替品；他们是和平的维护者，是矛盾的调解者；他们总站在中间倾听各方意见，却不知道自己的观点是什么。

家庭环境：因为觉得自己从小被忽视了，因此养成了忽略自己真实需要的习惯；童年没有人听取他们的意见，而他们发现，即便直接表示愤怒，也不会有人重视他们的想法。

主要特征：用不必要的事物来取代真实的需要；很难说"不"；根据习惯行动，重复熟悉的解决办法，难以作出决定。

基本恐惧：失去、分离、被歼灭。

基本欲望：维系内在的平静及安稳。

对自己的要求：只要我内心是平静的，生活是安稳的，我就 OK 了。

特质：甘于现实、不求调整、为人被动，对生命表现得不热衷，有极强的宿命论，一切听天由命，强调别人处境的优势，对身边人的问题及自己的理想采取逃避态度。

顺境（内心平和时）：满足现状，自律性强，温文尔雅，乐观，爱护家人及朋友，老好人。

逆境（内心不平和时）：拖着脚步做人，不愿面对问题，避免冲突，性格模糊。

身体语言：柔软无力，东歪西倒；面部表情很少笑容，木然。

讲话方式/语调：间接，没有中心思想，声线低沉，慢。

常用语：随便啦/随缘啦；我说呢；让他去吧，不要那么认真嘛。

工作环境：可以向个人理想迈进；不受规则、时间限制；不受政治因素影响；助人成长及能发展潜能。

不能处理逆境时出现的特征：心灵怠惰型性格，认知上怠惰，过度适应，自我放弃，依附机械化习惯，没有焦虑。

9 号警钟：随波逐流，害怕与人冲突和得罪别人，消极抵制。

九型人格是一种理想状态下的划分，在实际生活中对九型人格应当有科学的认识。

第一，人格被分为九型，你必然属于其中一型，而这个型就是你的"基本人格形态"。一个人的基本人格形态是不会变的，即使在现实生活中，由于某些因素，你的基本人格形态可能有某部分的隐藏或是调整，却不会真正改变。

第二，虽然人的基本性格形态不会改变，但是某一型的典型描述，却不见得全然符合某一个人。人们为了顺应成长环境、社会文化，他们在安定或压力的情况下，有可能出现一些差异。必须强调的是，每一个人的成长环境都是独一无二的，所以同一类型人之间可能有许多共同点，但各自会拥有一些属于自己的特质。

第三，九型人格中没有哪一型是"男人专属"，也没有哪一型是"女人专属"。

第四，没有哪一型比较好、哪一型比较差的绝对价值观。事实上，每一型的人都各有其优缺点。

第五，了解自己和别人的人格类型，不是为了将每一个人贴上标签，拿自己的类型做借口而划地自限，或是主观臆断别人会有什么行为表现，因为同一类型的人也有朝向健康方向或者不健康发展方向的差异。

为了更加系统、更加直观地了解九型人格理论，请对照以上文字解读以下示意图
（见图3-3～图3-7）。

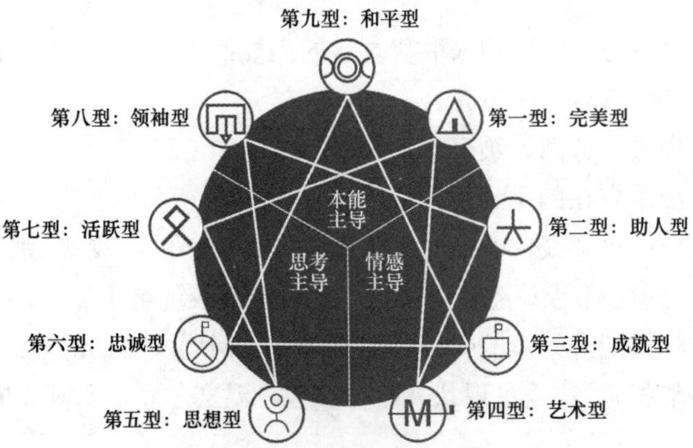

图3-3　九型人格分析图

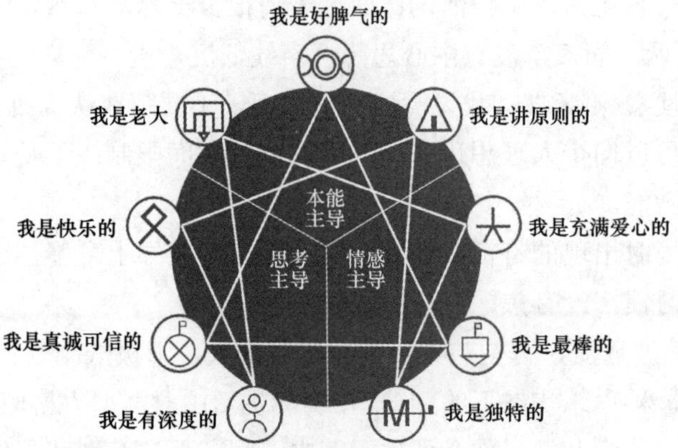

图中标注：
第九型：和平型
第八型：领袖型　　第一型：完美型
第七型：活跃型　　第二型：助人型
第六型：忠诚型　　第三型：成就型
第五型：思想型　　第四型：艺术型
本能主导　思考主导　情感主导

图3-4　九型人格自我意识

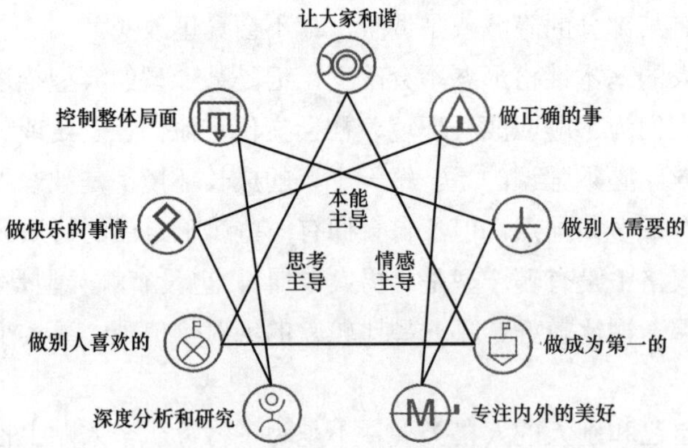

图中标注：
我是好脾气的
我是老大　　我是讲原则的
我是快乐的　　我是充满爱心的
我是真诚可信的　　我是最棒的
我是有深度的　　我是独特的
本能主导　思考主导　情感主导

图3-5　九型人格行为目标

图中标注：
让大家和谐
控制整体局面　　做正确的事
做快乐的事情　　做别人需要的
做别人喜欢的　　做成为第一的
深度分析和研究　　专注内外的美好
本能主导　思考主导　情感主导

70

社会人际和谐

获得掌控和征服　　　　　　　　获得自我的肯定

获得自在快乐　　本能主导　　被别人需要的爱

思考主导　　情感主导

被别人保护和关怀　　　　　　获得绝对的肯定

思想上掌握和满足　　　深度体验美好感受

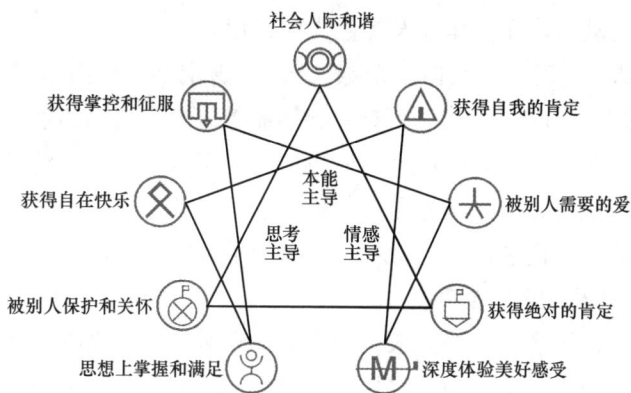

图 3-6　九型人格行为根本需求（力量来源）

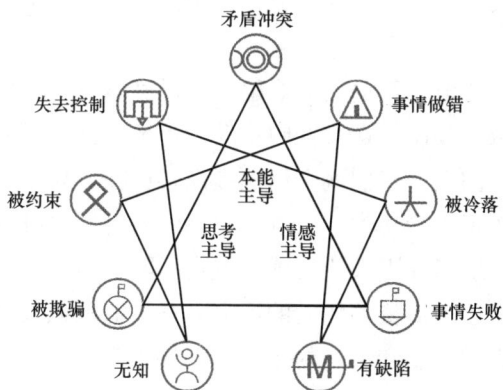

矛盾冲突

失去控制　　　　　　　　事情做错

被约束　　本能主导　　被冷落

思考主导　　情感主导

被欺骗　　　　　　事情失败

无知　　　有缺陷

图 3-7　九型人格行为根本恐惧（抗拒来源）

（二）九型人格的自我完善

"九型人格理论"追求的目标是无论你处于何种类型，都能展示出自身好的一面。只要我们从小事做起，点滴地积累着细微的变化，就能摆脱性格的不足，发挥各自原有的魅力，而且还能恰到好处地汲取并发挥其他类型的长处。

1. 完美型——改革者的自我完善

试着赞美自己也赞美他人。改革者的误区是过于追求完美，他们要想改变自我，应先承认自己对完美的追求脱离现实，并且放弃这种追求。重新审视自己的价值标准，认识到自己也并非绝对正确，尊重他人的想法和价值观。另外，改革者要认识到，真正的完美是在正面因素和负面因素之间达到最佳的平衡，单单积累正面因素并不能达到完美的境地。所以，失败正是通向完美的不可或缺的过程，没有必要害怕，它丝毫不能损害完美。

直率地表达自己的愤怒。改革者通常无法有效地宣泄自己的情绪，明明感到烦躁却强作笑脸，或者非常愤怒却故意冷静地说话，这样内心强压着愤怒将有害于身心健康。所以，他们要意识到愤怒情绪的存在，并适当地表达出来，不但不会有损完美，而且还能变愤怒为动力，在工作上发挥巨大的作用。

享受快乐的人生。改革者倾向于否定自己的享乐行为，认为欲望是罪恶的，其实，自制力很强的改革者更应该坦率地面对内心的需求，给予自己和别人享乐的权利。另外，改革者应该克服主观，开阔视野，做事情时区别轻重缓急。他们最大的长处在于总是朝着目标不断地努力，在这方面，他们的能量是其他任何类型望尘莫及的，只要能摆脱追求完美的心理误区，其能量将得到淋漓尽致的发挥，成为发展的有力武器。

2. 助人型——帮助者的自我完善

不受他人左右，了解自己的需求。帮助者的误区是过于奉献。实际上，他们试图通过帮助人而介入他人生活，由此来抚慰自己被压抑的愿望。另外，为了满足许多人的愿望，他们还表现出人格的多重性。所以，帮助者必须认识到为了别人和改变自己之间的矛盾，保持自我的一贯性；弄清自己真正的愿望，明确区别他人的愿望和自身的愿望。

寻求自立。帮助者知道获得他人的好感就可以操纵对方，他们首先推测对方想要什么，尽量满足其要求。其次，在言谈中不动声色地说出自己的要求，向对方施加压力。如果对方是有权势的人，他们就会试图提高自己在集体中的地位。操纵他人的技巧在社会生活中能发挥很大的功效，所以，帮助者要警惕自身性格中攀附权贵、操纵他人的倾向，搞不好会引起周围人的反感，使自己陷入绝望，还会阻碍人的自立。

与人深交。帮助者要理清依赖他人的不自立与"追求他人爱意"的强烈要求之间的密切相关性，适应性强、温和亲切的帮助者能够得到周围人的好感与信任。此外，帮助者如果能把自己的直觉和善解人意的能力发挥在心理咨询、人事或商品开发、市场等方面，在单位里一定能获得众人很高的评价。

3. 成就型——促进者的自我完善

暂时停一停，弄清自己的真实情感。促进者苛求效率，不善于区别社会的责任和自己内心的要求，被成功者的自我形象所束缚，本身的愿望被压抑在心底。在遇到挫折不能继续前进时，他们才注意到自己的内心需求。他们夸大自己的能力和成绩，把自身的价值和所取得的成绩视为一体，成绩被否定，就意味着自身价值也被否定，会受到很大的打击。促进者应认识到这样的价值观是极其脆弱的，理解适可而止的道理，不再用拼命工作来掩饰对停滞不前的恐惧，不管感到多么恐惧，要战胜它，就要暂时停下来，适度关照自己的内心。

弄清自己的行为和情感的距离。促进者要关照内心，需要经过扎扎实实的训练。首先，捕捉自己内心的感觉，如从身体僵硬、脸色变红等身体变化，知道感情上的紧张和亢奋等。其次，把这些变化置换成"紧张""兴奋"等词语。第三，在专家的指导下，通过冥想和自我意识训练等心理治疗，可以帮助促进者认识自我的内心世界。

在工作之外寻找快乐。促进者拥有商业社会所需要的超群能力，比如：在工作中精力充沛、不怕辛苦、对成功充满信心、不为紧张困扰、清楚要达到目标需要做什么等。如果他们能从误区中解脱出来，重视自己的感情和个人生活，与周围建立良好的关系，培养工作以外的各种兴趣，才能成为真正的精英。

4. 艺术型——艺术家的自我完善

对已经得到的感到满足。艺术家的误区是厌恶平凡、痴迷于与众不同。他们要想从无止境的欠缺感和失落感中解脱出来，不要追求那种不现实的"完全的满足感"，要对已有的东西感到满足。他们的思想在过去与未来之间来回游荡，对现在则不甚关心，如果他们具有反躬自省的能力，紧紧盯着现在，就有可能比较全面地考虑问题。

不要逃避逆境，敢于承受痛苦。首先，艺术家不要封闭自我，要观察他人和他人所关心的事物，从自我陶醉中解脱出来。其次，要正视自身的消极情绪，使痛苦慢慢减轻，思想回到现实生活中去。第三，养成先完成手边的事的习惯，不要只考虑自身，警惕有受害妄想的倾向。

发现自己的长处，拥有自信。艺术家有强烈的自我批判倾向，把自己看得很低，因此，提高自尊心是他们的重要课题。要对自己所做的每件事都给予肯定，看到平时自己做得比想得好得多，比如理解他人痛苦的超人的敏感性，语言无法言喻的象征性的表现能力。另外，如果能从总以为他人无法理解而产生的异己感、不甘平庸、执着于自己是特殊存在的谬误中解脱出来，他们便可以融入现实生活。

5. 思想型——思想家的自我完善

善于应变，克服内心动摇。思想家的误区是苛求知识，要意识到自身与感情保持距离的特点，要正视自己的感情，适应感情上的波折。他们误以为这样做会受到伤害，但事实并非如此。第二，他们求知欲强的原因之一是想把握未来，认为准备不足和意外的事情非常可怕，在这个意义上，思想家应当对突发事件持宽容的态度。第三，他们通过学习知识和分析，进而预演，轻视实际经验，是思想家需要注意改正的。

培养不屈不挠的挑战精神。思想家必须认识到挑战精神的重要性，他们不愿卷入感情纠葛的自我防卫，从而导致压抑欲望，他们清心寡欲，对他人吝啬，一看不行就选择放弃，其实那些经过多次失败，最后获得成功的例子不胜枚举。

充分展示自我。思想家要正视自己的感情，培养积极性，一个有效的方法是充分展示自己。即使不想去，也要尽量到人多的地方，表明自己的意见，展示自己的成绩。经历几次，就知道外界没有想象的那么危险，就会习惯于正视自己。因为有旺盛的求知欲和分析能力，以及丰富的内心世界，如果不怕风险，积极与人交往，就会给自己的梦想注入活力，思想家就一定能拓展人生之路。

6. 忠诚型——忠诚者的自我完善

仔细关照内心的不安和恐惧。忠诚者的误区是苛求安全，他们怀有恐惧感，寻找强有力的保护者，对于不可信的权力，通过反抗来缓解不安。他们害怕按照自己的意志行动，即使有了好主意想实行，却又担心"失败了怎么办""说不准有谁会从中作梗"等，以致不能落实行动。忠诚者必须了解自己的恐惧哪些是想象的，哪些是实在的，把注意力从外界转移到自己的内心，仔细审视。从开阔的视野和中立立场看问题，许多怀疑都会自然而然地消失。

向有见识的朋友倾吐不安，征求意见。第一，忠诚者习惯于通过思考观察四周，其实与其苦思冥想，不如有了疑问就与对方坦诚交谈，更有利于打消疑虑。第二，他们结交值得信赖的朋友非常重要，向有见识的朋友倾吐不安和恐惧，征求意见，会发现自己过于悲观、疑心太重，必须注意改变对人不信任的毛病。第三，要温和大方地展示自己，以此来建立与他人的信赖关系。第四，切忌对不好的事情耿耿于怀，养成凡事往好处想的习惯。

乐观地与他人相处。忠诚者有丰富的想象力，要将想象力用于积极方面，就可与他人达成共识，从而获得丰富的精神世界。他们只要不再为了逃避恐惧而掩饰自己，朝着现实的目标一步一步前进，忠诚者就能够在集体中成为非常有建设性和独创性的活跃人物。

7. 活跃型——多面手的自我完善

确定主攻目标，坚持不懈。多面手的误区是理想主义，逃避现实。通过制定充满活力的计划，减少痛苦和消沉。他们应该立足现实，从众多计划中选择某一项，全力投入其中，即使遇到困难或受到责难，也要坚持到底。从某种意义上说，脚踏实地的多面手是最强大的。他们天生乐观，又能发现他人的优点，如果能做到不半途而废、始终朝着目标努力的话，定能取得了不起的成果；如果能不加夸大、正确认识事物的本质，定能完成许多充满魅力的工作。

工作一旦着手，就负责到底。多面手拥有提出新计划的丰富想象力，但是必须认识到，当承担起某项工作时，你所负的责任远远大于你所感觉到的。此外，多面手认为自己理应处于最好的状态，即使遇到烦恼也不必求助于人。但他们绝不是感觉不到烦恼，只是总想用思考来解决烦恼。

正视人生消极面。多面手认为"需要别人帮助的人，是有缺陷的人"，这会给人傲慢的印象。他们应警觉到自己有很强的自恋倾向，看到自己并没有与众不同之处。他们不能正视烦恼，当理想和现实之间发生巨大落差时，就会受到很大打击。勇于向人生的消极面挑战的多面手是非常有魅力的，他们天生就有很多想法，又会创造气氛，如果有了责任感、忍耐力和包容力等，工作必能干得很出色。

8. 领袖型——指导者的自我完善

多思考，多运动。指导者的误区是执着于力量和正义，刚愎自用。对不公平的事情很敏感，会向对方施加压力，确认其真实意图，试图主持公道。但是，他们坚持己见，表现得争强好胜。他们精力充沛，常不加思考就付诸行动，动辄发怒。建议他们学会凡事多加思考，用多运动、引吭高歌等方式，散发郁积之气。

接受非白亦非黑的中性价值观。指导者认为世上非白即黑，善恶分明。在意识中，周围的人非敌即友，不存在中立。把中立状态的人视为"无法做出选择的、意志薄弱的人"，极为鄙视。指导者首先应认可中庸及其价值，理解中性意见有其正确性；其次要客观看待变化，分析敌意、支配欲和攻击性的由来，不要过高估计自己、低估别人的优势；在对他人的意见产生共鸣、感情变得温和的时候，好好珍惜这样的感觉。

返璞归真。指导者必须理解恐惧、伤害、痛苦等都是人生不可或缺的，坦然面对世间的人、事和自己的感情，不过于执着于强大。这样，认识自己的本质，恢复本来的能量后，指导者追求权力的志向就成为从事远大事业或克服困难的巨大力量，这才是正视困难、奋战到底、有责任心的领导典型。

9. 和平型——调停者的自我完善

勇下决断，择要而行。调停者的误区是回避矛盾。他们渴望与他人相融，认为谁的意见都有道理，无论是日常生活还是工作，都不区分轻重缓急，结果常常无法完成最重要的事情。所以，调停者必须养成做决定的习惯，先从小事开始，锻炼做决定和付诸行动的能力，事情再小，也不要抱着"随便"的态度。

寻找内心不安的根源。回避矛盾造成调停者懒散怠惰，尽管在工作中，他们不一定无精打采，甚至看上去很用心，但是缺乏寻找好的方法、集中精力、提高效率等努力，他们常常只是按照惯性在工作。调停者应首先了解自己何时处于这种状态，当有这种感觉时，试着和周围有活力的人接触，在他们的影响下，能使自己变得生机勃勃。然后学习按照一定的规则建立新的习惯，完善自己，走向积极。

确信"我是了不起的"。调停者借助他人的思想和能量可以摆脱懒散怠惰。但要从根本上改变自我，还要确信自己是了不起的人。做到这点，对调停者有点难度。但只要注意不忽视自己，即使需要许多时间，一定能把深藏心底的愿望展示出来，养成积极主动、适当表现自我的能力。

九型人格的比喻如表3-1所示。

表 3-1　　　　　　　　　　　　九型人格的比喻

序号	人格名称	代表动物及特征		生命中最大的挑战
		成熟/顺境	未成熟/逆境	
1	完美型	蚂蚁：做足一百分	猎犬：挑剔、愤世嫉俗	总是执着于对与错
2	助人型	小狗：慷慨，为他人着想	波斯猫：以为自己不能取代	用自己的爱去换取别人的接受
3	成就型	秃鹰：有干劲	孔雀：炫耀自己	拼命找成就感，在物质世界迷失自己
4	艺术型	黑马：热情洋溢	卷毛狗：摇尾乞怜	特立独行，过分情绪化
5	思想型	猫头鹰：智慧而锐利，行动敏捷	狐狸：狐疑不前，喜欢独处	空想，不付诸行动
6	忠诚型	羚羊：发挥团队力量	白兔：焦虑、惊惧	猜疑，畏首畏尾
7	活跃型	蝴蝶：热爱生命	猴子：不能脚踏实地	太过于自我，没有深度
8	领袖型	老虎：天生领袖	犀牛：霸道，控制欲强	挑战欲、控制欲过强
9	和平型	海豚：爱好和平	大象：得过且过	随波逐流

三、美德和积极优势特质

人格心理学很早就成为一个独立的科研领域，其标志性事件是 1937 年奥尔波特（Gordon Allport）发表《从心理学角度解读个性》（《Personality：A psychological interpretation》）。而对优势和美德的科学研究是最近才出现的。优势积极心理学成为一个独立科研领域的标志是克里斯托弗·皮特森（Christopher Peterson）和塞利格曼（Martin Seligman）在 2004 年出版《性格优势和美德》（*Character Peterson and Virtues*）。优势积极心理学努力找出与美好生活相关的人格特质，并奉行价值观—性格优势和美德分类体系，简称 VIA（Values in Action Classification of Character Strengths and Virtues），并提出了六大美德和二十四个积极优势特质。

1. 智慧

智慧这种美德所包含的优势特质是创造力、好奇心、思维开阔、热爱学习和洞察力，涉及获取知识并运用理智增进幸福。

埃里克森（Erik Erikson）[1]的人生发展阶段理论认为，人的一生可以划分为八个阶段，每个阶段都要面临一个挑战或者经历一个危机。如果顺利迎接挑战或度过危机，就会形成一种相对应的美德或优势特质，反之就会形成人格障碍或弱点。"智慧"是最后一个老年期阶段顺利度过后形成的美德和优势特质。因此，智慧是人格发展的最后阶段。无独有偶。瑞士著名的发展心理学家让·皮亚杰（Jean Piaget）[2]提出，从出生到青春期，个体的认知发展一共经历四个阶段（Piaget，1976），智慧是认知发展的最后阶段。

（1）创造力。一个人要称得上富有创造力，必须能够在艺术、科学或其他领域提出有利于产生优秀成果的新思想或新方法。创造力既取决于个人特征，又取决于心理社会背景。创造力不同于天赋，也不同于智慧。

创造力培养

我们可以通过以下步骤培养自己的创造力。

第一，为自己提供一个有很多机会可选择的环境。也就是说，在这个环境里，你有很多机会选择进入一个领域施展创造力。如果你想创造性地解决某个问题，那么就要创造一个清静的环境，探索这个问题的多个框架。你可以每天选一个感兴趣的问题，

---

[1] 埃里克森（Erik Erikson，1902—1994），犹太籍精神分析师。

[2] 让·皮亚杰（Jean Piaget，1896—1980），瑞士人，近代最有名的儿童心理学家。皮亚杰对心理学最重要的贡献是他把弗洛伊德的那种随意、缺乏系统性的临床观察，变得更为科学化和系统化，使日后临床心理学有长足的发展。

做一个练习：专门抽出一段时间思考问题，写下思考所得；认真管理时间；为施展创造力制造空间；多做喜欢做的事情，少做不喜欢做的事情。

第二，就你想去往哪里、你想攻克的问题或者你想创作的作品描绘一个愿景。如果不能用精确的语言描绘这个愿景，那就使用比喻、模糊语言或诗歌语言，请按照自己的内心想法描绘这个愿景。

第三，培养进入某个领域（语言、数学、音乐、艺术或运动）的基本技能。

第四，沉浸在这个领域中，掌握与这个领域有关的所有知识，能在心里表征这个领域。先形成简单的心理表征❶，慢慢提高心理表征的复杂度，直到掌握这个领域。

第五，制造一种鼓励好奇和探索的环境。这涉及练习观察力，扩大对内外部世界的关注范围，就看到的事情提出问题。这个问题涉及不再把常规的假定、规则和做法视作理所当然，还涉及挑战正统。它要求你像个孩子一样，以游戏和好奇的心态问为什么会是这样而不是那样。每天试着观察三件让你惊奇的事物，把观察结果写下来。每天试着用不寻常的方式诠释周围的世界，把诠释过程写下来。

第六，激励自己对这个领域怀有激情。这涉及对任务真正感兴趣、集中注意力完成任务，且完成任务是为了内心满足而非外在奖励。可以接受因把注意力始终集中在任务上而获得的表扬和奖励，但是如果你不断分心关注奖励，那么你对任务的激情就会减弱，创造力就会下降。为别人设置的目标而努力，并不利于创造。然而，把别人设置的目标整合到你自己的愿景中，则有利于创造。

第七，尽力超越自己，而非超越他人。以超越自己为目标与以超越他人为目标相比，在前一种情况下更有可能提出创意。

第八，形成敢于冒险的习惯。想出新点子，不要过早地进行评判和将其否决，不管新点子看起来有多么奇怪。新点子必须受到高度重视，特别是那些涉及风险的新点子。如果你不冒险，你就会因循守旧，也就没有创造力。

第九，培养乐观心态，相信自己可以创造出更具创造性的作品。创造力完全由基因决定的观念会扼杀你的创造力。有充分的证据证明，动机、承诺和毅力与你的基因一样重要。

第十，制定策略，打破僵局。陷入僵局时，从终极目标往回分析，设置一个个子目标，通过实现一个个子目标来实现终极目标；列出问题的所有属性或潜在解决方案，换着方式进行重组；考虑极端案例；使用排除、代替、整合、修正或者重组元素的方式重新思考解决方案；思考一个类似的问题；运用问题的隐喻表征；根据视觉、听觉和口语的表征来思考问题；把问题先放在一边，做些其他事情，促进酝酿效应的产生，然后再回到问题上。

第十一，要有耐心。创造是需要时间的。要坚持不懈地努力，最高产的时候往往

---

❶ 心理表征是指对某个事物的解读方式。

也是最具有创造力的时候。

（2）好奇心。好奇心强的人强烈渴望获得新的体验、知识和信息。好奇心和兴趣是不同的，前者是持久的特质，后者是暂时的状态。好奇心和内在动机对技能学习和特长发展非常重要。

（3）思维开阔。在不确定的情境中做决策时，思维开阔的人会多方位、多角度地考虑问题，把能找到的证据都用上，不武断下结论。如果新证据说明他以前的想法不对，他也不会固执己见，而是会调整想法，最后得到一个综合判断。诺贝尔奖获得者丹尼尔·卡尼曼（Daniel Kahneman）的研究指出，人们在不确定情境中做决策容易犯很多判断错误，而认真、理性、思维开阔就能少犯错误。

（4）热爱学习。热爱学习的人发自内心地渴望掌握新的技能和知识，并用系统方法满足这个需要。热爱学习这个特质，在传统心理学中叫做成就动机，也有学者称为胜任动机（Elliot & Dweck，2005）。热爱学习这个特质的发展一方面取决于个人的天分和气质，另一方面取决于所在环境的机会和支持。环境的关键方面包括父母、老师、同伴等，以及社会经济状况和文化氛围。

（5）洞察力。有洞察力的人，能够给人提供明智的建议。他们认真倾听，考虑周全，做出综合判断，用简洁明了且具有说服力的方式表达自己的看法。在心理学中，运用这种洞察力就是智慧（Sternberg & Jordan，2005）。

2．勇气

在不同的历史和文化中，勇气都被看做一种伟大的美德，因为它帮助人们面对挑战。哲学家提供了理解勇气的最早的观点。在过去的几百年里，人们努力构建与社会有关的勇气观点，已经让它从主要针对战场上战士的感情描述，转移到每个人的日常经验和思维之中。奥伯恩（Auburn，2000）[1]等识别了三类勇气，分别是身体的、道德的和健康/改变（或称为生命力勇气）。身体勇气（physical courage）涉及追求社会看中的目标时表现出的行为，以维持社会利益(例如消防员从起火的建筑物中救出小孩)。道德勇气（moral courage）是在面对争执、不赞同或被拒绝的不安时，表现出真挚的行为（例如致力于"更高利益"的政治家在会议上投出不受欢迎的一票）。生命力勇气（vital courage）是指面对疾病或残疾的毅力，即使结果不确定（例如心脏移植的小孩坚持接受化疗，即便无法确定以后的发展情况）。勇气这一美德所包含的优势特质是本真、无畏、毅力和热忱。

"勇气"是什么

为了考察普通人对勇气的看法，奥伯恩、洛佩斯和皮特森（O'Byrne，Lopez &

---

[1] 奥伯恩（Auburn），美国心理学家。

Petersen，2000）调查了 97 人，发现了相当大的区别。一些人认为勇气是一种态度，例如乐观；另一些人把它看作一种行为，例如拯救某人的生命。一些人提到精神力量，另一些人提到身体力量。以下是普通人对"什么是勇气"的典型回答。❶

采取困难的行动（心理的、身体的或精神的），这些行动导致你不舒服（因为它危险、有威胁或者困难）；

做个人舒适区之外的事情——勇气和愚蠢之间的细微界限；

在面对可能的失败和不确定性时敢于冒险；

接受生活所给予的并最充分地利用生活的能力（包含积极的态度）；

在面临对自己的情绪/心理/精神/身体健康有威胁的情境时，发起冒险的行为；

即使别人不相信，仍坚持自己相信的事情；

在面对逆境或伤害时坚持自我，即便已经知道后果；

在不知道会失败还是会成功的时候，愿意冒险（勇敢）；

因某原因牺牲、努力或提供帮助；

忠诚；

即便在对结果不确定的情况下，个体也继续行动；

为了社会的最大利益挑战常规；

能够面对威胁/恐惧/挑战并克服障碍；

能够克制自己的恐惧以继续完成任务；

自信，对自己和情境的信念，做出选择并据此采取行动；

勇敢，危急时刻的力量/智慧行为；

捍卫不同于常规的观点；

坚持自己的信念；

有能力和力量面对困难和挑战；

为了责任，承担必要的风险，牺牲部分自己；

面对挑战，而不是逃跑或假装它们不存在；

表现符合自己信念的行动；

敢冒失败的风险；

在面对失败时果断；

在危险或威胁生命的事件中的帮助形式；

无私的行为，表现出对他人而不是自己的关心；

实施勇敢行为，普通人可能不会这么做；

心理坚强/身体强壮；

---

❶ C.R.斯奈德，沙恩·洛佩斯，积极心理学——探索人类优势的科学与实践，人民邮电出版社，2013 年 10 月第 1 版，205 页。

在艰苦的情境/环境下，实施某种行为，同时知道这一行为可能带来消极后果。

（1）本真。本真的人心里怎么想就怎么说。他们呈现自己真实的样子，不假装、不做作，为自己的信念、感受和行为负责。他们诚信、正直。

（2）无畏。无畏的人敢于直面身体和心理上的威胁、挑战、困难和痛苦。只要相信某件事情是正确的，就为之挺身而出，力争到底。

（3）毅力。有毅力的人，任务再难，困难再多，也会坚持到底，永不言弃。有研究发现，与具有悲观解释风格的人相比，具有乐观解释风格（见本书第一讲）的人更可能在任务中坚持下去，因为后者相信努力就会成功，而前者变得习得性无助（将在本书第六讲中详述）。在很多情况下，延迟满足❶能力强、自尊高、自我效能感强、自主性强、自制力强的人，坚持得更持久。

棉 花 糖 实 验

20世纪60年代，美国斯坦福大学心理学教授沃尔特·米歇尔（Walter Mischel）❷设计了一个著名的关于"延迟满足"的实验，这个实验是在斯坦福大学校园里的一间幼儿园开始的。研究人员找来数十名儿童，让他们每个人单独待在一个只有一张桌子和一把椅子的小房间里，桌子上的托盘里有这些儿童爱吃的东西——棉花糖、曲奇或是饼干棒。研究人员告诉他可以马上吃掉棉花糖，或者等研究人员回来时再吃还可以再得到一颗棉花糖作为奖励。他们还可以按响桌子上的铃，研究人员听到铃声会马上返回。对这些孩子们来说，实验的过程颇为难熬。有的孩子为了不去看那诱惑人的棉花糖而捂住眼睛或是背转身体，还有一些孩子开始做一些小动作——踢桌子，拉自己的辫子，有的甚至用手去打棉花糖。结果，大多数的孩子坚持不到三分钟就放弃了。"一些孩子甚至没有按铃就直接把糖吃掉了，另一些则盯着桌上的棉花糖，半分钟后按了铃"。大约三分之一的孩子成功延迟了自己对棉花糖的欲望，他们等到研究人员回来兑现了奖励，差不多有15分钟的时间。

（4）热忱。热忱的人对生活充满热情，精力充沛，活力四射，他们把人生看做冒险，满怀激情地体验其中的一切。自我决定论认为，追求内在的东西就会对生活充满热情，因为这个追求过程能够满足交往需要、胜任需要或自主需要，进而增强活力。相比之下，追求外在的东西，则对生活没有那么热情，因为这个追求过程不能满足交往需要、胜任需要或自主需要。

---

❶ 延迟满足是指一种甘愿为更有价值的长远结果而放弃即时满足的抉择取向，以及在等待期中展示的自我控制能力。它的发展是个体完成各种任务、协调人际关系、成功适应社会的必要条件。

❷ 沃尔特·米歇尔（Walter Mischel，1930—），出生于奥地利维也纳，心理学家，他家离弗洛伊德家很近，从小就受到弗洛伊德的影响，认为弗洛伊德的精神分析理论是对人最完备的看法，导师为罗特（Julian Rotter）和凯利（George Kelly）。

3. 仁慈

仁慈这一美德所包含的优势特质是善良、爱和社会智力。这些人际优势可以用于经营一对一的亲密关系。

（1）善良。善良的人为别人做好事，照顾别人的需要，他们乐于助人、有同情心，体贴、慷慨。

（2）爱。爱让人重视并经营亲密关系，并在亲密关系中相互分享、相互照顾。爱有不同的类型，包括父母对子女的爱、子女对父母的爱、朋友之间的爱、伴侣之间的爱。约翰·鲍比（John Bowlby，1907—1990）[1]提出的依恋理论认为，亲子之间、朋友之间、伴侣之间建立并维持依恋关系的动机和能力是自然选择的结果，对人类的生存至关重要。人生早期阶段与父母或其他首要养育人之间的依恋模式会内化下来，成为后来与朋友、伴侣建立亲密关系的模板。与父母或其他首要养育人之间形成安全依恋关系的婴儿，长大成人后能与朋友、伴侣建立安全依恋关系。

（3）社会智力。社会智力让人对自己和他人的动机和感受保持清醒的认识，在各种社会情境中做出恰当的反应。社会智力是在各种社会情境中准确识别自己和他人的心理状态、有效管理自己的心理状态的能力。它有别于智商测验测量的智力，但包括情商。

4. 正义

正义这一美德所包含的优势特质是公平、领导力和团队合作。这些优势让人在团队、团体和社区发展强大的社会支持网络。与仁慈有关的优势特质（善良、爱、社会智力）主要涉及人际关系，而与正义有关的优势主要涉及群内关系。

（1）公平。公平的人对所有人一视同仁，不让个人感情左右决定。公平是道德判断的结果，权威型教养方式特别有利于道德推理和道德行为的发展。

（2）领导力。领导力使人能够有效组织群体活动，营造群体成员之间的良好关系，确保群体完成任务。不同的领导风格适合不同的领导情境，有效的领导者根据群体的目标、特征和发展阶段，自己和群体其他成员的技能和优势，群体所在环境的普遍特点来调整领导风格。

（3）团队合作。团队合作使人能够与所在团队中的其他成员维持良好关系，做好分派给自己的工作。

5. 节制

节制这一美德所包含的优势特质是宽容、稳重、谨慎和自我调节。这些优势可以让人做事不过分，预防"原罪"。宽容让人远离仇恨，稳重让人远离傲慢，谨慎让人不会因追求一时快乐而造成长久痛苦，自我调节让人不会因强烈情绪做出不恰当的反应。

---

[1] 约翰·鲍比（John Bowlby，1907—1990），英国发展心理学家，从事精神疾病研究及精神分析的工作，最著名的理论为他在 1950 年代所提出的依恋理论（attachment theory）。

（1）宽容。宽容的人心肠软、不记仇，愿意给对不起自己的人第二次机会。宽容是种特质，与之对应的状态是原谅。在积极心理学中，原谅是个复杂的心理过程（McCullough et al.，2009；Worthington，2005），它涉及与过错方共情，进而在信念、情绪、动机和行为上发生一系列变化。原谅受很多因素的影响，包括伤害的程度、道歉和弥补的程度、受害方和过错方的特征、他们之间的关系以及伤害和原谅发生的背景等。

（2）稳重。稳重的人让成绩说话，不自吹自擂，不自视高人一等，经常表现得谦虚。谦虚指准确评价自己，认可自己的长处和成绩，也接受自己的短处和失败，更强调他人的价值而非自己的价值。谦虚、稳重的人不会给人以威胁感。然而，一般人很难做到谦虚、稳重，因为人天生喜欢抬高自己，这是有大量证据证明的。

（3）谨慎。谨慎的人不冒不必要的险，不会只顾眼前、不顾将来的放纵，不逞一时之快说一些日后后悔的话，做一些日后后悔的事。谨慎就是在决策之时更多地考虑行动的长远后果。

（4）自我调节。自我调节让人得以控制自己的想法、感受、欲望和冲动等，以做出恰当反应，而不是出于本能做出反应。自我调节也叫自我控制、自我约束（见本书第二讲）。

6. 超越

超越这一美德所包含的优势特质是欣赏、感恩、希望、幽默和虔诚。这些优势让人超越小我，在生活中制造意义。欣赏让人关注一切美好的事物，感恩让人为生活当中的一切好事心怀感激，希望让人用梦想和抱负拥抱未来，幽默让人笑对生活中的挑战和难题，虔诚让人有信仰、有追求。

（1）欣赏。欣赏这个优势让人注意并欣赏日常生活、大自然、科学中的一切美好事物，善于欣赏大自然的人，体验到敬畏；善于欣赏他人技艺的人，体验到崇拜；善于欣赏美德展现的人，体验到高尚。

（2）感恩。懂得感恩的人会意识到生活当中发生的好事，并在这个意识过程中体会到快乐，进而产生感恩之情。感恩可以分为个人感恩和超个人感恩。个人感恩是指因为某个人给自己带来好处而感恩这个人，或者仅仅因为某个人的存在而感恩这个人。超个人感恩是指因为自己所拥有的而感恩上天，或者仅仅因为自己活在这个世上而感恩上天。

（3）希望。心怀希望的人抱最好的期望并努力去实现。

（4）幽默。幽默让人笑对生活中的挑战和难题，还通过逗乐和搞笑娱乐自己、娱乐他人。幽默包括认知、情感、人际和生理几个方面，可以分为幽默感知和幽默表现。幽默可以起到积极作用，比如建立关系、应对压力、释放紧张等，但是也可用于表达攻击和蔑视。

（5）虔诚。虔诚的人相信并敬畏超能量，追求人生意义。因为有信仰、有追求，他们内心充实，生活方式简朴而高尚。

四、归因模式

1. 成败归因理论

自从美国社会心理学家弗里茨·海德（Fritz Heider）[1]首先提出归因理论之后，许多心理学家都从理论和实践层对归因问题进行了深入探索，形成了不同的流派，建立了不同的模型。其中最具代表性的归因理论流派有三个，即伯纳德·韦纳（B.Weiner）[2]的成败归因理论、阿尔伯特·班杜拉（Albert Bandura）[3]的自我效能感归因理论（见本书第二讲）以及马丁·塞利格曼（Martin E.P. Seligman）[4]的习得无助归因理论。这三大理论流派自成一体，对归因问题的研究各有不同的侧重点，归因方式也有所差别，但它们之间又相互联系，交叉融合。

本讲以韦纳的成败归因理论为例对归因进行介绍，塞利格曼（Martin E.P. Seligman）的习得无助归因理论将在第六讲中介绍。

成败归因理论是归因理论和动机理论相结合的创造性理论成果，是关于判断和解释他人或自己的行为结果的原因的一种动机理论。韦纳的归因理论主要有下列三个论点：第一，人的个性差异和成败经验等影响着他的归因；第二，人对前次成就的归因将会影响到他对下一次成就行为的期望、情绪和努力程度等；第三，个人的期望、情绪和努力程度对成就行为有很大的影响。韦纳等人认为，我们对成功和失败的解释会对以后的行为产生重大的影响。在很多情境中，人们常提出诸如此类的归因问题，如："我为什么成功（或失败）？""为什么我的生物课考试总是考不过人家？"等。如果把考试失败归因为缺乏能力，那么以后的考试还会期望失败；如果把考试失败归因为运气不佳，那么以后的考试就不大可能期望失败。这两种不同的归因会对生活产生重大的影响。

韦纳认为，人们对行为成败原因的分析可归纳为以下六个方面：

能力高低，根据自己评估个人对该项工作是否胜任。

努力程度，个人反省检讨在工作过程中曾否尽力而为。

---

[1] 弗里茨·海德（Fritz Heider，1896—1988），美国社会心理学家，社会心理学归因理论的创始人。

[2] 伯纳德·韦纳（B.Weiner，1935—），美国著名认知心理学家，归因理论创始人，任教于加利福尼亚大学，曾发表有关情绪和动机的许多文章和15本著作，主要研究方向有：因果性归因、情绪、心情的影响、亲社会行为等，主要贡献有归因理论、动机心理学、情绪心理学。

[3] 阿尔伯特·班杜拉（Albert Bandura，1925—），美国当代著名心理学家，新行为主义的主要代表人物之一，社会学习理论的创始人。

[4] 马丁·塞利格曼（Martin E.P. Seligman，1942—），美国心理学家，"积极心理学之父"，认知疗法的主要倡导者之一。塞利格曼通过对狗进行电击实验，研究狗的一系列行为表现，从而提出了习得性无助这一重要的理论。

身心状况，工作过程中个人当时身体及心情状况是否影响工作成效。

运气好坏，个人自认为此次各种成败是否与运气有关。

工作难度，凭个人经验判定该项工作的困难程度。

其他，个人自觉此次成败因素中，除上述五项外，尚有何其他事关人与事的影响因素（如别人帮助或评分不公等）。

以上六项因素作为一般人对成败归因的解释或类别，韦纳按各因素的性质，分别纳入以下三个向度之内：

（1）因素来源。指当事人自认影响其成败因素的来源，是来自个人条件（内控），或来自外在环境（外控）。在此一向度上，能力、努力及身心状况三项属于内控，其他各项则属于外控。

（2）稳定性。指当事人自认影响其成败的因素，在性质上是否稳定，是否在类似情境下具有一致性。在此一向度上，六因素中的能力与工作难度两项是不随情境改变的，是比较稳定的。其他各项则均为不稳定者。

（3）能控制性。指当事人自认影响其成败的因素，在性质上能否由个人意愿所决定。在此一向度上，六因素中只有努力一项是可以凭个人意愿控制的，其他各项均非个人所能为力。

韦纳将以上六因素和三个维度结合起来，组成了"三维度模式"（见表3-2）。

表3-2　　　　　　　　　　　　　归因的三维度模式

六因素	能力高低	努力程度	身心状况	运气好坏	工作难度	其他
三维度	内部的			外部的		
	稳定的	不稳定的	不稳定的	不稳定的	稳定的	不稳定的
	不可控的	可控的	不可控的	不可控的	不可控的	不可控的

如表3-2所示，能力高低属于稳定的、内在的、不可控因素；努力程度属于不稳定的、内在的、可控因素；身心状况属于不稳定的、内在的、不可控因素；运气好坏属于不稳定的、外在的、不可控因素；工作难度属于稳定的、外在的、不可控因素；外界环境属于不稳定的、外在的、不可控因素。韦纳认为，一个人成功或失败的原因取决于稳定性、内/外控制点与可控性三者的共同作用。而从不同维度进行归因，将影响个体对成功的期望和情感反应，从而影响其后继行为的动机。

韦纳的"三维度模式"比弗里茨·海德（Fritz Heider）[1]的思想有所发展，并且有助于人们对成就行为的原因进行分析。他认为，我们对成功和失败的归因，会对以后的行为产生重大影响。有成就需要的人会把成就归因于自己的努力，把失败归因于努力不够，不甘于失败，坚信再努力一下，便会取得成功，相信自己有能力应付，只要

---

[1] 弗里茨·海德（Fritz Heider，1896—1988），美国社会心理学家，社会心理学归因理论的创始人。

尽力而为，没有办不成的事。相反，成就需要不高的人认为努力与成就没有多大关系，他们把失败归因于其他因素，特别是归因于能力不足，成功则被看成是外界因素的结果，如任务难度不大、正好碰上运气等。

作为对成就需要理论的一个补充，成败归因理论特别强调成就的获得有赖于对过去工作是成功还是失败的不同归因。如果把成功和失败都归因于自己的努力程度，就会增强今后努力行为的坚持性。反之，如果把成功与失败归因于能力太低、任务太重这些原因，就会降低自身努力行为的坚持性。运气或机遇是不稳定的外部因素，过分地归因于这一因素会使人产生"守株待兔"的坚持行为，也是具有高成就需要的人所不屑为之的。总之，只有将失败的原因归因于内外部的不稳定因素时，即努力的程度不够和运气不好时，才能使人进一步坚持原行为。韦纳认为，教育和培训将使人在成就方面发生积极变化并促进激励发展。培训的重点是教育人们相信努力与不努力大不一样。

2. 恰当归因

正确地运用成败归因理论，对个人行为进行合理的归因，可以有效改变一个人对行为结果的认识，从而改变人的心态，一方面可以提高个人效能感，树立自信心，另一方面也可引导人们正确地认识自己，防止骄傲自满、盲目自负。

（1）运用归因理论提高环境适应性。首先，要对生活事件进行正确的归因引导，避免出现归因偏差。对于出现学习成绩下滑或工作不能适应的现象，要对其进行正确地归因，不能就此给自己打上一个能力差的标签，而是要多方面寻找原因，根据实际情况对其进行正确的自我评价。

其次，要建立正确的归因模式，避免进入自我评价的误区。青年人对于自身的归因方式直接影响着自我评价和自我定位，从而在很大程度上影响今后的学习和工作。比如学生把学习成绩不好归因为自己能力不够，就会失去信心，从而失去学习的兴趣，导致学习越来越差。而如果归因为自己努力程度不够，就会促使自己更加努力地学习，从而提高学习成绩。

最后，要加强成功体验，增强其自信心。青年人往往会在各方面都给自己设定很高的目标，如果达不到预期的目标，就会产生习得性无助现象，从而放弃学习和工作。因此，应该有针对性地给自己设置一些力所能及的任务，并学会在完成任务时给自己适当的自我表扬与鼓励，以增强其成功的体验，达到激励的目的，从而增强其自信心，积累成功的信念，为日后的继续成功奠定基础，积蓄力量。

（2）运用归因理论改善生活态度。青年人正处于走向成熟、面向社会的过渡期，其心理特征是极其复杂而又不稳定的，对生活的认识也是迷茫的。因此应该合理地运用归因理论树立积极乐观的生活态度。

一方面，部分年轻人由于目前生活与先前预期的不一样，从而产生心理落差，产生消极的生活态度，甚至出现心理疾病。更为严重的是有的人产生扩散性的习得性无助感，对其他事情也逐渐失去了信心，对生活不抱希望，甚至产生厌世的情绪或轻生的想法。要引导他们正确地认识生活，合理地安排生活，帮助他们设定合理的目标，避免出现习得性无助现象，增强他们的自信心，以改善他们的生活态度。

另一方面，要运用归因理论帮助青年人克服人际交往中的障碍，引导他们对人际交往的结果进行正确、积极的归因。存在人际交往障碍的人往往有自卑心理，把人际交往的失败归因于自己能力不足，从而把自己封闭起来，拒绝与外界交往，独自生活在一个烦闷、惆怅的生活空间里。因此，应该引导他们理性地分析人际交往中存在的问题，建立积极的归因模式，以缓解人际交往中的矛盾，突破人际交往的障碍。另外，要营造人际交往的成功机会，帮助青年员工融入集体。可鼓励他们参加社团活动、话剧表演、团体比赛等一些集体活动，让他们得到锻炼，并对他们取得的成效给予肯定的评价，以增强他们的自信心，增强他们的自我效能感，鼓励他们更多地参与到人际交往中去，营造和谐的人际交往关系。

（3）运用归因理论规划职业生涯。职业生涯规划是青年人的必修功课之一。要做好职业生涯规划，首先最重要的是对自我和职业要有客观、理性的认知，在此基础上确定目标和方向，规划实现的方法和途径。合理地运用归因理论，将有助于帮助青年人做好职业生涯规划，为求职就业和职业生涯夯实基础。

首先，应根据自己的个体特征进行就业规划，用积极的归因方式引导进行自我认知和职业认知。从自身特点和实际出发，通过科学合理的设计，制订一个长远的、符合实际的、适应社会需求的职业生涯规划，并运用归因理论进行归因训练，以提升就业竞争力，更好地完成职业生涯规划，明确自己的职业发展方向和目标。

其次，应当在择业就业过程中进行合理、正确的归因，避免不良归因带来的不良影响。在择业就业过程中遇到困难时，应该运用归因理论分析自身的特点以及现实情况，作出既适合自身特点、又满足现实需要的理性判断和合理选择。

心理测量3：九型人格测试

指导语：

"九型人格测试"包含了144道二选一的题目。在此测试中，答案没有正确与错误之分，它反映的只是你的个性和你的世界观。请仔细阅读每一道题中的两个选项，并根据你自己的行为习惯做出选择，并在相应的括号内打勾。在答题时，可能你觉得两个选项都不适合你，或两个选项都适合你。无论哪种情况，请选择其中你最倾向的答案。如果漏选或多选，将影响你的测试结果。

表 3-3 九型人格测试

序号	题 目	A	B	C	D	E	F	G	H	I
1	我浪漫并富于幻想					[ ]				
	我很实际并实事求是		[ ]							
2	我倾向于接受冲突							[ ]		
	我倾向于避免冲突	[ ]								
3	我一般是老练的、有魅力的以及有上进心的			[ ]						
	我一般是直率的、刻板的以及空想的					[ ]				
4	我倾向于集中注意力于某一事物，容易紧张								[ ]	
	我倾向于自然的东西，喜欢开玩笑									[ ]
5	我待人友好，愿意结交新朋友						[ ]			
	我喜欢独处，不太愿意与人交往					[ ]				
6	我很难放松和停止思考潜在的问题		[ ]							
	潜在的问题不会影响我的工作	[ ]								
7	我是"聪明"的生存者							[ ]		
	我是"高尚"的理想主义者				[ ]					
8	我需要给别人爱					[ ]				
	我愿意与别人保持一定的距离							[ ]		
9	当别人给我一项新任务时，我通常会问自己它对我是否有用			[ ]						
	当别人给我一项新任务时，我通常会问自己它是否有趣									[ ]
10	我倾向于关注自己					[ ]				
	我倾向于关注他人	[ ]								
11	别人依赖我的见识与知识								[ ]	
	别人依赖我的力量与决策							[ ]		
12	我给人的印象是十分不自信的		[ ]							
	我给人的印象是十分自信的				[ ]					
13	我更加注重关系						[ ]			
	我更加注重目的			[ ]						
14	我不能大胆地说出自己想说的话				[ ]					
	我能大胆地说出别人想说但不敢说的话									[ ]
15	不考虑其他选择而做某一确定的事对我来说是很困难的							[ ]		
	放松、更具灵活性对我来说是很困难的				[ ]					
16	我一般犹豫与拖延		[ ]							
	我一般大胆与果断							[ ]		

序号	题　目	A	B	C	D	E	F	G	H	I
17	我不愿意别人给我带来麻烦	[ ]								
	我希望别人依赖我，让我帮忙解决麻烦						[ ]			
18	通常我会为了完成工作将感情置之不顾			[ ]						
	在做事之前我需要克制自己的感情					[ ]				
19	我一般是讲求方法并且很谨慎的		[ ]							
	我一般是敢于冒险的									[ ]
20	我倾向于帮助和给予，喜欢与他人在一起						[ ]			
	我倾向于严肃和缄默，喜欢讨论问题				[ ]					
21	我常常感到自己需要成为顶梁柱							[ ]		
	我常常感到自己需要做得十全十美			[ ]						
22	我喜欢问难题和保持独立性								[ ]	
	我喜欢保持心理的稳定与平静	[ ]								
23	我太顽固并持有怀疑的态度		[ ]							
	我太软心肠并多愁善感						[ ]			
24	我常常担心自己不能得到较好的东西									[ ]
	我常常担心如果自己放松警惕，别人就会欺骗我						[ ]			
25	我习惯于表现得很冷淡而使别人生气					[ ]				
	我习惯于指使别人做事而使他们生气				[ ]					
26	如果有太多的刺激和鼓舞，我会感到忧虑	[ ]								
	如果没有太多的刺激和鼓舞，我会感到忧虑								[ ]	
27	我要依靠朋友，同时他们也可以依靠我		[ ]							
	我不依靠别人并独立行事			[ ]						
28	我一般独立与专心								[ ]	
	我一般情绪化并热衷于自己的想法					[ ]				
29	我喜欢向别人提出挑战，使他们振奋起来							[ ]		
	我喜欢安慰他人，使他们冷静下来						[ ]			
30	我总的来说是个开朗并喜欢交际的人									[ ]
	我总的来说是个认真并很能自律的人				[ ]					
31	我希望能迎合别人，当与别人距离很远，我就感到不舒服	[ ]								
	我希望与众不同，当不能看到别人与自己的区别时，我就感到不舒服			[ ]						
32	对我来说，追求个人的兴趣比追求舒适与安全更重要								[ ]	
	对我来说，追求舒适与安全比追求个人的兴趣更重要		[ ]							

序号	题　目	A	B	C	D	E	F	G	H	I
33	当与他人有冲突时，我倾向于退缩					[ ]				
	当与他人有冲突时，我很少会改变自己的态度							[ ]		
34	我很容易屈服并受他人摆布	[ ]								
	我对他人不但不做出让步，而且还对他们下达命令				[ ]					
35	我很赏识自己高昂的精神状态与深沉的态度									[ ]
	我很赏识自己对他人深层的关心与热情							[ ]		
36	我很想给别人留下好的印象			[ ]						
	我并不在乎要给别人留下好的印象								[ ]	
37	我依赖自己的毅力与常有的感觉		[ ]							
	我依赖自己的想象与瞬间的灵感					[ ]				
38	总的来说，我是很随和很可爱的	[ ]								
	总的来说，我是精力旺盛和过分自信的							[ ]		
39	我努力工作以得到别人的接受与喜欢			[ ]						
	能否得到别人的接受与喜欢对我来说并不重要				[ ]					
40	当别人给我压力时我更容易退缩								[ ]	
	当别人给我压力时我会变得更加自信									[ ]
41	人们对我感兴趣是因为我很开朗、有吸引力、有趣						[ ]			
	人们对我感兴趣是因为我很安静、不同寻常、深沉					[ ]				
42	职责与责任对我来说很重要		[ ]							
	协调与认可对我来说很重要	[ ]								
43	我制订出重要的计划并做出承诺，以此来鼓励人们							[ ]		
	我指出不按照我的建议去做所产生的后果，以此来要求人们顺从				[ ]					
44	我很少表露情绪								[ ]	
	我经常表露情绪						[ ]			
45	我不擅长处理琐碎的事									[ ]
	我擅长处理琐碎的事			[ ]						
46	我常常强调自己与绝大多数人的不同之处，尤其是家境的不同之处					[ ]				
	我常常强调自己与绝大多数人的共同之处，尤其是家境的相同之处	[ ]								

序号	题　　目	A	B	C	D	E	F	G	H	I
47	当场面变得热闹起来时，我一般站在一旁								[ ]	
	当场面变得热闹起来时，我一般加入其中									[ ]
48	即使朋友不对，我也会支持他们		[ ]							
	我不会为了友情而在正确的事情上妥协				[ ]					
49	我是善意的支持者						[ ]			
	我是积极的老手			[ ]						
50	当遇到困难时我倾向于夸大自己的问题					[ ]				
	当遇到困难时我倾向于转移注意力									[ ]
51	我一般对情况持相信的态度				[ ]					
	我一般对情况持怀疑的态度								[ ]	
52	我的悲观和抱怨会给别人带来麻烦		[ ]							
	我老板式的、控制的方式会给别人带来麻烦							[ ]		
53	我一般按感觉办事，并听之任之						[ ]			
	我一般不按感觉办事，以免产生更多的问题	[ ]								
54	我成为注意的焦点时会很自然			[ ]						
	我成为注意的焦点时会很不习惯					[ ]				
55	我做事情很谨慎，努力为意料之外的事情做准备		[ ]							
	我做事情凭一时冲动，在问题出现时才临时做准备									[ ]
56	当别人不是很欣赏我为他们所做的事情时我会很生气						[ ]			
	当别人不听我说话时我会很生气				[ ]					
57	独立、自力更生对我很重要							[ ]		
	价值被认可、得到别人的称赞对我很重要			[ ]						
58	当与朋友争论时，我一般强烈地坚持自己的观点								[ ]	
	当与朋友争论时，我一般顺其自然以免伤了和气	[ ]								
59	我常常占有所爱的人，不能放任他们						[ ]			
	我常常考察所爱的人，想确定他们是否爱我		[ ]							
60	组织资源并促使某些事情的发生是我的优势之一							[ ]		
	提出新观点并振奋人心是我的优势之一									[ ]
61	我不能依赖自己，要在别人的驱策下才会做事				[ ]					
	我不能自律，过于情绪化					[ ]				

续表

序号	题 目	A	B	C	D	E	F	G	H	I
62	我试图使生活快节奏、紧张以及充满兴奋									[ ]
	我试图使生活有规律、稳定以及宁静	[ ]								
63	尽管我已取得成功,但我仍怀疑自己的能力		[ ]							
	尽管我受到挫折,但我仍相信自己的能力			[ ]						
64	我一般对自己的情感会仔细研究						[ ]			
	我一般对自己的情感并不加注意								[ ]	
65	我对许多人加以注意并培养他们						[ ]			
	我对许多人加以指导并鼓励他们							[ ]		
66	我对自己要求有点严格				[ ]					
	我对自己要求比较宽容									[ ]
67	我独断,追求卓越			[ ]						
	我谦虚,喜欢按自己的节奏做事	[ ]								
68	我为自己的清晰性与目标性感到自豪							[ ]		
	我为自己的可靠与诚实感到自豪		[ ]							
69	我花大量的时间反省——理解自己的感受对我来说是很重要的					[ ]				
	我花大量的时间反省——做完事情对我来说是很重要的							[ ]		
70	我认为自己是一个灿烂、随和的人	[ ]								
	我认为自己是一个严肃、有品位的人				[ ]					
71	我头脑灵活,精力充沛									[ ]
	我有一颗炽热的心,具有奉献精神						[ ]			
72	我所做的事情要有极大的可能性得到奖励与赏识			[ ]						
	如果所做的事是我所感兴趣的,我愿意放弃别人对我的奖励与赏识								[ ]	
73	我认为履行社会义务并不重要				[ ]					
	我常常认真履行社会义务		[ ]							
74	在绝大多数情况下我愿意做领导							[ ]		
	在绝大多数情况下我愿意让其他人做领导	[ ]								
75	几年来,我的价值观与生活方式变化了好几次				[ ]					
	几年来,我的价值观与生活方式基本没有变化		[ ]							
76	我一般缺乏自律能力									[ ]
	我与别人的联系一般很少								[ ]	

序号	题 目	A	B	C	D	E	F	G	H	I
77	我拒绝给别人爱，希望别人进入我的世界					[ ]				
	我需要给别人爱，希望自己进入别人的世界						[ ]			
78	我一般会做最坏的打算		[ ]							
	我一般会做最好的打算	[ ]								
79	人们相信我是因为我很自信，并尽全力做到最好							[ ]		
	人们相信我是因为我很公正，并能正确地做事				[ ]					
80	我常常忙于自己的事情而忽略了与他人交往								[ ]	
	我常常忙于与他人交往而忽略了自己的事情						[ ]			
81	当第一次遇到某人时，我一般会镇定自若并沉默寡言			[ ]						
	当第一次遇到某人时，我一般会与他闲聊并使他觉得有趣									[ ]
82	总而言之，我是很悲观的					[ ]				
	总而言之，我是很乐观的	[ ]								
83	我更喜欢待在自己的小世界里							[ ]		
	我更喜欢让全世界的人知道我的所在							[ ]		
84	我常常被紧张、不安全以及怀疑困扰		[ ]							
	我常常被生气、完美主义以及不耐烦困扰				[ ]					
85	我意识到自己太有人情味，待人太亲密						[ ]			
	我意识到自己太酷，过于冷漠			[ ]						
86	我失败是因为我不能抓住机会					[ ]				
	我失败是因为我追求太多的可能性									[ ]
87	我要过很长的时间才会采取行动							[ ]		
	我会立即采取行动									[ ]
88	我一般很难做出决定		[ ]							
	我一般很容易做出决定							[ ]		
89	我容易给人留下态度强硬的印象						[ ]			
	我并不过多地坚持自己的意见	[ ]								
90	我情绪稳定			[ ]						
	我情绪多变					[ ]				
91	当不知道要干什么事情时，我常常会向别人寻求建议		[ ]							
	当不知道要干什么事情时，我会尝试不同的事情以确定哪一种最适合自己去做									[ ]

续表

序号	题　　目	A	B	C	D	E	F	G	H	I
92	我担心别人搞活动时会忘记我						[ ]			
	我担心参加别人活动会影响我做自己的事情				[ ]					
93	当我生气时，我一般会责备别人							[ ]		
	当我生气时，我一般会变得很冷淡			[ ]						
94	我很难入睡								[ ]	
	我很容易入睡	[ ]								
95	我常常努力思考如何与别人建立更亲密的关系						[ ]			
	我常常努力思考别人想从我这儿得到什么		[ ]							
96	我一般是慎重、有话直说以及深思熟虑的人							[ ]		
	我一般是易兴奋、善于快速回避问题以及机智的人									[ ]
97	当看到别人犯错误时，我一般不会指出来					[ ]				
	当看到别人犯错误时，我一般会帮助他们认识到自己所犯的错误				[ ]					
98	在生活中的绝大多数时间里，我是情感激烈的人，会产生许多易变的情感									[ ]
	在生活中的绝大多数时间里，我是情感稳定的人，我会"心如止水"	[ ]								
99	当我不喜欢某些人时，我会掩藏自己的情感且努力保持热情			[ ]						
	当我不喜欢某些人时，我会以这种或那种方式让他们知道我的情感		[ ]							
100	我与别人交往有困难是因为我很敏感，以及总是从自己的角度考虑问题					[ ]				
	我与别人交往有困难是因为我不太在乎社会习俗								[ ]	
101	我的方法是直接帮助别人						[ ]			
	我的方法是告诉别人如何自助							[ ]		
102	总的来说，我喜欢"释放"并突破所受的限制									[ ]
	总的来说，我不喜欢过多失去自我控制				[ ]					
103	我过度关注要比别人做得好				[ ]					
	我过度关注把别人的事做好	[ ]								
104	我喜欢玄想，总是充满想象与好奇								[ ]	
	我很实际，只是试图保持事情的发展状况		[ ]							
105	我的主要优势之一就是能够控制场面							[ ]		
	我的主要优势之一就是能够讲述内心的感受					[ ]				

序号	题　目	A	B	C	D	E	F	G	H	I
106	我努力争取把事情做好，却不管这样别人开心不开心				[ ]					
	我不喜欢有压力的感觉，所以也不喜欢压制别人	[ ]								
107	我常常因自己在别人的生活中起着重要的作用而感到骄傲						[ ]			
	我常常因自己对新的东西很感兴趣并乐于接受而感到骄傲									[ ]
108	我认为自己给别人留下的印象是好样的，甚至是很令人钦佩的			[ ]						
	我认为自己给别人留下的印象是与众不同的，甚至是很古怪的								[ ]	
109	我一般去做自己必须做的事		[ ]							
	我一般去做自己想做的事					[ ]				
110	我很喜欢高压力或困境							[ ]		
	我不喜欢高压力和困境	[ ]								
111	我为自己的灵活能力而感到骄傲——我知道情况是变化的			[ ]						
	我为自己的立场而感到骄傲——我有坚定的信念				[ ]					
112	我的风格倾向于节约和朴实								[ ]	
	我的风格倾向于过度地做某些事情									[ ]
113	因为我有强烈的愿望去帮助别人，所以我的健康与幸福受到伤害						[ ]			
	因为我只关注自己的需要，所以我的人际关系受到损害					[ ]				
114	总的来说，我太坦诚、太天真	[ ]								
	总的来说，我过于谨慎、过于戒备		[ ]							
115	有时我因过于好斗而令人厌恶							[ ]		
	有时我因太紧张而令人厌恶				[ ]					
116	关心他人的需要以及为他人服务对我来说是很重要的						[ ]			
	寻找并等待做好事情的其他方法对我来说是很重要的								[ ]	
117	我全身心投入并持之以恒地追求自己的目标			[ ]						
	我喜欢探索各种行动的途径，想看看最终的结果如何									[ ]
118	我经常会激起强烈和紧张的情绪					[ ]				
	我经常很冷静和安逸	[ ]								
119	我不太注重实际的结果，而是注重自己的兴趣								[ ]	
	我很实际，总是希望自己的工作有具体的结果							[ ]		

序号	题　目	A	B	C	D	E	F	G	H	I
120	我有强烈的归属需求		[ ]							
	我有强烈的平衡需求				[ ]					
121	过去我可能过于要求朋友间的亲密						[ ]			
	过去我可能过于要求朋友间的疏远			[ ]						
122	我喜欢回忆过去的事情				[ ]					
	我喜欢预期未来所要做的事情									[ ]
123	我倾向于将人看作是很麻烦和苛刻的								[ ]	
	我倾向于将人看作是很莽撞和有需求的				[ ]					
124	总的来说，我不太自信		[ ]							
	总的来说，我只相信自己							[ ]		
125	我可能太被动，从不积极参与	[ ]								
	我可能控制过多							[ ]		
126	我经常因为怀疑自己而停下来					[ ]				
	我很少会怀疑自己			[ ]						
127	如果让我在熟悉的东西与新的东西之间做选择，我会选新的东西									[ ]
	我一般会选自己所喜欢的东西，对自己不喜欢的东西会感到失望		[ ]							
128	我给别人大量的身体接触来让他们相信我对他们的爱						[ ]			
	我认为真正的爱是不需要用身体的接触来表达的				[ ]					
129	当我责备别人时，我是很严厉和直截了当的							[ ]		
	当我责备别人时，我是旁敲侧击的			[ ]						
130	我对别人认为很困扰甚至很可怕的学科却很感兴趣								[ ]	
	我不喜欢去研究令人困扰或可怕的学科	[ ]								
131	我因妨碍或干扰他人而受到指责						[ ]			
	我因逃避或沉默寡言而受到指责		[ ]							
132	我担心没有办法履行自己的职责							[ ]		
	我担心自己缺乏自律而不能履行职责									[ ]
133	总的来说，我是一个凭直觉办事且极度个人主义的人					[ ]				
	总的来说，我是一个很有组织能力且负责任的人				[ ]					
134	难以克服惰性是我的主要问题之一	[ ]								
	不能缓慢下来是我的主要问题之一									[ ]
135	当我觉得不安全时会变得傲慢，对此表示轻视			[ ]						
	当我觉得不安全时会变得好争论，自卫性强		[ ]							

序号	题目	A	B	C	D	E	F	G	H	I
136	我思想开明，乐意尝试新的方法								[ ]	
	我会表白真情，乐意与别人共享我的情感					[ ]				
137	在别人面前我会表现得比实际的我更为强硬							[ ]		
	在别人面前我会表现得比实际的我更为在意						[ ]			
138	我一般是按良心与理性去做事情				[ ]					
	我一般是按感觉与冲动去做事情									[ ]
139	严峻的逆境使我变得坚强			[ ]						
	严峻的逆境使我变得气馁与听天由命	[ ]								
140	我确信有某种"安全网"可以依靠		[ ]							
	我常常选择居于边缘而无所依靠								[ ]	
141	我要了为了别人而表现得很坚强，所以没有时间顾及自己的感受							[ ]		
	我不能应对自己的感受，所以不能为别人而表现得很坚强						[ ]			
142	我常常觉得奇怪，对于生活中美好的事情为什么人们只看到它消极的一面	[ ]								
	我常常觉得奇怪，为什么人们在生活中遇到很糟糕的事情还这么开心				[ ]					
143	我努力使自己不被看作是自私的人							[ ]		
	我努力使自己不被看作是令人讨厌的人									[ ]
144	我担心被别人的需要与要求压垮时会避免产生亲密的关系								[ ]	
	我担心会辜负人们对我的期望时会避免产生亲密的关系			[ ]						

计分方法：

将每一栏打勾的数目相加，并将总勾数填入下面这个表格中，如 A 栏中你共打了 5 个勾，就将"5"填到 A 下面的方框中；B 栏中你共打了 7 个勾，就将"7"填到 B 下面的方框中，以此类推。在答题的过程中，如果你没有漏选或多选，则表 3-4 中从 A～I 下面方框中的数字相加应等于 144，如果不是，请检查是否正确打勾或正确计算总数。

表 3-4 　　　　　　　　　　　九型人格测试打分表

栏目	A	B	C	D	E	F	G	H	I
总数									
个性	9号	6号	3号	1号	4号	2号	8号	5号	7号

注意：总分最高的三项性格，可能是你的主要性格。但是分数只是告诉我们现在

的生命状态如何，请勿以此结果作为你的终极目标。另外，最高的分数并不一定等于我们的性格号码，性格号码取决于我们内心的动机，取决于我们的基本欲望和基本恐惧。

心理书单 3：《九型人格：自我发现与提升手册》

［美］丹尼尔斯·普赖斯著，程艮译，中信出版社

本书是九型人格理论的创始人、美国斯坦福大学心理学教授戴维·丹尼尔斯在该领域的传世经典之作。他与著名性格分析专家弗吉尼亚·普赖斯通过历时七年的精心研究，开发出这套九型人格的"五步测试法"。

戴维·丹尼尔斯，九型人格理论的创始人，"九型人格专业导师课程"的首创者。医学博士，斯坦福大学医学院临床精神科教授。钻研九型人格理论已达 30 年之久，并一直致力于在全世界推广九型人格理论。与海伦·帕尔默共同创建"九型人格全球工作坊"，为个人和企业提供自我开发和员工培训课程，客户包括苹果、宝洁、花旗银行、可口可乐、惠普、诺基亚、通用汽车、索尼等世界 500 强企业。他也是将九型人格理论引入斯坦福大学商学院 MBA 必修课程的第一人。

弗吉尼亚·普赖斯，哲学博士、心理学家，迈耶·弗里德曼研究所及美国陆军战争学院的研究负责人，其著作《A 型行为类型》被广泛认为是该领域的里程碑之作。

九型人格理论将人类与生俱来的性格概括为九种类型。无论你是哪种人，都将在九型人格系统中找到自己的位置。

本书介绍的九型人格测试是目前极少数通过有效性检测的权威测试方式，可使人们精准地透视自己和他人的性格。

心理银幕 3：《机器人九号》

动画片《机器人九号》在热热闹闹的期待和讨论中登场，又在褒贬不一的争执中日益火热。惊人的末日幻想，哥特而粗粝的影像风格，宏大的背景设置和终究回归好莱坞化的剧情混搭让人实在是又爱又恼。不过抛开好坏不谈，动画片中的数字和符号却可以勾起观众探索的好奇心。比如关于一切的起源的意象和图案符号、关于 1～9 的人物安排、关于灵魂升天的 5 个元素、关于一个灵魂的 9 个分支……

在动画片中，老科学家把自己的灵魂分配给 9 个不同的小布头机器人，实在很难不让人与九型人格一一对照。而人物性别 8 男 1 女（他们源自同一个男性身份）的设

置，又难免让人想到了荣格的原型理论。荣格说："在男人的无意识中，通过遗传方式留存了女人的一个集体形象，借助于此他得以体会到女性的本性，一个男人身上会具有少量的女性特征或女性基因。它在男人身上既不呈现也不会消失，但始终存在于男人身上，并起着女性化的作用。"或许女性机器人形象的设置，除了为了在动画角色中制造亮点和温情外，也有这样一层内部含义，分裂于老科学家的不同性格特质的九重人格，必然要有女性特质的因素存在。看过影片后，观众可以对照一下，9 个小机器人各属于哪一重人格？

测一测　看一看
积极人格特质

第四讲
幸福与乐观

从前，一个富人和一个穷人谈论什么是幸福。富人望着穷人破旧的茅草屋和朴素的穿着，轻蔑地说："这怎么能幸福？我有百间豪宅、千名奴仆、万两黄金，那才叫幸福呢！"后来，一把大火把富人的豪宅烧得片瓦不留，痛恨他的奴仆们抢了其财物各奔东西。一夜间，富人沦为乞丐。

一年夏天，汗流浃背的乞丐路过穷人的茅屋，穷人端来一大碗凉水，问他："你现在认为什么是幸福？"乞丐眼巴巴地说："幸福就是此时我手中的这碗水。"

团体活动 4：幸福账本

活动材料

红色或其他鲜艳颜色的水笔一支，幸福账本每人一本，能体现幸福瞬间的照片。

活动关键词

幸福指数；主观幸福感；积极情绪。

活动步骤

1. 我的幸福有几分？

发给每位同学一本"幸福账本"，上面印有十颗幸福之星，每位同学用彩笔涂代表自己幸福感受的星星，每一颗星星代表一个幸福。你觉得几个方面幸福，就涂上多少颗星。

2. 分享幸福

思考你涂的每一颗星分别代表哪个方面的幸福，没有涂上色的代表自己在哪些方面不够幸福，写在下面。分组交流自己的幸福账本，每组派代表在全班交流。

3. 观看贫困地区的孩子们眼中的幸福

"幸福就是喝上干净的自来水；

幸福就是依偎在妈妈温暖的怀抱里；

幸福就是每天能吃上馒头；

幸福就是可以重新捧起书本；

幸福就是赤裸的双脚能有一双新鞋；

幸福就是简陋的教室里能有一张我的课桌；

幸福就是能有一个篮球；

幸福就是能有一间挡风遮雨的教室；

幸福就是每天的饭盆里能有一片菜叶；

幸福就是能有一副手套，每年的冬天不至于冻伤双手；

幸福就是能有一条通往学校的山路；

幸福就是读书时有一盏灯。"

分享看完后的感受。

4. 提升幸福价值

幸福不仅仅在于拥有，还在于付出，在于被肯定的那一刻。

说说你有没有付出后感到幸福的例子。

5. 指导者总结

跟上文中的孩子相比，我们有太多的幸福。我们感受不到，是因为我们平时没有在意，如果我们用心感受，就会发现，生活中并不缺少幸福，而是缺乏发现幸福的眼睛、耳朵和心灵，关键是我们能用心去感受、体验，就会觉得生活中处处有幸福。愿我们每一个人都用自己的耳朵、眼睛和心灵去发现，记录下生活中幸福的点点滴滴，寻找和感受生活的乐趣，作一个幸福快乐的人。

幸 福 账 本

幸福之星	代表含义（如有幸福的家庭、有好朋友、有满意的工作等）
☆	
☆	
☆	
☆	
☆	
☆	
☆	
☆	
☆	
☆	

亚里士多德说：幸福是人类存在的唯一目标和目的。[1]

什么是幸福？不同的人在不同时候、不同环境下有不同的理解和感受。电视剧《求求你表扬我》的开场白中，对什么是幸福有一段精辟的桥段：

古国歌：什么叫幸福？

杨红旗：幸福就是——我饿了，看见别人手里有馒头，他就比我幸福；我冷了，看见别人身上穿着厚棉袄，他就比我幸福；我想上茅房，就一个坑，有人蹲在那儿了，他就比我幸福……

回想你的生活，你幸福吗？

一、主观幸福感

随着经济的发展和社会的进步，社会学家、经济学家、心理学家们分别从不同的领域介入到对幸福的研究中。1967 年，威尔逊（Wanna Wislson）[2]撰写的第一篇幸福感研究综述《自称幸福的相关因素》标志着西方现代意义上关于幸福感研究的开始。20 世纪 50 年代至 60 年代，在生活质量研究和积极心理学运动的共同推动下，兴起了对主观幸福感的科学研究。70 年代，对主观幸福感的研究从哲学层面上升到科学层面，

---

[1] 周辅成，西方伦理学名著选辑，292–333.

[2] 威尔逊（Wanna Wislson），美国生物社会学家。

先后形成了生活质量、心理健康和心理发展三种意义上的主观幸福感研究取向。

生活质量意义上的主观幸福感，是社会学家和心理学家共同关注的研究领域。丹尼尔·魏格纳（Diener E.）[1]将主观幸福感界定为人们对自身生活满意程度的认知评价。研究者选取的主观幸福感维度包括总体生活满意感、具体领域满意感及正向情感和负向情感。

心理健康意义上的主观幸福感研究则主要是由心理学家进行的。一种观点认为人们的幸福感状况取决于一定时期内积极情感和消极情感的权衡。如果人们较多体验到愉快的情感而较少体验不愉快的情感，便可推定他们是幸福的，否则就不幸福。另一种观点对短期情感反应能否用来说明一个人整体的幸福感状况表示怀疑，他们试图从短期情感反应和长期情感体验两个方面全面地反映人们的幸福感状况。

20世纪90年代以来，随着积极心理学影响的逐渐扩大，一些心理学研究者对幸福的含义进行了新的阐释，形成了心理发展意义上的主观幸福感研究。在他们看来，幸福不仅仅是获得快乐，而且还包含了通过充分发挥自身潜能而达到完美的体验。

作为积极心理学研究的立足点、追求的最高目标，积极心理学视野中的主观幸福感（Subjective Well-being，简称SWB），英文直译就是主观美好的存在，专指评价者根据自定的标准对其生活质量的整体性评估，也就是个体依据自己设定的标准对其某个阶段的生活质量所作的整体评价，它是衡量个体生活质量的重要的综合性心理指标，是反映某一社会中个体生活质量的重要心理学参数。主观幸福感在本质上是一种愉快和满足的客观心理反应，是人们的需要得以满足所产生的主观感受，可以是感官的愉悦，也可以是心灵的欣慰；可以是物质的满足感，也可以是精神的满足感；可以是享乐主义取向的满足感，也可以是奉献主义取向的满足感；可以是低层次满足感，也可以是高层次满足感。它包括生活满意度、积极情感体验、消极情感体验三个因素：

生活满意度是个体对生活总体质量的认知评价，即总体上对个人生活感到满意的程度，包括对生活各个具体领域（如家庭、工作、休闲等）满意度的判断。

积极情感体验是指在生活中个体体验到的愉快、轻松等正性情绪，一般而言，积极情感体验有益于身心健康。

消极情感体验是个体体验到的抑郁、焦虑、紧张等负性情绪，一般而言，消极情感体验不益于身心健康。

也就是说，整体生活满意度越高，体验到的积极情感越多、消极情感越少，则个体的幸福感体验则越强。

作为一种心理反应，人们对幸福的体验存在一定的个人偏好和差异，对幸福的评判主要以主观判断而非客观指标为依据。概括起来，主观幸福感有以下三个主要

---

[1] 丹尼尔·魏格纳（Diener E.），美国著名社会心理学家。

特点。

1．主观性

幸福是人们对生活满意程度的一种主观感受，是根据自己设定的标准进行评价，而非他人的标准。

首先，主观性特点表现在幸福感与收入的不对称性上。芝加哥大学教授、中欧国际工商学院行为科学研究中心主任奚恺元●与《瞭望东方周刊》合作，对中国北京、上海、杭州、武汉、西安、成都六大城市进行了一次幸福指数测试，试图了解每个城市当前、未来和预期下一代的幸福度。每个城市选取了近 200 个样本，样本人群主要在20～50 岁之间。测试结果表明，从各城市之间来看，人均月收入与幸福指数没有直接关系，上海人均收入最高，幸福指数排倒数第二；成都人均收入最低，幸福指数排第二位；杭州人均收入居中，幸福指数最高。而在每个城市里面，收入水平与幸福指数直接相关，收入越高越幸福。可见，在同一国家的不同城市之间，富有的城市并不比相对贫穷的城市更幸福；但在同一城市里，富人比穷人幸福。这说明财富对幸福的影响只是相对的。

伊斯特林悖论

现代经济学是构建于"财富增加将导致福利或幸福增加"这样一个核心命题之上的，即：人们的幸福感会随着经济增长或其收入上涨而同向变化。在经济学中，主观幸福感通常被定义为效用（Utility）。个人的总效用主要取决于消费者所消费的商品量。于是，随着收入的增加，个人可购得的商品数量增加，个人获取了更高的效用，也就意味着幸福感的提升。1974 年，美国南加州大学经济学教授理查德•伊斯特林（R.Easterlin）在其著作《经济增长可以在多大程度上提高人们的快乐》一书中提出：通常在一个国家内，富人报告的平均幸福和快乐水平高于穷人，但如果进行跨国比较，穷国的幸福水平与富国几乎一样高，其中美国居第一，古巴接近美国，居第二。这就是"幸福—收入之谜"或"幸福悖论"，被称为伊斯特林悖论（Easterlin Paradox）。

其次，主观性特点表现在幸福感与事业成功的不对称性上。按照常理，应该是事业越有成就越幸福，但事实并非如此。幸福是人的主观心理状态，与财富、事业、地位没有必然的线性关系，成功不是生活的目的，而只是达到幸福的手段之一。在《如果你非常聪明，为什么你不快乐？》（《If You're So Smart，Why Aren't You Happy?》）

● 奚恺元，生长于中国上海，后旅美求学。1993 年获耶鲁大学博士学位，而后在芝加哥大学商学院任教。2000 年评为芝加哥大学商学院终身正教授，2004 年被授予 Theodore O. Yntema 教席教授（Chair Professor）席位.曾担任美国判断与决策协会（Society for Judgment and Decsision Making）主席、心理科学学会（APS）会士。获得过多项荣誉，包括芝加哥大学商学院最高教学奖 McKinsy Award、消费心理学协会（Society for Consumer Psychology）杰出科学家奖（Distinguished Scientist Award）。

一书中，得克萨斯大学麦库姆斯商学院教授拉吉·洛格纳汗（Raj Raghunathan）❶引用了他的数百项研究，找出了聪明人和成功人士没有普通人快乐的七个基本原因，其中最重要的一项原因是聪明人和成功人士过于计较得失，在选择时故意选择理性，从而影响了对幸福的体验。

2．整体性

人不可能脱离周围群体而存在，主观幸福感是反映整体生活质量的重要指标之一，是一种综合评价，包括正性情感、负性情感和生活满意感三个维度。生活质量是由家庭、婚姻、工作、学习、事业、人际关系、财富等多种因素构成，并且诸多因素之间又具有变化性、动态性和互动性。个人标准往往受到周围人群、社会时尚、文化习惯等的影响，在一定程度上折射出历史文化品位和时代潮流，折射出个体的物质与精神的客观实在性。主观幸福感是较为稳定的幸福感，而不是暂时的快乐和幸福。看了一个喜剧电影，或者吃了一顿美食，这是暂时的快感；而幸福感是令人感到持续幸福的、稳定的幸福感觉，包括对现实生活的总体满意度和对自己的生命的质量的评价，是对自己生存状态的全面肯定。因此，对主观幸福感的评价需要对多个因素进行综合考量和把握。

3．相对稳定性

长期而非短期的情感反应和生活满意度是一个相对稳定的指标。尽管每次测量会受到当时情绪和情境的影响，但从长远来看，主观幸福感有一个相对稳定的平均值。有这样一句谚语：如果你想快乐一小时，打个盹；如果你想快乐一天，去钓鱼；如果你想快乐一年，继承一笔财产；如果你想快乐一生，帮助别人。因此，对主观幸福感的把握要避免受临时生活事件的影响。

二、追寻幸福之源

心理学界关于幸福的影响因素最有代表性的研究是美国著名社会心理学家丹尼尔·魏格纳和他的同事做出的。在长达25年的研究中，他们发现一般人所热切追求的生活目标，如高学历、高收入、婚姻、年轻美貌，甚至日照时间等因素对幸福的实质贡献很小，而最起作用的是和谐友好的人际关系，挚爱亲朋的关怀，温暖的社会支持和适当的社会交往技巧。❷

塞利格曼提出了一个幸福的公式，即：

总幸福指数＝先天的遗传素质＋后天的环境＋你能主动控制的心理力量（H＝S＋

---

❶ 拉吉·洛格纳汗（Raj Raghunathan），美国得克萨斯大学麦库姆斯商学院教授，善于利用心理学、行为科学、决策论、市场营销知识解释消费行为。他是《消费者研究杂志》《市场营销》《消费者心理学杂志》的编委会成员，还在全食超市创始人约翰·麦基创办的自觉领导力学院中任教，是该学院的14名教员之一。

❷ The New Science of Happiness，Times，1/17/2005.

C＋V）。

1. 遗传因素

气质与主观幸福感具有很强的相关性。气质是人早期生活中出现的行为或情绪感应的生物倾向性，是生理尤其是神经结构和机能决定的心理活动的动力属性。气质差异使不同人倾向于体验不同水平的主观幸福感（见本书第三讲）。美国明尼苏达大学心理学家们进行的著名的双生子研究发现：在不同的家庭环境中抚养长大的同卵双生子，其主观幸福感水平的接近程度，比在同一个家庭中抚养长大的异卵双生子要高得多；还发现：40%积极情感变化、55%消极情感变化及 48%生活满意感变化是由基因引起的；而共同的家庭生活环境只能解释 22%积极情感变化、2%消极情感变化及 13%生活满意感变化[1]。

因此，一些研究者相信幸福是一种特质：人具有快乐的素质。值得注意的是，遗传基因对主观幸福感的影响是间接的，遗传基因影响人的行为，增加经历某种生活事件的可能性，在某种情景下，使某类独特行为更可能发生，从而影响主观幸福感。

2. 人格因素

"即使人格因素不是主观幸福感最好的预测指标，至少也是最可靠、最有力的预测指标之一"。[2]气质在很大程度上具有基因成分，如：出生婴儿表现出典型情绪反应并在程度上长期保持，与之相对，人格常定义为成人独特的性格反应倾向，既有生物也有习得的成分[3]。美国心理学家科斯塔（Paul T. Costa）[4]和麦克雷（Robert R. McCrae，1987）[5]提出的"大五人格模型"包括神经质、外倾性、开放性、宜人性和尽责性等五种人格特质，他们认为不同的人格特质会导致不同的生活满意感和正性情感、负性情感，外向与积极情感和生活满意度有关，与负性情感无关，因而外向有助于提高主观幸福感；神经质则与消极情感有稳定的相关，从而降低主观幸福感。近年来各国许多理论和实验的工作都集中于研究主观幸福感与人格之间的关系，并得出了各种结论，如：研究发现外倾与愉快的相关为 0.38；宜人性和尽责性与主观幸福感的相关大约为 0.20；个体向目标接近的方式影响主观幸福感；个体对自己的人格有一致的感觉，根据这一人格采取的行动与主观幸福感有正相关。[6]

[1] Tellegen A，Lykken D T，Bouchand Tjetal.Personaliy similarity in twin reared apart and together.Journal of Personality and Social Psychology，1988，54（6）：1031-1039.

[2] E.Diener，Subjective Well-being，Pschology Bulletin，1984，95（3）：542-575.

[3] Diener E.Subjective Well-Being and Personality.In: Barone D F，Hersen M，Van Hetaled.Advaned Personality，The Plenum Series in Social/Clinical Psychology.New York：Plenum Press，1998，311-334.

[4] 科斯塔（Paul T. Costa），美国心理学家。

[5] 麦克雷（Robert R. McCrae），美国心理学家。

[6] Diener E.，Lucas，R.E.，& Oishi，S.，Subjective Well-Being: The science of Happiness and Life satisfaction.In C.R. Snyder and S.J，Lopez（eds.）.Handbook of Positive Psychology，New York：Oxford University Press，2002：63-73.

此外，对双胞胎的研究证明，一个人的心情可能受到父母的遗传影响，如天生具有抑郁倾向，整日闷闷不乐，其实没有什么坏事情来烦他们，可他们就是不快乐，对生活中消极性和阴暗面却十分敏感，易被不好的事情所感染，甚至遇到好事也不能使他们快乐。

3. 经济状况

很多研究发现收入与主观幸福感呈正相关。塞利格曼的团队曾经做过一个横跨40个国家的主观幸福感调查，并且考察了国民购买能力和生活满意度的关系，调查发现，国民购买力强的国家，人们的生活满意度也高，其原因在于较高的收入会带来更多的物质享受，更高的权利和地位，伴有更高的自尊心和自信心，因而幸福感较高。经济收入高的老年人生活满意程度高于低收入者。[1]

然而收入和主观幸福感并不总是成正比的。调查研究也表明，当收入到达一定水平，财富的增加就不再能提高幸福感了。1946～1978年间，美国的人均收入快速增长，但平均的快乐水平没有增加。美国普林斯顿大学健康与幸福中心经济学家、诺贝尔经济学奖获得者安格斯·迪顿（Angus Stewart Deato）[2]和丹尼尔·卡尼曼（Daniel Kahneman）[3]从民调机构盖洛普所进行的幸福指数调查数据中研究得出，美国人的"幸福拐点"是年收入7.5万美元，相当于美国中产阶级的收入水平。英国牛津大学实验心理学教授迈克尔·阿盖尔（Michael Argyle，2001）[4]认为，当收入增长达到一定程度后，幸福感不会随之增加。也就是说，跻身《福布斯富豪榜》的前100位的富人，也不会比普通美国人幸福多少。塞利格曼在调查中还发现了一些"小样本"，一些贫穷的人会拥有与他们收入水平不相匹配的高幸福感。这表明经济状况对主观幸福感的影响是相对的，它依赖于社会比较，分配偏差和相对的剥夺感是经济状况与幸福感之间的中介变量。此外，收入增加也可能意味着交通拥挤、噪声、污染等导致负性情感的应激事件的增加。也有研究发现，收入仅在非常贫穷时有影响，一旦人们的基本需要

---

[1] 杨彦春. 老人幸福度与社会心理因素的调查研究. 中国心理卫生杂志，1988（2）：9-12。

[2] 安格斯·迪顿（Angus Stewart Deato，1945—），微观经济学家，现为普林斯顿大学经济系讲座教授（Dwight D. Eisenhower Professor of Economics and International Affairs），在普林斯顿大学经济系的影响力无人可比，为普林斯顿大学世界级微观经济大牛（计量经济学双塔之一），美国经济协会（AEA）前主席，获奖无数，包括Frisch Medal（奖给Econometric近五年最佳论文作者）。2015年10月12日，凭借他在消费、贫穷与福利方面的研究贡献获得2015年诺贝尔经济学奖。

[3] 丹尼尔·卡尼曼（Daniel Kahneman，1934—），2002年诺贝尔经济学奖获得者，美国普林斯顿大学心理学和公共事务教授，拥有以色列希伯来大学、加拿大不列颠哥伦比亚大学和美国加利福尼亚大学伯克利分校的教授头衔。卡尼曼的突出贡献在于，将来自心理研究领域的综合洞察力应用在了经济学当中，特别是研究了在不确定状态下人们如何作出判断和决策。其研究成果挑战了正统经济学的逻辑基础—理性人假定，并提出了著名的"前景理论"。其著作《思考，快与慢》被称作社会思想的一部里程碑著作。

[4] 迈克尔·阿盖尔（Michael Argyle），牛津布鲁克斯大学心理学荣誉退休教授，世界著名社会心理学家之一。他是20多本畅销书的作者，其著作包括《金钱心理学》（与艾德里安·弗汉姆合著）、《宗教行为、信念和经验的心理学》（与本尼·贝特·哈拉米合著）、《快乐心理学》《身体交流》《社会阶级心理学》《日常生活的社会心理学》等。

得到满足，收入的影响就很小了。

2014 年 12 月，北京社会心理建设联合会发布的《北京市居民社会心态报告》及《北京居民情绪报告》显示，2013 年期间，北京居民中低收入者最悲观，高收入者最浮躁，中高收入者最平和愉悦，而中低收入者最乐观。

塞利格曼在《真实的幸福》一书中总结道："你对金钱的看法实际上比金钱本身更影响你的幸福……在所有阶层中，越看重钱的人对他们的收入越不满意，也对他的生活越不满意。"

4．身体健康水平

健康是影响整体幸福感的一个重要因素，其中，自我评价的健康状况比客观的健康状况对主观幸福感的影响更大。如果通过医生进行客观的健康评估，将在很大程度上削弱这种相关。这是因为健康状况对主观幸福感的作用机理不只在于人们对躯体状况的感知，更主要的是这种健康状况允许他们做什么事情。而且，自我评估健康尺度不仅反映一个人真实的身体健康状况，而且也反映了一个人的情绪适应水平。因此，健康的主观感知比真实的健康评估对主观幸福感的影响更重大。对老年人来说，健康状况对主观幸福感的影响尤为重要。

5．性别因素

通过数据分析发现，在大多数国家中，女性比男性的消极情绪体验和积极情绪体验都更多，但男性和女性的主观幸福感接近平等。有一种解释认为：如果女性在遇到不好或难以控制的事件时，可能导致她们难以抵制消极影响；但是如果她们生活美好，则她们比男性更能感到强烈的幸福。所以女性在积极情感和消极情感的体验上都较男性强烈，但在总体的主观幸福感水平上又与男性相当。

6．生活事件

生活事件是一种应激源，是人们在家庭、工作、学习和社会支持系统中出现的各种刺激的总和，也就是平时所说的精神刺激，其产生的紧张感需要个体逐步消除而达到身心适应。当生活事件的影响没能消除并积累到一定程度时，个体就可能出现躯体或精神方面的问题。通常认为，负性生活事件会大大降低人们的主观幸福感。

中国社会科学院社会学所博士后邢占军所做的《中国城市居民主观幸福感量表》发现，在我国，青年人和老年人的幸福感最强，35～45 岁的中年人幸福感最弱。因为中年人群处于社会各个领域的最前沿，相对于老年人和青年人来说，他们的工作压力最大，是各种生活事件的直接冲击对象，造成了幸福感指数下降。不同职业的人，幸福感也不一样。邢占军调查了 8 个群体后发现，幸福感最强的是国家干部，其次是知识分子和新兴阶层（包括私营企业主、外企管理人员、自由职业者等），排第三的是工人、农民和国企管理者，接下来是大学生，幸福感最弱的是城市贫困群体。

7．个人应对方式

每个人所遇压力不同，由于其应对方式不同，导致的内心体验也就不同。一项研究表明，主观幸福感与个人的应对方式有关，特别是与忧郁或焦虑情绪关系显著，也就是说，不幸福在很大程度上表现为忧郁或焦虑情绪，它们在某种程度上对正性情绪产生负面影响。王极盛[1]等（2012）的研究证实，主观幸福感与应对方式存在密切相关，在中学生样本中，应对方式的各因子可解释主观幸福感52%的总变异，同时表明积极应对方式与高幸福感紧密相关，消极应对方式则对幸福感有消极影响。所以应对方式训练对提高主观幸福感具有十分重要的意义。

8. 社会支持系统

社会支持系统是个人在社会生活中得到承认的重要体现。人际支持是社会支持系统的核心，比如：朋友、邻里、同事、配偶、父母的支持以及团体参与程度等能增加个体的幸福感。其中，家庭支持和朋友支持对主观幸福感有较好的预测作用。社会支持可以提供物质或信息上的帮助，增加人们的喜悦感、归属感，提高自尊感、自信心。良好的婚姻关系、家庭关系、朋友关系、邻里关系等，可以阻止或缓解应激反应，安定神经内分泌系统，增加健康的行为模式，从而增加正性情感并抑制负性情感，防止降低主观幸福感。因此，良好的社会支持系统可以增加人们的主观幸福感，而劣性的社会支持系统则会降低主观幸福感。

在社交生活方面，塞利格曼的研究表明，10%最幸福的人的一个共同特点是具有丰富的社交生活，他们区别于一般人和不幸福的人的一个标志是愿意与他人分享生活，而不是一个人独处。

在家庭气氛方面，良好的家庭关系对主观幸福感的影响十分关键。家庭的稳定、成员间的相互关怀、没有明显的家庭矛盾是人们总体满意度的预期因素；而家庭结构松散、家庭成员关系欠佳和严重的家庭矛盾，都是主观幸福感较低的预期因素。家庭气氛对幸福感的影响是从属于婚姻质量的，对大多数人来说，婚姻关系是最重要的人际关系，婚姻不幸对当事人和其子女都是导致主观幸福感降低的重要因素。婚姻质量不良，家庭不和睦必然对个体产生不良影响。[2]根据美国对于3.5万人的调查发现，结婚的人中有42%的人认为生活非常幸福，而没结婚的、离异的和配偶去世的人中，认为生活非常幸福的比率只有24%。但是要注意的是，如果婚姻并不幸福，那么幸福感就会低于没有结婚的人或者已经离婚的人。总体上可以说，在婚的人比非在婚的人更加幸福。

三、体验幸福

当代的人们更加开放地生活，我们坦言幸福，我们追求幸福。幸福在哪里？

---

[1] 王极盛（1937—），中国著名心理学家，著名高考研究专家，中国科学院博士生导师，国务院特殊津贴获得者，被媒体广泛关注的高考问题研究权威，公认为中国高考心理指导第一人，2004年退休后受聘为北京华夏英杰教育科学研究院高考指导首席专家。

[2] 刘仁刚，龚耀先. 老人幸福感及其影响因素. 中国临床心理学，2000，8（3）：73-78.

根据马斯洛的需要层次理论，人们的需要是有层次的，从低到高依次是生理的需要、安全的需要、归属与爱的需要、尊重的需要和自我实现的需要。衣、食、住、行等基本生理需要的满足是增进主观幸福感的底线；安全需要的满足是增进主观幸福感的基本条件；归属与爱的需要让人们渴望拥有一个平等、友好、协作、关心的和谐人际环境和团队；尊重需要得到满足，能使人对自己充满信心，对社会满腔热情，体验到自己活着的用处和价值；自我实现的需要是在努力实现自己的潜力，为每个人最大限度地开发潜能创造条件，使自己越来越想成为自己所期望的人物，实现其最大目标，这是增进主观幸福感的最高境界。

1. 幸福在于主观体验

主观幸福感的基本特点之一是主观性。增进主观幸福感最有效的办法就是改变自己的主观态度。生活幸福的人其实并不比其他人拥有更多的金钱、更好的成绩，只是因为他们对待生活和困难的态度不同，他们不会在"生活为什么对我如此不公"的问题上做过长时间的纠缠，而是努力地去解决问题。抱怨的人把精力集中在对生活的不满上，而幸福的人把注意力集中在能令他们开心的事情上。所以，后者会更多地感受到生命中美好的一面。

主观幸福感受周围社会关系的影响比较大，特别是在与别人对比时往往引起主观幸福感的波动。大家都记得一段调侃：我有一个永远的敌人，那就是别人家的小孩！所以，在主观上应注意调整自己的期望值，不可定得过高，也不可定得过低，要学会使用"比上不足，比下有余"的调节杠杆，注意扬长避短，发挥优势，不要经常盲目地拿自己的劣势去与别人的优势作比较。

身边的幸福

一个音乐演奏者在华盛顿地铁站的"L`Enfant Plaza"入口站了许久。那时大概早上8点，此时此刻，成千上万的上班族通过这个地下通道前往工作地点。那个音乐演奏者连续演奏了45分钟。先拉巴赫的，之后拉舒伯特的《圣母颂》，然后拉庞塞的，接着拉马斯内的，最后又拉回巴赫的。三分钟后，一个中年男子发现小提琴家在演奏，他缓慢脚步，停留了几秒钟，然后继续又加快了脚步往前走。又过了一分钟后，小提琴家得到了他的第一张钞票：一个女人扔下的一美元，但她没有停下来。再过了几分钟，一个过路人靠在对面墙上听他演奏，但看了看表就走掉了。很显然，他要迟到了。对音乐演奏者最感兴趣的是一个三岁的小孩。他的妈妈又拉又扯的，但那小孩就是要停下来看音乐家。最后他妈妈用力拖他才使他继续走。但小孩还一边走一边回头看音乐家。在45分钟的演奏过程中，只有7个人真正停下来听他演奏。他一共赚了32美元。当他演奏完毕，没有一个人理他，没有一个人给他鼓掌。

没有一个人发现这个演奏者原来就是约书亚·贝尔（Joshua Bell）❶——当今世界上最有名的小提琴家之一。他在这个地铁站里演奏了世界上最难演奏的曲目，而他所用的小提琴是意大利斯特拉迪瓦里家族在 1713 年制作的名琴，价值 350 万美元！就在他在地铁站演奏的前两天，他在波士顿的歌剧院里表演，虽然门票上百美元，却座无虚席一票难求！

这是真实的故事，是《华盛顿邮报》一手策划的。

思考：在一个公共场合里，在一个不适宜的时段，我们是否能够欣赏到美呢？我们是否会停下来欣赏呢？我们是否能在一个不适宜的环境下发觉生活对我们的馈赠呢？

可能还有的思考：如果我们确实是没有时间去停下来听一听世界上最优秀的演奏家演奏世界上最优美的旋律，不知道还有多少美好的东西从我们身边溜走。

2．幸福在于良好人际关系

法国小说家雨果说："生活中最大的幸福是坚信有人爱我们。"有心理学家把人际关系视为幸福的本质特征，认为家庭的情感支持和朋友的友谊能增进我们的喜悦感、归属感，提高自信心，能让我们感到被信任和生活的充实，从而体验到更多的幸福。

与高度看重自我成分的个人主义文化相比，在集体主义文化中，个体的思想和情感在参照别人的思想和情感中才能获得充分的意义，个人对文化准则的知觉和生活满意度之间有更强的联系。因此，建立并感受友情，增进社会支持，积累积极情绪是提高主观幸福感的有效途径。

花 钱 买 幸 福

钱赚多少不一定是能由我们自己控制的，但是心理学家却发现，主观幸福感是有办法可以"赚"回来的。

一方面，花钱在别人身上能够提高幸福感。英属哥伦比亚大学伊莉莎白·邓（Elizabeth W. Dunn）等人的研究发现：更愿意花钱在别人身上（如买礼物给别人或捐赠行为）的人拥有更高的主观幸福感；更多地把年终奖金花在别人身上的人，快乐指数也比发年终奖金前提升得更多。心理学将花钱在别人身上的行为称为"亲社会花费"。人类是社会性动物，类似馈赠的助人行为能够使我们感到快乐，而且"亲社会花费"能够巩固我们的社会关系，某种程度上能加强我们的社会安全感。

另一方面，花钱买体验更胜于花钱买物质。也许你认为物质主义的人最容易满足，

---

❶ 约书亚·贝尔（Joshua Bell，1967—），美国著名小提琴家，被誉为"最佳古典音乐家""古典音乐巨星"，为电影《红色小提琴》配乐，该影片因此获得第 72 届奥斯卡最佳配乐奖。

可事实上他们的生活满意度并不高，这不仅仅是因为他们对物质金钱的看重，更是因为他们的消费模式无法给他们带来快乐。旧金山州立大学（San Francisco State University）的瑞恩·豪威尔（Ryan T. Howell）等人的最新研究报告表明，非物质主义的人更倾向于花钱在体验性事物上，例如享受美食、听音乐会、旅游等，这种消费倾向能够增加他们心理需要的满足感，最终得到主观幸福感的增强。

3. 做消极情绪的主人

100 多年前，如果一个人认为自己是愚蠢的，而不认为是由于自己读书不多的话，那他就不会采取行动来改进自己。如果一个社会把犯人看成是邪恶的，把精神病人看成是疯子，它就不会花钱去支持改造犯人、康复病人的机构。

19 世纪末，这种贴标签的做法和它背后的理念开始发生改变。无知开始被看成是因为没有受教育，而不是愚蠢；犯罪被看成是贫穷的产物，而不是因为本性邪恶；贫穷被看成是没有机会，而不是懒惰；疯狂被看成是适应不良，是可以改正的。

20 世纪 80 年代，美国心理学家阿伦·特姆金·贝克（Aaron T. Beck）[1]和阿尔伯特·艾利斯（Albert Ellis）[2]两人坚持对改变的乐观信念，试着改变人类对自己失败的看法，认为"自我"可以改进自己。他们强调人的意识决定着人的感觉，以此理论为基础发展出了理性情绪行为疗法，改变人们对于失败、打击、输赢以及无助的思考方式。

如何克服消极情绪

丹雅是三个孩子的母亲，她觉得孩子很不听管教，而且她和丈夫的感情也越来越糟，婚姻状况每况愈下。丹雅对自己深感厌恶，"我总是对孩子们大吼大叫，我是最糟糕的妈妈，我不配有孩子。"其实她并不像她想的那样，她常常在孩子们放学后，陪他们踢球、做游戏，辅导孩子们的功课。

她没有任何爱好，因为她觉得自己什么都做不好。其实，她做得一手好菜，而且在学校时功课也很好。

丹雅不仅很悲观，而且还常常陷入抑郁情绪中，不能自拔。"事情真的很糟，我心情一直不好。我不是一个爱哭的人，但是现在只要有人说了我不喜欢的事，我就开始哭……"丹雅患上了严重的抑郁症。

后来，她接受了心理治疗，病情慢慢好转。

---

[1] 阿伦·特姆金·贝克（Aaron T. Beck），美国心理学家，宾夕法尼亚大学精神病学名誉教授，认知治疗的创立者，被誉为"美国有史以来最具影响力的五位心理治疗师之一"。

[2] 阿尔伯特·艾利斯（Albert Ellis，1913—2007），美国心理学家，理性情绪行为疗法之父，认知行为疗法的鼻祖，被公认为十大最具影响力的应用心理学家第二名（卡尔·罗杰斯第一，弗洛伊德第三），创立了对咨询和治疗领域影响极大的理性情绪行为疗法（Rational Emotive Behavior Therapy，REBT），为现代认知行为疗法的发展奠定了基础。

她不再把所有的责任都归到自己身上。当她老公不肯陪她去教堂时，她会想："我可以自己一个人上教堂，我老公很差劲，不肯陪我去"。当她开车发生了一点意外时，她会说："我的墨镜不够黑，所以光线有些晃眼。"她找了一份兼职工作，有了一笔收入，她不再认为自己无权选择家庭旅行的目的地。她越来越自信，越来越主动。

如何与消极情绪抗争呢？

第一，学会去认识在情绪最低沉时自动冒出来的想法。例如，上述故事中的丹雅在接受理性情绪行为疗法时，她学会去认识她一吼完时不自觉地对自己说的话，"我是个最糟的妈妈"，她学着感知这个想法的出现，知道这就是她的解释，而这个解释是永久的、普遍的和人格化的。

第二，学会与这个自动冒出来的想法抗争。举出各种与之相反的例子。每当"我是个最糟的妈妈"的念头出现时，这位母亲就集中注意去想那些自己是好妈妈的例子来与之对抗。

第三，学会用不同的解释，重新归因去对抗原有的想法。这个母亲学习对自己说"我下午对孩子们很好，而早上很差，或许我不是一个善于早上活动的人"，这种解释就不具有永久性、普遍性。她学会用新的、正面的证据去瓦解原来的消极的解释链——"我是一个糟糕的妈妈，我不配有小孩，我不配活下去"。

第四，学会如何把自己从抑郁的思绪中引开。这个母亲意识到消极想法的出现是不可避免的，如果常去反刍则会使情况更糟，最好先不要去想它。塞利格曼说："男人碰到事情会去做，而不会反复去想；但女人会钻牛角尖，把事情翻来覆去地想，去分析它为什么是这样。女性看事情的方式造成女性得抑郁症的比例是男性的两倍。"

第五，学会去认识并且质疑那些控制你并引起消极情绪的假设，比如：

"没有爱，我活不下去。"

"除非每一件事都完美，否则我就是一个失败者。"

"除非每一个人都喜欢我，否则我就是一个失败者。"

"任何问题都有答案，我必须找到它。"

像这样的假设都会导致消极情绪，而下面的认识将有助于引起积极情绪体验：

"爱情的确很珍贵，但很难得到。"

"尽力就是成功。"

"有人喜欢我，也肯定有人讨厌我。"

"生活中免不了有许多问题，我只能挑最重要的去处理。"

4. 幸福感策略

在《如何幸福》（《The How of Happiness》）一书中，作者索尼娅·柳博米尔斯基（Sonja Lyubomirsky）[1]提出了 12 项可行性极强的幸福任务，如图 4-1 所示。

---

[1] 索尼娅·柳博米尔斯基（Sonja Lyubomirsky），美国加利福尼亚大学心理学教授，社会心理学博士。

1.表达感恩之情	2.培养乐观心态	3.实施善良举动
对妈妈说一声"我爱你"	记录积极想法	资助贫困山区孩子上学

4.避免相互比较	5.维护人际关系	6.培养应对策略
发现一个人的3个优点	约朋友一起聚会	学会抒发不良情绪

7.学会原谅别人	8.增加心流体验	9.享受当下生活
给朋友写一封原谅的信件	画画，写作，体育运动	欣赏今天的夕阳

10.努力实现目标	11.修炼灵性活动	12.学会照顾身体
计划读一本书，并完成	做10分钟正念冥想	定期去医院做体检

图 4-1　12 项幸福任务

表 4-1 是积极心理学家们总结出的一系列可以提高主观幸福感的策略。

表 4-1　　　　　　　　　　　　　　　提高主观幸福感策略

领　域	策　　略
人际关系	● 与和自己相似的，能够友好清晰沟通的，相互宽容谅解的人结婚
	● 与大家庭保持来往
	● 和少数人保持亲密的友谊
	● 与熟人合作
	● 参加宗教和精神活动
环境	● 人身安全、经济保障、让自己和家人生活舒适
	● 定期享受宜人的气候
	● 住在风景优美的地方
	● 住在有悦人的音乐和艺术的地方
身体状况	● 维持良好的健康
	● 定期参加体育锻炼
生产力	● 在富有挑战性的任务中运用本身有内在乐趣的技能
	● 在有趣和有挑战性的工作中获得成功和证明
	● 为内在一致的系列目标努力工作
休闲	● 适度饮食，营养充足
	● 休息、放松、适度休假
	● 与一群朋友参加合作性的休闲活动，如音乐、舞蹈、锻炼、兴奋性活动
习惯化	● 对于直接想通过追逐物质满足而额外增进幸福的愿望，要承认对以前能够带来幸福的物质商品及状态的习惯化是不可避免的

续表

领域	策　略
比较	● 对于与媒体取向进行消极比较而导致的自尊降低,可以通过直接的参照群体及与较差的人相比较进行自我矫正,记住媒体取向的虚假性,检验媒体取向的来源和幸福的可靠性,设置与自己能力和资源相匹配的、现实的个人目标和标准
对同等收益和损失	● 面对由对收益和损失的不对等反应带来的失望,可以在面临巨大成功和胜利时只期望一个小小的幸福,而在面对小小的损失和失败时就准备接受自己幸福的一个巨大降低
痛苦情绪	● 面对抑郁,可以回避痛苦的情境,把注意力集中到这个情境中不痛苦的方面。质疑那些悲观主义和完美主义的想法,让自己活跃起来,寻求支持
	● 面对焦虑,可以质疑那些源于焦虑的想法,通过进入威胁性的情境来锻炼自己的勇气,用应对方式来减少焦虑
	● 面对愤怒,可以回避引发愤怒的情境,将注意力集中到困难情境中不痛苦的方面,严正警告攻击性的人,撤离并练习自己的移情能力

四、乐观

伴随着 17 世纪现代哲学的开端,乐观和悲观首先引起哲学家的注意,他们认为乐观和悲观能够使人类达到准确预测未来的能力。20 世纪 70 年代晚期以前,人们一直把乐观视为心理缺陷、性格弱势或不成熟的标志,而把既不乐观也不悲观视作心理健康、性格优势和成熟的标志(Petersen,2000)[1]。20 世纪末以来,心理学家、健康专家越来越认识到积极心理的益处,乐观作为显著的积极主观体验,在个性、社会和临床心理学中正日益受到关注。

1. 乐观

半杯水的故事

在很早以前,一个村子里有两个人,都想要通过茫茫的戈壁到沙漠另一边的绿洲去开拓新的生活,而且他们都知道在沙漠的中间有一座暹(xiān)罗人留下的古堡遗址。传说神秘的暹罗人的后代经常在那里出没,并且在古堡旁边的两条小路上,分别放着两杯清水,专给穿越沙漠的人救命用。

有一年夏天,他们两个决定去沙漠的另一边,于是他们分别出发,开始了穿越茫茫沙漠、开拓新生活的壮举。

当第一个人走到古堡的时候,带的水已经喝完了。他轻而易举地找到了那个水杯,但是,当他发现只有半杯水的时候,就开始了抱怨、诅咒、谩骂,恨前边走过的人怎么喝了杯子里的半杯水,也骂暹罗人的吝啬。突然,天公作怒,一阵强风,飞起的沙

● Alan Carr. 积极心理学. 中国轻工业出版社,89 页。

粒落在了水杯里，当他还在抱怨水里有了沙子怎么喝的时候，又一阵狂风把他手中的水杯刮走了，水洒落在沙粒中，就连这半杯水，他都没有喝上。不久，他就死在了沙漠里。

当第二个人走到古堡的时候，带的水也已经喝完了，而且精疲力尽。他挣扎着找到了那个水杯，当他看到杯子里还有半杯水的时候，立即端起水杯一饮而尽。然后他跪在地上感谢上天，感谢暹罗人的救命之恩。少顷，狂风大作，沙尘霏霏。他躲藏在古堡的残垣断壁下，养息着。风停了，他走出了沙漠，看到了绿洲，从此过上了幸福的新生活。

同样面对半杯水，乐观者会说，还有半杯水；悲观者则说，只剩下半杯水。其实，这半杯水折射出的就是一个朴素的哲理：任何事物都有两面性，关键是自己看到哪一面。

《辞海》中把乐观定义为"遍观世上人、事、物，皆觉快然而自足的持久性心境"。在心理学中，有两种方式来定义乐观。在《大众乐观测量》一书中，作者主张生活取向测验，将乐观定义为"相信一个人会有好的经历的整体趋向"。在日常语言中，乐观意味着看到生活光明的一面，悲观是相信"如果一件事情存在危险，它就一定会发生"。另一种定义乐观的方式是塞利格曼运用"解释风格"的概念，他认为乐观主义者把不幸和灾祸看成是暂时的，只发生在生活的特定领域；而悲观主义者则将问题看成是永久的、弥散的。

现在心理学家们普遍认为，乐观是一种人格特质，是个人对未来事件的积极期望、积极解读和积极推测，相信事件朝着预期方向发展，表现为一种积极的解释风格。乐观是抵御恐惧和焦虑的心理防线，是调节身心健康的一种重要的内部资源。

2．乐观的特点

（1）前瞻性。乐观不针对现在或过去，它一般是建立在假设基础上的推测而导致的。比如，对未来某项任务或计划充满信心，通常可以说成对事物非常乐观或持乐观态度。可见，乐观是一种认知判断的预期，更确切地说是一种主观愿望的结果。这种建立在愿望基础之上的结果会通过心境实实在在地影响着我们现在和今后一段时间内的情绪和行为。也就是说，尽管乐观是指向未来的，但它却会对现在或今后一段时间的思想和行为产生一定的影响。

（2）主观性。乐观不是客观的，而是人的一种主观心境或态度，这种心境和态度在一定程度上由人的主观期望决定。面对同样一件客观事实，不同的人有不同的解读，而产生出不同的主观心境或态度，因为期望不同而对其就会产生不同的认知和评价，这种不同的认知和评价就会引发与之对应的态度或心境。比如：如果认为评价对自己有利就会产生乐观，如果认为评价对自己不利就会产生悲观。

（3）进化性。进化心理学认为，乐观是人类在进化过程中形成的一种生存和繁衍发展的机制，这种机制随着人类认知能力的提高和社会文化的进步而不断发展，并反过来推动了人类自身的进化。人为了保证自己和种族的生存与繁衍发展，就不得不去思考未来、预想未来、主动追求未来。人类在考虑将来时不可避免地会想到一些可怕的事，例如灾难、疾病、死亡等，面对这些可怕的事而引发的恐惧和不安，人类不得不发展一些心理机制来缓解和对抗它，这种心理机制就是乐观。只有乐观，才能使人类坚定对未来的信心；只有乐观，才能使人类有勇气克服眼前的困难；只有乐观，才能使人类从原始文明步入现代文明；只有乐观，每个人才能满怀希望迎接美好的明天。

（4）习得性。尽管乐观是人类进化过程中的一种必然选择，但是后天学习是造成乐观与悲观个体差异的根本原因。一个人天生的遗传基因为其提供了一个乐观基准线，不同的人在这方面会有或多或少的差异。更为重要的是，一个人后天的经验和学习进一步加深了其乐观或悲观的程度。按照积极心理学家阿兰·卡尔（Alan Carr）[1]的说法，一个人之所以乐观，主要是因为这个人学会了把消极事件、消极体验及个体所面临的挫折或失败归因于外在的、暂时的、特定的因素。反之，一个人之所以悲观则是因为这个人学会了把消极事件、消极体验及个体所面临的挫折或失败归因于内在的、稳定的、普遍的因素。乐观的人会把积极结果看作是内在的、稳定的和普遍的，和自我有关；而悲观的人则把积极结果看作是外在的、不稳定的和特定的，和自我无关（见第一讲）。

乐观能够对人们的情感和行为后果，如生活满意度、抑郁等产生影响，它是通过应对方式起作用的。面对同样可控制的压力事件时，乐观者通常采取问题中心的应对方式，积极地寻求解决问题的信息和可能性，以最终解决问题。悲观者则通常压抑关于事件的想法，想从认知上避免或者从事件中逃避，放弃努力。面对同样不可控制的压力事件时，乐观者通常对事件进行积极的重新建构，努力从事件中寻求收获和成长，使用幽默感等策略来接纳现实。而悲观者可能只是一味地沉迷于消极情绪中不能自拔，想放弃或者彻底地否定自我。因此，设法改变悲观者的认知，重新设定目标，将大目标分解成一系列较小的容易达成的目标，通过适当降低目标来增加成功体验和正面情感体验，可以提高乐观水平。

3. 培养乐观心态

马克·吐温曾说过：一个乐观主义者，即使处于一无所有的境地，也能找到通向幸福之路。研究表明，从长期来看，乐观者能更好地应对压力，他们生病的次数也更少，寿命也更长，而且他们要比那些消极的人更幸福、更成功。通过哪些途径和方法能够培养我们的乐观心态呢？

（1）在困境中发现潜藏的机遇。乐观主义者不会全然地忽视问题所在，而是坦然接受挫败是不可避免的这一事实，他们相信自己有能力向各种挑战发起进攻。他们所

---

[1] 阿兰·卡尔（Alan Carr），爱尔兰心理学家，著有《积极心理学》。

处的境况也许是异常艰难的，但对未来抱有美好的憧憬是非常重要的。他们会抓住一切潜在的机遇、充满希望地、自信地去努力拼搏。他们相信，最漂亮的彩虹往往是在最猛烈的狂风暴雨后诞生。

（2）与积极乐观的人交朋友。你所结交的朋友既能间接地反映出你自己，也能够影响你自己。要是你周围都是些悲观的人，那你就有很大可能不会笑颜常开。当你有了烦恼时，要尽量回避消极的事物，多与阳光热情的人打交道。俗话说，"你若希望像老鹰那样翱翔于蓝天，那就拒绝和鸭子一起溜达"。

（3）给予爱、接受爱、培养爱。爱是宇宙中最伟大的一种力量，爱是每一个人都愿意付出一切去获取的一样珍宝。爱是一座永不枯竭的矿藏，无论何时，它都可以在家人、朋友和陌生人之间被传递，它让我们产生积极的情绪并采取积极的行动，就像是一个抵御消极情绪的防护罩。爱是宽恕、治愈、鼓舞和激励他人的力量。

（4）实事求是地面对人生的起起伏伏。保持现实主义能让你看得更长远，也能预防生活陷于失衡的状态。要做到 100%的积极乐观，就如幻想只有潮起而没有潮落的海洋一样是不现实的。但是，一旦我们意识到了潮起与潮落都是同一片大海的组成部分之后，我们就能够心平气和地面对外界。

（5）以微笑或积极的语言来鼓舞自己。要是你总想着坏事情也许会发生，那它们就真有可能会发生。要是你纵容烦恼阴魂不散地跟着你，那它们就真的会使你厌烦透顶。但是，如果你选择微笑的话，一切都可能会变得好起来。因为，带上一抹微笑，会让你的心情变得更好。此外，你还可以用积极的话语来激励自己，把鼓舞人心的格言和警句写出来贴在容易看见的地方。

（6）回味生命中欢乐的一切。生命存在着太多美好的经历，当我们心情不好的时候，可以静下心来，细细地体会、回忆过去幸福的瞬间，感激所拥有的一切，心情自然会"阴转晴"。

悲 观 — 乐 观

请你试着从积极心理的角度，将下面描述的悲观问题改变成乐观财富。

1. 悲观问题

从我初降人世起，就注定要尝尽酸甜苦辣，滋味不好，我不幸福。

从我跨进学堂起，就围着考试作业排名转，没时间玩，我不幸福。

从我体会爱情起，就尝到了失恋痛苦滋味，伤心流泪，我不幸福。

从我创业立家起，就为了自己和家人打拼，压力太大，我不幸福。

当我生命衰老时，就不再拥有青春与活力，生活无聊，我不幸福。

当我离开世界时，就失去了曾拥有的一切，白忙活了，我不幸福。

如果从积极乐观论看问题，同样是上述不幸，转眼即可变成人生之大幸。

2．乐观财富

当我离开母体、初降人世的时候，我是幸福的——我拥有众人的期盼和父母一生的疼爱。

当我背起书包、跨进学堂的时候，我是幸福的——我拥有许多失学孩童梦寐以求的求学机会。

当我步入青春、体会爱情的时候，我是幸福的——我拥有人生中最叫人刻骨铭心的感情。

当我长大成人、创业立家的时候，我是幸福的——我拥有充实的生活和安静的港湾。

当我两鬓白发、生命衰老的时候，我是幸福的——我拥有子女的陪伴及满堂的子孙。

当我闭上双眼、离开世界的时候，我是幸福的——我拥有一生的回忆和无止境的安逸。

心理测量4：总体幸福感量表 GWB（中国版）

总体幸福感量表（General Well—Being Schedule）是1977年美国国立卫生统计中心制定的一种定式型测查工具，用来评价被试对幸福的陈述。本量表共有33项。1996年我国段建华对该量表进行修订，即采用该量表的前18项对被试进行施测。

指导语：

以下问卷涉及到您最近对生活的感受与看法，无好坏之分，根据自己的真实情况和切身体验回答，并请您仔细阅读每道题目，选出相应的选项。

*1. 你的总体感觉怎样（在过去的一个月里）？

好极了	精神很好	精神不错	精神时好时坏	精神不好	精神很不好
1	2	3	4	5	6

2. 你是否为自己的神经质或"神经病"感到烦恼（在过去的一个月里）？

极端烦恼	相当烦恼	有些烦恼	很少烦恼	一点也不烦恼
1	2	3	4	5

*3. 你是否一直牢牢地控制着自己的行为、思维、情感或感觉（在过去的一个月里）？

绝对的	大部分是的	一般来说是的	控制得不好	有些混乱	非常混乱
1	2	3	4	5	6

4．你是否由于悲哀、失去信心、失望或有许多麻烦而怀疑还有任何事情值得去做（在过去的一个月里）？

极端怀疑　非常怀疑　相当怀疑　有些怀疑　略微怀疑　一点也不怀疑
　1　　　　　2　　　　　3　　　　　4　　　　　5　　　　　6

5．你是否正在受到或曾经受到任何约束、刺激或压力（在过去的一个月里）？

相当多　　不少　　有些　　不多　　没有
　1　　　　2　　　　3　　　　4　　　　5

*6．你的生活是否幸福、满足或愉快（在过去的一个月里）？

非常幸福　　相当幸福　　满足　　略有些不满足　　非常不满足
　1　　　　　　2　　　　　3　　　　　4　　　　　　5

*7．你是否有理由怀疑自己曾经失去理智，或对行为、谈话、思维或记忆失去控制（在过去的一个月里）？

一点也没有　只有一点点　有些，不严重　有些，有些严重　是的，非常严重
　　1　　　　　2　　　　　3　　　　　　4　　　　　　5

8．你是否感到焦虑、担心或不安（在过去的一个月里）？

极端严重　　非常严重　　相当严重　　有些　　很少　　无
　1　　　　　2　　　　　3　　　　4　　　5　　　6

*9．你睡醒后是否感到头脑清晰和精力充沛（在过去的一个月里）？

天天如此　　几乎天天　　相当频繁　　不多　　很少　　无
　1　　　　　2　　　　　3　　　　4　　　5　　　6

10．你是否因为疾病、身体的不适、疼痛或对患病恐惧而烦恼（在过去的一个月里）？

所有的时间　　大部分时间　　很多时间　　有时　　偶尔　　无
　　1　　　　　2　　　　　3　　　　4　　　5　　　6

*11．你每天的生活中是否充满了让你感兴趣的事情（在过去的一个月里）？

所有的时间　　大部分时间　　很多时间　　有时　　偶尔　　无
　　1　　　　　2　　　　　3　　　　4　　　5　　　6

12．你是否感到沮丧和忧郁（在过去的一个月里）？

所有的时间　　大部分时间　　很多时间　　有时　　偶尔　　无
　　1　　　　　2　　　　　3　　　　4　　　5　　　6

*13．你是否情绪稳定并能把握住自己（在过去的一个月里）？

所有的时间　　大部分时间　　很多时间　　有时　　偶尔　　无
　　1　　　　　2　　　　　3　　　　4　　　5　　　6

14．你是否感到疲劳、过累、无力或精疲力竭（在过去的一个月里）？

所有的时间　　大部分时间　　很多时间　　有时　　偶尔　　无
　　1　　　　　2　　　　　3　　　　4　　　5　　　6

*15．你对自己健康关心或担忧的程度如何（在过去的一个月里）？

不关心 0　1　2　3　4　5　6　7　8　9　10　非常关心

*16．你感到放松或紧张的程度如何（在过去的一个月里）？

松弛 0　1　2　3　4　5　6　7　8　9　10 紧张

17．你感觉自己的精力、精神和活力如何（在过去的一个月里）？

无精打采 0　1　2　3　4　5　6　7　8　9　10 精力充沛

18．你忧郁或快乐的程度如何（在过去的一个月里）？

非常忧郁 0　1　2　3　4　5　6　7　8　9　10 非常快乐

计分方法：

按各题目选项 0～10 分累计相加，得总分，其中带*的选项为反向题。得分越高，主观幸福感越强烈。全国常模得分男性为 75 分，女性为 71 分。

除了评定总体幸福感，本量表还通过将其内容组成 6 个分量表从而对幸福感的 6 个因子进行评分。这 6 个因子是：

对生活的满足和兴趣：6，11

对健康的担心：10，15

精力：1，9，14，17

忧郁或愉快的心境：4，12，18

对情感和行为的控制：3，7，13

松弛和紧张：2，5，8，16。

每个因子的得分即代表了被试在这一方面的幸福感。

心理书单4：《幸福的方法》

泰勒·本·沙哈尔著，汪冰、刘骏杰译，当代中国出版社出版

本书以充满智慧的语言风格，将幸福的秘密如沐春风般地带入到你的心灵深处。作者将人生分为四种类型，其中不幸福的三种类型分别是：牺牲眼前快乐，只着眼于未来目标的忙碌奔波型；放纵自己、及时行乐的享乐主义型；对一切都失望，无所作为的虚无主义型。通过《幸福的方法》，读者将深刻理解到幸福的终极目标不是名利财富，而是尊重生命的核心价值，只有找到自己的真正使命并努力发掘出自己的潜力，全然地投入到生活中去，才能最终达到第四种状态：感悟幸福型。幸福，是可以通过学习和练习获得的。同时，幸福也是一个需要永不间断追求的过程。幸福的人生态度

不但是为了自己的目标努力奋斗,也需要享受当下的每时每刻。读者若能按书中的方法去思考人生并坚持练习,便能够踏上持久快乐、幸福和富有满足感的旅程(见图4-2)。

图 4-2　《幸福的方法》

心理银幕 4:《肖申克的救赎》

《肖申克的救赎》(The Shawshank Redemption)取自斯蒂芬·金《不同的季节》中收录的《丽塔·海华丝及萧山克监狱的救赎》而改编成的《肖申克的救赎》剧本,并由弗兰克·达拉邦特执导,蒂姆·罗宾斯、摩根·弗里曼等主演。该片获得了第 68 届奥斯卡最佳影片等 10 项大奖,被称为"影史第一"(见图4-3)。

影片中涵盖全片的主题是"希望",全片透过监狱这一强制剥夺自由、高度强调纪律的特殊背景来展现作为个体的人对"时间流逝、环境改造"的恐惧。

故事发生在 1947 年,银行家安迪(Andy)被指控枪杀了妻子及其情人,安迪被判无期徒刑,这意味着他将在肖申克监狱中度过余生。

瑞德(Red)1927 年因谋杀罪被判无期徒刑,数次假释都未获成功。他成为了肖申克监狱中的"权威人物",只要你付得起钱,他几乎有办法搞到任何你想要的东西:香烟、糖果、酒,甚至是大麻。每当有新囚犯来的时候,大家就赌谁会在第一个夜晚哭泣。瑞德认为弱不禁风、书生气十足的安迪一定会哭,结果安迪的沉默使他输掉了两包烟,但同时也使瑞德对他另眼相看。

好长时间以来,安迪不和任何人接触,在大家抱怨的同时,他在院子里很悠闲地散步,就像在公园里一样。一个月后,安迪请瑞德帮他搞的第一件东西是一把小的鹤嘴锄,他的解释是他想雕刻一些小东西以消磨时光,并说他自己想办法逃过狱方的例行检查。不久,瑞德就玩上了安迪刻的国际象棋。之后,安迪又搞了一幅影星丽塔·海华丝的巨幅海报贴在了牢房的墙上。

一次，安迪和另外几个犯人外出劳动，他无意间听到监狱官在讲有关上税的事。安迪说他有办法可以使监狱官合法地免去这一大笔税金，作为交换，他为十几个犯人朋友每人争得了两瓶 Tiger 啤酒。喝着啤酒，瑞德说多年来，他又第一次感受到了自由的感觉。

由于安迪精通财务制度方面的知识，很快使他摆脱了狱中繁重的体力劳动和其他变态囚犯的骚扰。不久，声名远扬的安迪开始为越来越多的狱警处理税务问题，甚至孩子的升学问题也来向他请教。同时安迪也逐步成为肖申克监狱长诺顿洗黑钱的重要工具。由于安迪不停地写信给州长，终于为监狱申请到了一小笔钱用于监狱图书馆的建设。监狱生活非常平淡，总要自己找一些事情来做。安迪听说瑞德原来很喜欢吹口琴，就买了一把送给他。夜深人静之后，可以听到悠扬而轻微的口琴声回荡在监狱里。

一个年轻犯人的到来打破了安迪平静的狱中生活：这个犯人以前在另一所监狱服刑时听到过安迪的案子，他知道谁是真凶！但当安迪向监狱长提出要求重新审理此案时，却遭到了拒绝，并受到了单独禁闭两个月的严重惩罚。而为了防止安迪获释，监狱长却设计害死了知情人！

面对残酷的现实，安迪变得很消沉。有一天，他对瑞德说："如果有一天，你可以获得假释，一定要到某个地方替我完成一个心愿。那是我第一次和妻子约会的地方，把那里一棵大橡树下的一个盒子挖出来。到时你就知道是什么了。"当天夜里，风雨交加，雷声大作，已得到灵魂救赎的安迪越狱成功。

原来二十年来，安迪每天都在用那把小鹤嘴锄挖洞，然后用海报将洞口遮住。安迪出狱后，领走了部分监狱长存的黑钱，并告发了监狱长贪污受贿的真相。监狱长在自己存小账本的保险柜里见到的是安迪留下的一本圣经，第一页写到"得救之道，就在其中"，另外圣经里边还有个挖空的部分，用来藏挖洞的鹤嘴锄。

经过 40 年的监狱生涯，瑞德终于获得假释，他在与安迪约定的橡树下找到了一盒现金和一封安迪的手写信，两个老朋友终于在墨西哥阳光明媚的海滨重逢了。

测一测　看一看
幸福与乐观

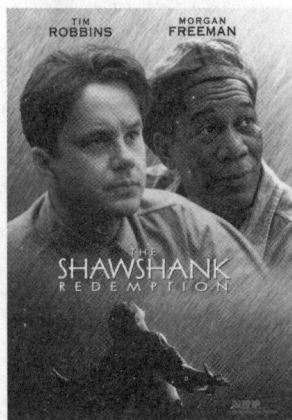

图 4-3　《肖申克的救赎》

第五讲
积极情绪体验

从前，在一座山上住着一个无际大师。一天，一个青年背着一个大包裹找到了他，并对他说："大师，您知道吗，我是多么地孤独、痛苦和寂寞。为了找到您，我走了很多路，经历了许多困难，现在我的身心已经疲惫到了极点。我的鞋子破了，荆棘割破了双脚；手也受伤了，不停地流着血；嗓子因为长时间的呼喊而变得嘶哑……我现在感觉到生活是那样的沉重，您能告诉我这是为什么吗？"

大师并不急于回答他，而是问："你的大包裹里装的是什么？"

青年说："里面装的是我每一次孤寂时的烦恼，每一次跌倒时的痛苦，每一次受伤后的哭泣……它们对我非常重要，有了它们，我才走到您这儿来。"

于是，大师带青年来到河边，他们坐船过了河。

上岸后，大师说："你扛着船赶路吧！"

青年感到非常奇怪，禁不住问道："什么，扛着船赶路？您不是开玩笑吧，它那么沉，我扛得动吗？"

大师看了看青年，微微一笑，说："是的，孩子，你扛不动它。过河时，船是有用的。但过了河，我们就要放下船赶路，不然的话，它会变成我们的包袱。痛苦、寂寞、灾难、眼泪，这些对人生都是有用的，它能使我们了解生命的内涵，但如果老是不能把它们忘掉的话，它们就会成为人生的包袱。放下它们吧！孩子，生命不能太沉重。"

青年放下包袱，继续赶路，他觉得步子比以前轻松了许多，并且体验到了一种从未有过的快乐。原来，生命是可以不必如此沉重的。

团体活动 5：放飞心情纸飞机

活动目的　学习觉察自己的不良情绪并学会调节。

活动形式　6～8 人一组。

活动材料　B5 白纸、彩色卡纸、彩笔、播放器。

活动过程

1. 每人在白纸上写出最近让自己烦恼的事情，然后折成纸飞机放飞，意为让烦恼飞走。

2. 把放飞的纸飞机收集在一起，按顺序，每人都拿一只纸飞机，念出纸飞机上所写的烦恼事，并请写这张纸的人说出这件烦恼事带给自己什么样的情绪，以及想获得什么样的帮助。

3. 每人都提出自己的解决办法，并进行讨论。

4. 每人一张彩色卡纸，在卡纸上写上祝福和期许及自己的姓名，然后，每人将自己的卡纸依序往右传。

分享：

1. 在放飞纸飞机时，你的感受是什么？

2. 对大家提出的办法，你的看法是什么？

3. 当你拿到写有祝福和期许的卡纸后，你的感受是什么？

"我们来此一生，就是要喜悦地活出自己。你可知道，情绪是指引我们活出自己，活出喜悦的关键。每一个情绪，都是实现自我、获得幸福成功的契机。"在埃斯特·希克斯和杰瑞·希克斯夫妇（E.Hicks & J.Hicks）❶的《情绪的惊人力量》一书中，非常鲜明地指出了情绪在人的生命中的重要性。我们要能正确认知、有效管理和控制自己的情绪，这样才能在快节奏、强压力的社会生活中，保持稳定的情绪、处变不惊、游刃有余，才能与快乐为伴，与成功为伍。

一、情绪与健康

情绪在我们的生活中随处可见，我们所有的心理活动都伴随着一定的情绪状态，

---

❶　埃斯特·希克斯和杰瑞·希克斯夫妇（E.Hicks & J.Hicks），美国知名度最高、最受欢迎的吸引力法则宗师。

有时平静，有时起伏；有时放松，有时紧张；有时烦恼，有时快乐……情绪直接影响着我们的生活质量和身心健康。

1. 情绪

俗语说："人非草木，孰能无情。"人的一切活动无不打上了情绪的印迹，每个人都会有喜、怒、哀、乐的情绪体验。

所谓情绪是指个体对客观事物是否符合自己的需要而产生的态度体验。人们在进行认识和活动的过程中，总要和客观事物发生各种各样的联系，并对它们产生不同的态度，这种态度又以带有独特色彩的体验形式表现出来。例如工作取得好业绩使人感到轻松、愉快；失去亲人则会悲哀、痛苦；遭人打骂会感到愤怒、敌意；处境危急时则感到焦虑、恐惧。这些喜、怒、悲、惧都是带有独特色彩的态度体验，是由人对事物的不同态度决定的。

人对客观事物采取何种态度，要看它是否符合和满足人的需要。与人的需要毫无关系的事物，不会引起任何细微的情绪体验。只有那些与人的需要紧密相联的事物，才能令人产生种种情绪和情感体验。能够满足人的需要或符合人的愿望的事物，就使人产生肯定的态度，引起积极的体验，如愉快、喜悦、满意、爱慕、尊敬等；反之，不符合人的需要或与人的意愿相违背的事物，则会使人产生否定的态度，引起消极的体验，如不愉快、愤怒、憎恨、恐惧、悲哀、羞耻等。

有时，即使是同一件事物，由于不同人的需求不一样，也可能引起不同的内心体验。比如，同是一轮圆月，恋爱中的情侣看到它时，会体会到愉悦、爱慕的美好情感，而独在异乡的游子却被勾起无尽的思乡愁绪。此外，由于客观事物和人的需要的复杂性，一件事物可以其不同的方面与人的需要同时处于不同的关系之中，因而产生诸如百感交集、悲喜交加等复杂甚至矛盾的情绪和情感体验。

情绪不同于认知。感知、记忆、思维等认知活动反映了事物或事物的属性及其联系和关系。而情绪不是对活动的反映，它是一种主观体验。情绪是人对反映内容的一种特殊的态度，它是由独特的主观体验、明显的外部表现和强烈的生理唤醒构成的。

（1）独特的主观体验。主观体验是个体对不同情绪和情感状态的自我感受。每种情绪都有不同的主观体验，它们代表了人们不同的感受，构成了情绪的心理内容，如我们通常产生的快乐、郁闷、焦虑、紧张等，都是情绪的主观体验。

（2）明显的情绪表现——表情。情绪在发生时总是或隐或显地伴随着一定的行为表现，如面部肌肉的活动、身体姿态的改变，以及语言活动的变化等。这些情绪的外部表现即表情，主要包括面部表情、姿态表情和语调表情。

面部表情。情绪的面部表情会通过眼、眉、鼻、口、颜面肌肉的运动表现出来，如欢欣时展眉、得意时扬眉、愁苦时皱眉、愤怒时竖眉；如轻蔑时耸鼻、愤怒时嗤之以鼻等。

姿态表情。情绪的姿态表情则通过身体的动态和静态动作表现出来，如悔恨懊恼时顿足捶胸、紧张焦虑时坐立不安、充满敌意时双手抱肩等。奥地利作家茨威格在《一个女人一生中的 24 个小时》中描述了手部的表情动作，"根据这些手，只需观察它们等待、攫取和踌躇的样式，就可教人透视一切：贪婪者的手抓搔不已，挥霍者的手肌肉松弛，老谋深算的人两手安静，思前虑后的人关节弹跳……"

语调表情。情绪的语调表情可以通过声音的速度、音高等表现出来，如快乐时语速快，而悲哀时语调低沉、节奏缓慢等。

（3）强烈的生理唤醒。生理唤醒是指伴随着情绪而产生的生理反应。它涉及广泛的神经结构，既有中枢神经系统，也有外周神经系统和外分泌腺等。生理唤醒是一种生理的激活水平，不同情绪情感的反应模式是不一样的，如表现为血压升高或降低，呼吸加快或减慢，胃肠的运动加强或减弱，瞳孔扩大或缩小等由植物性神经系统变化所引起的生理反应。任何一种情绪都伴有生理唤醒。美国心理学家波林（E. G. Berlin）[1]在《美国军人心理学》一书中指出："战斗前的恐惧还不是最难堪的恐惧，那是军人的家常便饭。据有关资料报道：美军 80%～90%的参战人员都体验过恐惧，其中 25%的人表现为呕吐，10%～20%的人表现为大小便失禁。"

2. 情绪与健康的关系

情绪作为一种内在的心理体验，不仅会影响一个人的认知和行为，而且会影响人的身心健康，不良情绪可严重损害人的生理健康。我国古代《黄帝内经》说："怒伤肝、喜伤心、思伤脾、忧伤肺、恐伤肾"。这里的喜、怒、忧、思、恐都是指情绪反应超过了一定的限度，或过分强烈，或过分持久。反之，良好的情绪能增强机体免疫力，提高机体抗病能力。曾有许多癌症患者都是以乐观向上的积极良好情绪创造了战胜死神的奇迹。长寿者的最大共同点就是能保持心情愉快、乐观豁达、心平气和。

心 理 实 验 室

美国生理学家爱尔马曾有一个著名的"情绪效应"实验。爱尔马找了许多人，将他们在心平气和时呼出的"气水"放入有关化验水中沉淀，颜色是无色透明的；而当他们悲痛时呼出的"气水"沉淀后却是白色的；当他们悔恨时呼出的"气水"沉淀后变为蛋白色；他们生气时呼出的"气水"沉淀后为紫色。爱尔马后来把紫色的"气水"注入小白鼠身上，不久，小白鼠闷闷不乐起来，最后竟然死了。这个实验虽然遭到了许多专家的质疑，但是人们不得不承认，悲痛、悔恨、生气等消极情绪确实会影响人的身体健康。爱尔马还发现，人生气 10 分钟耗费掉的精力不亚于参加一次 3000 米长跑。

---

[1] 波林（E. G. Berlin，1886—1968），美国哈佛大学教授，所著《实验心理学史》一书多年来一直是美国大学的心理学史的标准课本。

3. 健康情绪的表现

健康的情绪是健全人格的必要条件之一，情绪好坏直接影响心理健康。心理健康的人能控制自己的情绪，做情绪的主人，学会对不愉快的事情进行冷静分析，学会理智，抑制不必要的冲动，不感情用事，情绪反应适度，不带有幼稚的、冲动的特征。

情绪健康具体表现为：情绪的基调是积极、乐观、愉快、稳定的；对不良情绪具有自我调控能力，情绪反应适度；高级的社会情感（理智感、道德感、美感等）能得到良好的发展。

心理学研究认为，体验到较高程度积极情绪的人有以下表现：在对自己和他人的正面知觉方面，对他人态度更积极，自尊更高；在社会性和活动性方面，有开放和外向的人格特质，社会活动中的优越性、亲密性高，更易获得成功的社会关系；在亲社会行为方面，更倾向于利他、慷慨和慈善；在工作生活方面，工作质量较高，更易得到上级和同事的认同。

修 女 的 日 记

美国肯塔基大学的研究者丹纳（Danner，2001）及其同事集中研究了圣母学校修女会的 180 名修女。

这些修女都是年轻时进入修道院的。在最初进入修道院时，他们都会写一段自述，描述自己的生活，并说明自己加入宗教的原因。多年后，正是这些自述引起了研究人员的注意。丹纳及其同事想知道：这些修女们的情绪是如何影响其整体健康状况的。研究小组从修女自述的内容中选出积极与消极的情绪暗示或语言。如："上帝给了我一个良好的开端，赐予我神圣无比的品质……在过去的一年中，我作为候选人在圣母学校学习，这是一段很愉快的时光……我生活中充满神圣主爱……"研究者对自述中描述情感的内容进行打分，然后将此分数作为衡量其快乐的标准，分出最快乐的修女（25%）和最不快乐的修女（25%），并对他们的寿命进行比较。

当然，在进行此研究的时候，有些修女仍然在世，而有些修女已经过世了。研究结果显示：最不快乐的那组修女，其死亡风险是最快乐的那组修女的 2.5 倍。那些在自述中使用许多表述积极情绪的词语（如：快乐、感兴趣、爱、希望、感恩、渴望、满足、乐趣等）的修女，其平均寿命要比那些较少使用这些词语的人多 10 年。

二、情 绪 困 扰

不良情绪是指不良的情绪反应对自己及他人带来不良影响甚至伤害的消极情绪状态。负性情绪是指那些不愉快甚至是引发人痛苦、愤怒的情绪体验，负性情绪能够使人及时感受到自己的心理不适，促使人们主动调整自己的积极功能。所以，负性情绪不等于消极的不良情绪。

1. 不良情绪的表现

（1）负性情绪持续时间过长。当一个人长期处于悲观、失落的情绪状态，而自己又无法调整时，就会形成一种抑郁的心境，危害身心健康，严重的还可能发展为抑郁症等心理疾病。

（2）负性情绪超载。负性情绪超过了自己所承受的强度，自己却不能控制，致使自己行为失常或感到被伤害。例如，一些学生在考试中过度焦虑，无法正常思考，致使考试发挥失常。

（3）负性情绪恶性循环不能自拔。有人面对工作生活上的压力，感到焦虑不安，影响了自己的社会功能，对此自己不能接受，又无法解脱，于是又引发了更加严重的焦虑，导致失眠、食欲下降，焦虑越来越强烈，不能自控。

（4）情绪状态已经构成了对自己及他人的影响或伤害。比如：对自己所爱慕的人与其他异性交往而产生的嫉妒情绪，嫉妒情绪本身并非不良情绪，而是一种爱情的专一性和排他性的正常心理反应。但是如果这种嫉妒情绪已经导致猜疑甚至限制对方的行为，使自己或对方感到被伤害时，就成为一种不良的情绪反应。

（5）由于情绪适应不良导致严重的情感障碍、人格障碍等心理疾患。如表现出退缩、孤独、怀疑、抑郁等心理疾病，都是情绪适应不良的表现行为。

2. 常见的情绪困扰

情绪困扰是一种心理状态，是个体由于受到外界事物、事件等客观环境的影响或个体内部发生矛盾、冲突而又无法及时有效解决而产生的一种负面的、消极的情绪体验。

（1）自卑。自卑是自我情绪体验的一种形式，是个体由于某种生理或心理上的缺陷或其他原因所产生的对自我认识的态度体验，表现为对自己的能力或品质评价过低，轻视自己或看不起自己，担心失去他人尊重的心理状态，同时可伴有一些特殊的情绪体验，诸如害羞、不安、内疚、忧郁、失望等。克服自卑的不良情绪有以下方法：

永远不要把自己说得一无是处。也许你有做错事的时候，例如说错话，但是我们需要批评和否定的是某一具体的行为，而非你的能力，更不是品质。

了解自己的优点和缺点。找些小卡片，把它们分成两种颜色：一种代表优点，另一种代表缺点，每张卡片写一个优点或是缺点。然后对照卡片检查一下哪个优点还没发挥，怎样去发挥这个优点；哪个缺点是你可以不在乎甚至可以忽略的，把这些可以忽略的、不在乎的缺点丢掉。这样做能使你发现自己的优缺点，并充分发挥优点，克服缺点。

试着坐在人群的中心位置。害羞的人常喜欢躲在角落，免得引人注目，认为这样也就没有人注意到自己，因而证实了"没人关心自己"的想法，进而更验证了自我否定的心理倾向。改掉这个习惯，让别人有机会注意你、关心你。

大声说话。害羞的人说话都很小声，不妨把你的音调提高，你就会更加相信自己有权说话。

别人跟你讲话时，眼睛要看着对方，害羞的人常常忘了这点。当然不必瞪着对方，但至少要让对方知道你在倾听。

别人没有应答你的话时，再重复一遍，不要替自己找理由说是别人对你的话不感兴趣。

别人打断你的话时，要继续把话说完。我们讲话时常会被打断，而害羞的人有时还会无意中用动作来造成别人打断他的话，就好像那正是自己所期望的——这是一种典型的自我验证心理。其实，有时对方插话也表示他对你说的话很感兴趣，所以下次不要把中断谈话当作借口逃出人群。

其实就这么简单——正确看待自己，大声说话，看着对方，让别人注意自己，像改变其他行为一样，刚开始时总觉得不好意思，觉得还是回到老样子舒服些。这时不妨先将一切顾虑往好的方面想，不要在乎那些害怕心理，慢慢地就会发现自己变成了另外一个人。往往不是有了勇气才去行动，而是恰恰相反，对害羞的人来说，是有了行动才会有勇气。因此，心动不如行动，只要去做，你就会变得越来越自信。

（2）易怒。易怒是一种常见的消极激情。愤怒是遇到与愿望相违背的事情，或愿望不能实现并一再受到挫折，致使紧张状态逐渐积累而产生的敌意情绪。发怒对一个人的身心健康有明显的不良影响。当人发怒时，通常会出现心跳加速、心率紊乱，严重时可导致心脏停搏甚至猝死。发怒还会使人丧失理智、意识狭窄，导致损物、伤人，甚至犯罪。

当感觉到自己要发脾气时，赶快提醒自己：暂时离开现场。

当遇到不可避免要生气的情景时，不妨试试延迟 10 秒钟再爆发。

当感觉到自己要发脾气时，想一想愤怒会给目标带来什么后果。

要随时提醒自己，就像你有权力坚持自己的选择一样，别人也有权力选择他自己的事情。

找一个你信任的人帮助你，请他在你失去控制的时候及时提醒你。

对你生气的理由做一番认真的反省。

在你生气的最初几秒钟，首先判断一下你是什么感觉，并预测对方将会是什么感觉。

在你头脑冷静的时候，跟最常挨你骂的人恳切地谈一谈。

海格力斯的仇恨袋

希腊神话故事中有位英雄叫做海格力斯。一天，他走在坎坷不平的路上，看见脚边有个像鼓起的袋子样的东西，很碍脚。海格力斯踩了那东西一脚，谁知那东西不但没被踩破，反而膨胀起来，并成倍地加大。海格力斯被激怒了，他顺手抄起一根碗口粗的木棒砸那个怪东西，那东西竟膨胀到把路也堵死了。

正在这时，一位圣者走到海格力斯跟前，和颜悦色地对他说："朋友，快别动它了，忘了它，离它远些吧。它叫仇恨袋，你不惹它，它便会缩小如初；你若侵犯它，它就会膨胀起来与你敌对到底。"

仇恨与敌意如同一面不断增长的墙，而宽容与善良则恰似不断拓宽的路。宽容不仅是高尚者所具备的修养，更是一种处世的原则。世界上最宽阔的是海洋，比海洋更宽阔的是天空，比天空还要宽阔的是人的胸怀。宽容别人就是在宽容我们自己，我们在宽容别人的同时，也为自己营造了和谐的氛围，为心灵留下一点舒缓的空间。

（3）抑郁。抑郁是一种感到无力应付外界压力而产生的消极情绪，常常伴有厌恶、羞愧、自卑等情绪体验。抑郁就像其他情绪反应一样，人人都曾体验过。对大多数人来说，抑郁只是偶尔出现，时过境迁很快会消失。但也有少数人长期处于抑郁状态，导致抑郁症。性格内向孤僻、多疑多虑、不爱交际、生活中遭遇意外挫折的人更容易陷入抑郁状态。情绪抑郁者的主要表现是：情绪低落、思维迟缓、郁郁寡欢、闷闷不乐、丧失兴趣、缺乏活力，干什么都打不起精神；不愿参加社交活动，故意回避熟人，对生活缺乏信心，体验不到生活的快乐；伴有食欲减退、失眠等。长期的抑郁会使人的身心受到严重伤害，无法有效地工作和生活。

当抑郁情绪严重时，就需要去看精神科医生，进行药物治疗。轻中度的时候，可以通过心理治疗与咨询或自我调节来缓解症状。

抑郁情绪的调节，最根本有效的方法是扩大自己获得快乐的途径。比如，与朋友聚会、聊天、旅游等，与家人团聚，发展自己的业余爱好，听音乐、参加体育运动和书画收藏等，这些都可以让我们体会到乐趣。当然，还可以通过主动帮助别人的方式让自己体会到人生的价值与快乐，因为帮助别人的时候，促使我们与他人进行交流，共同探讨人生意义，相互间获得友情和心理支持。当看到我们还有能力帮助别人的时候，在心理上能够给自己一些肯定和鼓励，由此我们看到了自己的智慧和力量，感受到生命的价值和意义。

（4）焦虑。焦虑是一种伴随着某种不祥预感而产生的令人不愉快的情绪，是一种包含有紧张、不安、恐惧、愤怒、烦躁、压抑等体验的复杂情绪状态。当人们面临心理冲突、压力或遇到挫折、预感到某种不祥的事情或不良的后果将要发生，而感到没有把握预防和解决时，一般都会产生焦虑情绪。持续的、过度的焦虑对人们的身心健康是有害的，若不及时调整，设法尽快摆脱或降低焦虑程度，可能会导致心理障碍，如焦虑症等。然而，适度的焦虑也有积极作用。当人们面对挫折或感到即将面临挫折时，适度的焦虑常常有助于人们集中注意力，活跃思维，从而最大限度地调动身心资源，集中精力去应对挫折或即将到来的挑战。

合理规划生活，办事少拖延。焦虑的出现，很多时候是因为需要在很短的时间内去完成很多或者很复杂的事情，这种时间不足的情况却往往是由于故意拖延所致。有些人惯性地将事情拖到最后一刻才处理，有些则因为害怕问题的影响性而把问题拖到最后一刻才肯面对。可是，越是拖延，紧迫感便越大，焦虑也越强。若能养成良好的习惯，积极勇敢地面对问题，及早着手处理事情，便会有充裕的时间、空间、资源，甚至精神和体力去将事情办好。事情若能准时完成，焦虑出现的机会就会减少。

接纳不完美的自我，要求合情合理。人生在世，我们难免有所要求，因此我们会盼望、会着急，但当不适当的要求变成苛求，于是盼望变成失望，着急变成忧虑。例如你的能力只可做到 80 分，但却要求自己做到 100 分。结果如何，不难想象。怎样的要求才算恰当呢？答案是因人而异的。你需要以坦诚的态度，通过不断反省和与人沟通去了解自己的长处、弱点及性格特质，从而确定自己的要求和期望。若能量力而为的话，挫折和焦虑出现的机率自然大减。

（5）冷漠。冷漠是一种情绪反应强度不足的表现，表现为对人对事漠不关心的消极状态。处于冷漠情绪中的人，在行为上常表现出对生活没有热情和兴趣；对工作漠然置之，无精打采；对同事冷漠无情，对团队漠不关心、麻木不仁。冷漠是一种对环境和现实的自我逃避的退缩性心理反应，它本身虽然带有一定心理防御的性质，但是它会导致当事人萎靡不振、退缩逃避和自我封闭，并严重影响一个人的身心健康。

克服冷漠最根本的方法是改变认知，发现生活的意义，发现自我的价值，改变长此以往形成的对人生消极的看法。从行为上，积极投身各种有意义的活动中，融入到集体中，进行积极的自我暗示与自我提升；正确认识自我与他人，个体与社会，并不断矫正自己的非理性观念。

三、快乐的钥匙

法国 19 世纪浪漫主义作家大仲马曾说："生活是由无数烦恼组成的一串念珠，但得微笑着数完它。"情绪就像一个人心理活动的晴雨表，对一个人的心理成长与发展有着极大的影响。情绪管理就是善于掌握自我，善于调节情绪，对生活中的矛盾和事件引起的反应能进行适可而止的排解，能以乐观的态度、幽默的情趣及时地缓解紧张的心理状态，主要包括体察自己的情绪和调整自己的情绪两个方面。管理情绪、调节情绪、做自己情绪的主人，不仅是维护身心健康的需要，也是自我成熟与个性完善的重要标志。

谁决定你的快乐？

著名专栏作家哈理斯和朋友在报摊上买报纸，那朋友礼貌地对报贩说了声"谢谢"，但报贩却冰冷着脸、一言不发。

"这家伙态度很差是不是？"他们继续前行时，哈理斯问。

"是啊，他每天晚上都这样的。"朋友回答。

"那么你为什么还对他那么客气？"

"为什么我要让他决定我的行为呢？"朋友说。

每个人心中都有把"快乐的钥匙"，但我们却常在不知不觉中把它交给别人掌管。

女士抱怨道："我活得很不快乐，因为先生常出差不在家。"她把快乐的钥匙放在先生的手里。

妈妈说："我的孩子不听话，让我很生气！"她把钥匙放在孩子手中。

男人可能说："上司不赏识我，所以我情绪低落。"他把快乐钥匙塞在老板手里。

这些人都做了相同的决定，就是让别人来控制自己的情绪。

当我们容许别人掌控我们的情绪时，我们便觉得自己是受害者，于是抱怨与愤怒成为我们唯一的选择。我们开始怪罪他人，并且传递一个信息："我这样痛苦，都是你造成的，你要为我的痛苦负责！"

这样的人把自己的责任推给了他人。

一个成熟的人能握住自己快乐的钥匙，他不期待别人使他快乐，反而把自己的快乐和幸福带给周围的人。

我们身处的地方，不论是环境、人、事、物都很容易影响我们的情绪，可是千万别忘了，决定快乐的钥匙，只在我们自己手中！

1. 情绪智力

情绪智力是在觉察、识别、认识、理解、调节、控制和运用自我情绪（喜怒哀乐）和他人情绪的过程中所表现出来的智慧和聪明——有节有度。"情绪智力"简称 EQ（情智或情商），这一概念的提出最早可追溯到 20 世纪 60 年代。美国心理学家迈尔（Mayer）和索罗维（Salovey）在《想象、认知与人格》杂志上发表了《情绪智力》一文，情绪智力这一术语正式登上学术研究的殿堂。1995 年，美国心理学教授丹尼尔·戈尔曼（Dannier Gorman）❶在《情商：为什么比智商更重要》（《Emotional Intelligence：Why It Can Matter More Than IQ》）（见图 5-1）一书中将情绪智力分为认识自身情绪的能力、妥善管理情绪的能力、自我激励的能力、认识他人情绪的能力、人际关系管理的能力五个方面。

（1）认识自身情绪的能力。认识情绪的本质就是自我觉知，是情绪智力的基石。当人们出现了某种情绪时，应该承认并认识这些情绪，而不是躲避或推脱。只有对自己的情绪有更大的把握性时才能成为生活的主宰，才能更好地指导自己的人生，更准

---

❶ 丹尼尔·戈尔曼（Dannier Gorman，1946—），哈佛大学心理学博士，现为美国科学促进协会（AAAS）研究员，曾四度荣获美国心理协会（APA）最高荣誉奖项，20 世纪 80 年代即获得心理学终生成就奖，并曾两次获得普利策奖提名。曾任职《纽约时报》12 年，负责大脑与行为科学方面的报道，他的文章散见全球各主流媒体。畅销著作有《情商》《工作情商》等。

确地决策婚姻、职业等大事；反之，不了解自身真实情绪的人，必然被情绪所左右。

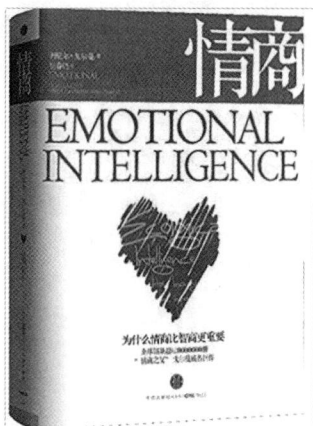

图 5-1 《情商：为什么比智商更重要》[美] 丹尼尔·戈尔曼

（2）妥善管理情绪的能力。情绪管理是指能够自我安慰，能够调控自己的情绪，使之适时、适地、适度。这种能力具体表现在通过自我安慰和运动放松等途径，有效地摆脱焦虑、沮丧、激怒、烦恼等消极情绪的侵袭，不使自己陷于情绪低潮中。这方面能力较匮乏的人常常需要与低落的情绪交战；而这方面能力高的人可以从人生挫折和失败中迅速走出，重整旗鼓，迎头赶上。

（3）自我激励的能力。自我激励的能力是指能将情绪专注于某项目标上，为了达到目标而调动、指挥情绪的能力。任何方面的成功都必须有情绪的自我控制——延迟满足、控制冲动、统揽全局。拥有这种能力的人能够集中注意力、自我把握、发挥创造力、积极热情地投入工作，并能取得杰出的成就；缺乏这种能力的人，则易半途而废。

（4）认识他人情绪的能力。认识他人情绪的能力即移情的能力，是指在自我认知的基础上发展起来的最基本的人际技巧，它是最基本的人际关系能力。具有这种能力的人，能通过细微的社会信号敏锐地感受到他人的需要与欲望，能分享他人的情感，对他人的处境感同身受，又能客观理解、理性分析他人情感。此种能力强者，特别适合从事监督、教学、销售与管理的工作。

（5）人际关系管理的能力。人际关系管理的能力实际上就是管理他人情绪的艺术，是调控他人的情绪反应的技巧。这种能力包括展示情感、富于表现力与情绪感染力，以及社交能力（组织能力、谈判能力、解决冲突能力等）。它可以强化一个人的受欢迎程度、领导权威、人际互动的效能等。能充分掌握这项能力的人，常是社交上的佼佼者；反之则不易与人协调合作。因此，一个人的人缘、领导能力及人际和谐程度，都与这项能力有关。

情绪智力的高低与个体的成才、发展关系密切。戈尔曼通过对 EQ 的测量，认为 EQ 高低不同的人表现出不同的特点：高 EQ 的人自信、善于沟通、易于信任、喜欢赞美、心胸开阔、乐观、乐于配合、容易接纳、温柔；而低 EQ 的人缺乏自信、沟通不良或拒绝沟通、多疑、容易嫉妒批评、心胸狭窄、悲观、习于抗拒、惯于排斥、暴力。情商模型如图 5-2 所示。

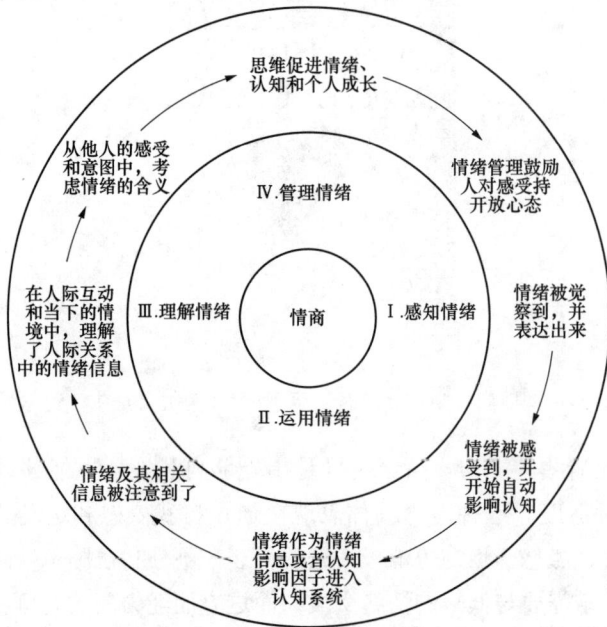

图 5-2　情商模型

心 理 实 验 室

20 世纪初，心理学家特曼（L. M. Terman）进行了一项大规模的追踪调查研究。他用测查智商的方法，选出了 1500 名平均智商为 151 的超常儿童，对他们连续进行了 30 年的追踪研究。结果发现，许多智商很高的孩子，长大后一无所成。之后他从男性受试者中各抽出 150 名成就最大的和成就最小的进行比较。分析发现，两部分人的智力水平没有明显的差别，差别就在情绪智力的高低。

美国心理学家曾对伊利诺伊州一所中学几十位优秀毕业生进行过跟踪研究，这些学生的平均智商（即语言和逻辑分析能力）是全校之冠，学习成绩也都很好。但是，他们年近 30 岁时大都表现平平，中学毕业十年后，只有 1/4 的人在本行业中达到同年龄最高阶层，很多人的表现甚至远远不如同行。研究表明，这些高智商者失败的最重要原因在于情绪智力的缺乏。

戴尔·卡耐基有句名言：“一个人事业的成功，只有 15%取决于智力因素，85%取决于情绪智力。”一项对美国前 500 强企业员工所做的调查发现，一个人的 IQ 和 EQ 对工作成功的贡献比例为 1:2，即 EQ 的影响是 IQ 的两倍。

2. 恰当地表达情绪

情绪伴随我们左右，需要有表达的机会。比如要把美好的感受毫不吝啬地告诉我们周围的人，与人分享；遇到情绪困扰的时候，告诉能帮助我们的人。但是只有恰当的表达才能使我们与他人进行和谐的交往，保证身心的健康。

如何恰当地表达情绪呢？

（1）察觉并分析自己的情绪。有时我们要学会整理复杂的情绪。举例来说，美国心理学家泰伯（Tyber）认为有两种常见的情绪组型："生气—受伤—羞耻""悲伤—生气—罪恶"。我们是因为受伤而生气，还是因为生气而显得悲伤？只有先察觉并分析自己的各种情绪，才能精确地传达出自己的体验。

（2）选择情绪表达的时机。情绪是否要表达出来？情绪的表达是自我心理防御的一种机制，但表达情绪时要注意两点：第一，在极端情绪状态时，为避免说出日后会后悔的话要暂缓情绪表达；第二，要正确选择讨论情绪体验的时机，应该选择那些能够专注，没有压力、疲倦的时机来表达。

（3）使用"我信息"表达自己的情绪。要善用"我信息"，如"我觉得很失望""当你告诉我不能来时，我感觉到伤心"等，尤其是在表达负性情绪、而对方是引发负性情绪的人时，用"我"来告诉对方你的内心感受，这样更能够获得对方的理解。

✲ "我信息"的运用

一位母亲等读大学的女儿和同学聚会回家，等到半夜三更，还没有女儿的身影。母亲既担心女儿的安全，又生气女儿这么晚竟然不知道打一个电话回来报平安。怀着焦灼、担心、生气的情绪，母亲等到女儿回来了，这个母亲该怎么说？

如果妈妈说："你看看现在几点钟了？你总是让人不放心，你要是不想回家就不要回来。"这样说属于"你信息"，女儿不但体会不到妈妈的担心和害怕，反而觉得受到了指责，这样会引发女儿的逆反心理，和母亲争执起来，导致两人发生冲突。

但如果妈妈这样说："这么晚还没有看到你回家，我心里很担心害怕，怕你出事，我想要是能接到你报平安的电话，我会放心一点。"这样说属于"我信息"，母亲清楚合理地表达出了自己的真实感受，向女儿表达了自己的害怕、担心、难过、生气等感觉，还告诉女儿正确的做法是什么。母亲真诚地表达自己内心的感受，可引发女儿内心诚挚的回应，女儿接下来可能会向妈妈道歉，向妈妈进一步解释晚归的原因，并知道下次类似事情发生应该主动向妈妈报平安等，这样既能宣泄不良的负性情绪，又能有效地增进情感交流。

3. 正确地理解情绪——ABC 合理情绪理论

罗马哲学家巴尔卡斯·阿理流士认为："生活是由思想造成的。"鲁迅也说过，"一部《红楼梦》，经学家看见《易》，道学家看见淫，才子看见缠绵，革命家看见排满，流言家看见宫闱秘事"……我们常常会听到有人抱怨："为什么我就这么倒霉，所有的不幸都找上门来，我想逃都逃不了""我不想生气，但这件事无法让人不生气""我也希望快乐，但那么多烦心事我怎么会快乐"是的，生活中似乎总有那么多令人烦恼和生气的事。但是不难看到，面对同样的事件，有些人更容易烦恼。哲学家叔本华认为："事物本身并不影响人，人们只受到对事物看法的影响。周围发生的事情并不重要，重要的是你如何看待它。"我们看到的不是真实的世界，而是我们眼中的世界。这说明真正决定我们情绪的不是客观事物本身，而是个人对事件的看法。个体可以通过了解自己的个性特征和情绪年龄、成长经历及早期经验，或者测试自己的情绪状态，然后对情绪状态作一个客观评估。

美国临床心理学家艾尔伯特·艾里斯（Albert Ellis）❶提出了著名的 ABC 理论（图5-3）：A 是指发生的事情（Activating events）；B 是指个体在遇到发生的事情之后相应而生的认知评价（Beliefs），即个体对这一事件的看法、解释和评价；C 是指在特定情景下，个体的情绪状态及行为反应（Consequences）。

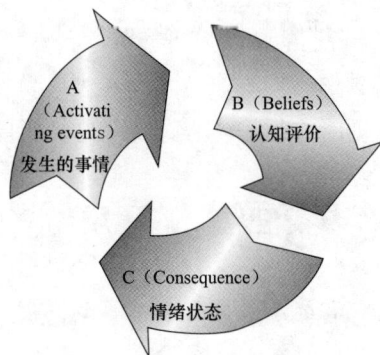

图 5-3　ABC 合理情绪理论

通常，人们会认为人的情绪及行为反应是直接由发生的事情（A）引起的，但 ABC理论指出，发生的事情（A）只是引起情绪及行为反应的间接原因，而人们对发生的事情所持的信念、看法、解释等认知评价（B）才是引起人的情绪状态及行为反应的更直接的起因。例如有一名大学生，某一次重要考试不及格（A），如果他的信念是"我是一名出类拔萃的好学生，每一次考试都必须优秀（B）"，他会因此变得沮丧（C）。如果他的评价是"尽管我是一名出类拔萃的好学生，但是未必每次考试都是优秀的（B）"，那么结果（C）就会改变。

---

❶ 艾尔伯特·艾里斯（Albert Ellis，1913—），美国临床心理学家，20 世纪 50 年代提出人格理论及心理治疗方法。这种理论及治疗方法强调认知、情绪、行为三者有明显的交互作用及因果关系，特别强调认知在其中的作用。

秀才赶考

从前，有两个秀才一起去赶考，路上他们遇到了一支出殡的队伍。看到那一口黑乎乎的棺材，其中一个秀才心里立即"咯噔"一下，凉了半截，心想：完了，真触霉头，赶考的日子居然碰到这个倒霉的棺材。于是，心情一落千丈，走进考场，那个"黑乎乎的棺材"一直挥之不去，结果，文思枯竭，果然名落孙山。

另一个秀才也看到了这口棺材，一开始心里也"咯噔"了一下，但转念一想：棺材，棺材，噢！那不就是有"官"又有"财"吗？好，好兆头，看来今天我要鸿运当头了，一定高中。于是心里十分兴奋，情绪高涨，走进考场，文思如泉涌，果然一举高中。

面对同一口棺材，两个秀才产生了不同的情绪，进而造成了两种不同的结果，可见情绪对人的巨大影响。事实上，情绪的好坏与我们的心态及想法密不可分。事物本身并不影响人，人们只受对事物看法的影响。一个人产生什么样的情绪，取决于对当前事情怎么去理解或解释。

（1）引发不良情绪的非理性信念。人的信念有合理与不合理之分。合理的信念会引起人们对事物的适当适度的情绪反应；而不合理的信念则会导致不适当的情绪和行为反应。当人们坚持某些不合理的信念时，就会受到不良情绪的困扰。

一般来说非合理信念有三个特征：绝对化要求、过分概括化和糟糕至极。

绝对化要求。绝对化要求是指人们以自己的意愿为出发点对某一事物怀有认为其必定会发生或不会发生的信念。例如：我必须获得成功；别人必须对我很好等。当某些事物的发生与其对事物的绝对化要求相悖时，他们就会感到受不了，感到难以接受和适应，并陷入情绪困扰。

过分概括化。过分概括化是一种以偏概全、以一概十的不合理思维方式的表现。如一次失败就认为自己"一无是处""一钱不值"，是"废物"等，其结果常常会导致自责自罪、自卑自弃心理的产生以及焦虑和抑郁的情绪，或者别人稍有差池就认为他很坏，一无可取等，这会导致一味地责备他人以及产生敌意和愤怒等情绪。

糟糕至极。糟糕至极是一种认为如果一件不好的事发生将是非常可怕、非常糟糕的想法。这种想法会导致个体陷入极端不良的情绪体验如耻辱、自责自罪、焦虑、悲观、抑郁的恶性循环之中而难以自拔。

从这个理论中可以看到，不仅情绪会影响认知，认知也对人的情绪产生更重要的作用，认知是情绪产生的基础。在遇到事情的时候，应当不做极端化的思考，不过分强调负面事件的重要性和影响力，不以偏概全，善于从积极的方面去看问题，善于看问题的积极面。

以下是 11 种对人、对事的看法，是非理性的观点，是不合理的信念，但在许多人的脑海里已经生根。

· 一个人应该被周围的每一个人所爱与称赞。

- 一个人必须非常能干、完美及成功，如此他才有价值。
- 有一些人是不好的、邪恶的、卑鄙的，他们应该被责备、被惩罚。
- 期待的不能得到，或计划不能实现，是一件可怕的灾祸。
- 任何问题都有正确完善的解答，我们必须找到它，否则结果是相当可怕的。
- 历史是现实的主宰，过去的经验与事件影响目前，过去的影响无法消除。
- 人应该依赖他人，尤其是依赖强者。
- 人应该为别人的问题与困扰而感到难过。
- 逃避困难及责任，比面对它们更容易。
- 不幸或不快乐是由外界引起的，我们无法控制。
- 人应该时刻警惕是否有危险、可怕的事情即将发生。

在现实生活中，持有这种想法越多的人越容易发生情绪困扰，觉得心情不舒畅。越不容易受这些非理性信念、想法困扰的人，情绪问题也相对较少。下面我们一起来分析这 11 种非理性信念的不合理之处，用合理的信念来替代它们。

- 一个人应该被周围的每一个人所爱与称赞。 （×）

无论别人怎么看待我们，我们都是有价值的人。 （√）

- 一个人必须非常能干、完美及成功，如此他才有价值。 （×）

我们尽全力做事，若失败，只是我们的努力失败，我们的价值不会因此受损。 （√）

- 有一些人是不好的、邪恶的、卑鄙的，他们应该被责备、被惩罚。 （×）

一个人做了错事，不等于他就是一个坏人。 （√）

- 期待的不能得到或计划不能实现，是一件可怕的灾祸。 （×）

事情很少像我们所期望的那样发生，若事情有可能改变，我们应尽力努力，若不能则接受现实。 （√）

- 任何问题都有正确、完善的解答、我们必须得找到它，不然，结果是相当可怕的。 （×）

我们努力寻找解决问题的可行方法，而不苛求那些不存在的绝对完善的方法。（√）

- 历史是现实的主宰，过去的经验与事件影响目前，过去的影响无法消除。 （×）

过去的经验是重要的，但产生过去经验的条件与现在的情况不同，所以过去的经验对现在的影响是有限的。 （√）

- 人应该依赖他人，尤其是依赖强者。 （×）

我们应该独立并勇于承担责任，但并不拒绝别人的帮助。 （√）

- 人应该为别人的问题与困扰而感到难过。 （×）

我们努力帮助那些遇到困难的人，若无效，也会接受现实。 （√）

- 逃避困难及责任，比面对它们更容易。 （×）

承担责任、面对困难与逃避困难相比，是更合适的态度。 （√）

- 不幸或不快乐是由外界引起的，我们无法控制。 （×）

情绪由我们对事情的知觉、态度和评价所产生，是可以改变和控制的。　　（√）

● 人应该时刻警惕是否有危险、可怕的事情即将发生。　　　　　　　（×）

我们要设法避免那些可能发生的危险事情，如无法避免，则应该设法减轻其后果。　　　　　　　　　　　　　　　　　　　　　　　　　　　　　　（√）

（2）合理情绪理论的应用步骤。

第一，将引发不良情绪的事件和认识一一列出。

第二，找出引发不良情绪的非理性信念。

第三，通过对非理性信念的认识和矫正，找出合理的观念。

第四，通过建立合理的信念，达到情绪感受的改变。

譬如在上面的例子中，把旧认识"我是一名出类拔萃的好学生，每一次考试都必须优秀"改为"我是一名出类拔萃的好学生，希望每一次考试都优秀"，这样，当成绩不如意时，会失望、遗憾，但是不会产生很大的情绪困扰。

掌握合理情绪的理论和方法，当我们遇到情绪困扰时，可以帮助我们认识和摆脱不良情绪的困扰，更重要的是，能使我们保持一种客观、正确的认知心态，避免不良情绪的发生。

4. 合理地宣泄情绪

当一个人受到挫折后，用意志力量压抑情绪，虽能缓解不良情绪，却会给身心带来伤害。学会合理地宣泄情绪，是非常有用和必要的。

（1）向亲朋好友倾诉。敞开心扉，向知心朋友、父母倾诉内心的郁闷、烦恼，获得他们的理解、建议，重新获得心理平衡。

（2）急走或跑步。人在情绪低落的时候往往不爱动，越不爱动情绪越低落，形成恶性循环。解决的办法是急走或跑步，或者猛干一件体力活等，以此来释放激动情绪带来的能量。

（3）转移注意力。情绪不佳时，通过做一些自己喜欢的事或者换一种环境，如出去散散步、听听音乐或找朋友玩玩等，转移自己的注意力，可以摆脱不良情绪的困扰，使人心情舒畅。

（4）放声大哭。我们在电影上经常能看到这样的镜头，当亲人突然去世时，有的人反而倒不哭了。于是人们劝他"哭出来，大声地哭出来心里就会痛快一些，憋在心里更难受。"哭对人的身体有利也有害，哭会扰乱人体的生理功能，使人心跳、呼吸变得不规律，导致吃不好，睡不好。但是美国心理学家研究表明：哭对人体有利的一面在于，它是宣泄悲痛、释放情绪的一种手段。人在悲伤的时候不哭，是有害于自身健康的，该哭的时候就哭，不要强行压抑自己。所以大声哭泣是发泄情绪的方法之一，尤其是面对突如其来的打击所造成的高度紧张、极度痛苦时，放声大哭可以起到缓解作用，防止痛苦越陷越深，不能自拔。

（5）踢皮球、摔东西。在自己最气愤的时候，把足球往墙上狠踢几脚，或使劲拍桌子，摔些不值钱的或不易摔坏的东西出出气都可以。我们在电视、电影上经常看到这样的镜头：有人在极度气愤时用拳头使劲击打沙袋；战士在极端悲伤时冲天空放几枪；人们听到亲人病故时使劲干活……这都是释放闷气的好方法。但是有的人在不良情绪面前失去理智，不顾后果，轻者冲他人乱发脾气，重者与他人发生冲突，甚至打架斗殴等，都会为自己招惹更大的麻烦，使境遇雪上加霜，这都应该努力避免。

（6）放声大喊、高声歌唱。心情憋闷时放声大喊可以释放心中的郁闷；雄壮的歌曲可以振奋人的精神，情绪不佳时放声高歌可以提高士气；做做鬼脸，自我解嘲，甚至转转舌头都会起到释放消极情绪的作用。俄国文学家屠格涅夫曾劝那些爱打架的人，在谈话前，把舌头在嘴里转 10 圈。这虽然是文学中的一种戏谑性语言，但从情绪爆发的生理机能上讲，这个简单的动作会将吵架的激情抑制住或释放掉。

四、培养积极情绪

早在中国古代，人们就已意识到情绪对健康的重要性，根据《内经》的见解："心者，五脏六腑之大主也……故悲哀忧愁则心动，心动则五脏六腑皆摇"。情绪与五脏的对应关系是：喜伤心、怒伤肝、思伤脾、忧伤肺、恐伤肾。现代心理学、生理学和医学的研究成果均表明，情绪对人的身心健康具有直接的影响作用，可以说，情绪主宰着我们的健康。

自我暗示是个人通过语言、形象、想象等方式，对自身施加影响的心理过程。这个概念最初由法国医师埃米尔·库埃❶于 1920 年提出，他的名言是"我每天在各方面都变得越来越好"。积极的自我暗示，在不知不觉之中对自己的意志、心理以至生理状态产生影响，积极的自我暗示令我们保持好的心情、乐观的情绪、自信心，从而调动人的内在因素，发挥主观能动性。

（1）自我暗示法。比如，早上起床时可以暗示自己："今天我心情很好！""今天我办事一定很顺利！"如果能不断地这样自我暗示，就会心情愉快、精神饱满地去从事各项工作。有人对你发脾气时，就立即暗示自己："我的忍耐力很强！""我的修养很好！"这样就可以保持心态平衡，维持情绪稳定。

放　　下

美国著名电影界女演员凯瑟琳·赫本要参加一场特别关键的演出。然而就在她准

---

❶ 埃米尔·库埃，法国著名心理大师，"自我暗示"学说的奠基人。

备正式登台前的十几分钟里，意外出现了，她感受到前所未有的压力。紧张、担心等一系列不好的感觉接踵而至，恐惧让她觉得自己无法进行当天的演出了。她虚弱地对医生说，她感觉自己快要瘫痪了，双脚几乎无法移动。

"这是怎么回事呢？"医生关切地问她。

"我突然感到异常地恐慌。以前在演出前也会感到紧张和担心，但这一次跟以前真的不一样。"

"不要为此而过多忧虑，"医生安慰道，"相信自己，您是一位真正有实力的艺术家，一定能克服自己的紧张情绪的。刚好，我这里有克服你这种症状的药，这种药效果又快又好，相信一会儿你就没事了。"

说着，医生给赫本注射了一针管药水并让她放心，说这种特效药会即刻生效。

"来，坐下来，"医生耐心地对赫本说，"不要去想演出，放松心情。"

果然，几分钟后，赫本镇静了下来。

"医生，您为我注射的真是神药，我的感觉特别好，真是太感谢您了。"赫本信心十足地走上了舞台，完成了自己的精彩表演。

后来在庆祝演出的宴会上，医生走过去向她道贺："恭喜您，这是您最精彩的一次演出。"

"谢谢您。"赫本说。

"不，您要感谢的话就感谢您自己吧。因为，努力的是您，而不是我。演出前我给您注射的只是一针生理盐水而已。"

（2）活动释放法。活动释放法就是借其他活动把紧张情绪所积聚起的能量排遣出来，是使紧张情绪得以松弛、缓和的一种调适方法。心理学家提倡人们在过度紧张状态下，把积聚起来的能量转移到其他无害的活动中，例如，遇到挫折和不顺心的事情时，可以到操场上猛打一通篮球，在空地上以高速度冲刺几百米，直到满头大汗、气喘吁吁，心态也就自然平静下来，或是看拳击、足球比赛，看恐怖、惊怵片等。

（3）表情调适法。表情调适法是指有意识地改变自己的面部表情和姿态表情以调适情绪的一种方法。

第一，加快走路的速度，使忧郁的心情开朗起来。

第二，洪亮的声调可以增强自信心。

第三，内部微笑技术。可以先使自己的身体处于一个舒适的姿态，闭上眼睛，然后想象微笑进入了我的面部肌肉，放松、温暖着整个面部。让这种微笑滑进嘴里，轻轻扬起嘴角。让微笑下行，进入左侧心脏、肺部、肝脏、肾、背部和腿，感觉到微笑的、温暖的力量放松了全身所有的肌肉，感觉到整个身体都体验到爱和感激。最后，在情绪有所改变时，慢慢睁开双眼。

（4）音乐调适法。音乐调适法是指借助于情绪色彩鲜明的音乐来控制情绪状态的方法。现代医学证明，音乐能调整神经系统的机能，消除肌肉紧张，改善注意力，增强记忆力，缓解抑郁、焦虑、紧张等消极情绪。

不同风格的音乐会对人产生不同的影响。国外的一项统计表明，从事西洋古典音乐演奏的乐队成员大都心境和顺、心理平衡、不易患病；而演奏现代重金属摇滚乐的成员有70%以上出现烦躁易怒、消化不良、失眠健忘等症状，而且容易患病。放松身心时要选择古典的、轻柔的音乐。

不同的曲目具有不同的心理调节效果。心情忧郁的人可以倾听具有美感的音乐，如西贝柳斯的《忧郁圆舞曲》、格什温的《蓝色狂想曲》；性情急躁的人宜常听节奏慢、让人思考的乐曲，如巴赫的《幻曲和赋曲》；心境不佳时选择优美的轻音乐或古典音乐，如比才的《卡门》、小约翰·施特劳斯的圆舞曲《蓝色多瑙河》；消极悲观时宜多听宏伟粗犷、令人振奋的音乐，如瓦格纳的歌剧《汤金序曲》；疲劳时最好多听一些舒展优美、轻松流畅的音乐，如贝多芬的《第五号钢琴协奏曲皇帝（降E大调）》；失眠的人可选择节奏徐缓、和声悦耳的音乐，如门德尔松的《仲夏夜之梦》、德彪西的钢琴奏鸣曲《梦》；胃口不好的人可以听听莫扎特的《嬉游曲》、泰勃曼的《餐桌音乐》等。

（5）幽默调适法。幽默感是一种轻松愉快的生活态度，是六大美德二十四项积极人格特质之一。往往表现为玩笑的方式，它是尴尬、沉闷的调和剂和润滑剂，具有明显的减低愤怒和不安情绪的作用，能改善人的不良心态，使心情"阴转晴"，或变怒为喜。它还可以增进或缓和人际关系，促进人们的沟通和谅解。同时，幽默也是思想情绪、精神欲望和心理能量的一种释放，使人感到愉悦、兴奋、乐观、心胸豁达，让人体的机能在最佳状态下运行，从而减轻工作中面临的压力。

当一个人发现一种不调和的或对自己不利的现象时，为了不使自己陷入激动状态和被动局面，最好的办法是以超然洒脱的态度去应对。此时，一个得体的幽默往往可以使一个本来紧张的情况变得比较轻松，使一个窘迫的场面在笑语中消失，使愤怒、不安的情绪得以缓解。真正幽默的人，不开庸俗的玩笑，更不随便拿别人开心，而是以机智的头脑、渊博的知识，巧妙诙谐地揭露事物的不合理成分，既一语道破，又使人容易接受。在一些非原则问题上，宁愿自我解嘲，也不会刺激对方、激化矛盾。

（6）颜色调适法。不同的颜色会对人的心理产生各种影响，如在红光照明下的物体要比在蓝光照明下显得大等，这称之为颜色的心理效应。在众多的颜色心理效应中，存在这样一种现象：颜色本身往往使人产生某种特殊的情绪体验。比如，红色表示快乐、热情，使人情绪兴奋、热烈，受到鼓舞；黄色表示明朗、快乐，使人兴高采烈，充满喜悦之情；绿色表示和平、友爱，使人心绪安宁，有恬静、温和之感；蓝色给人以凉爽、舒适之感，使人心胸开阔、畅朗。

（7）积极锻炼身体。人的情绪与身体健康状况有着密切的关系。一个身体健康的人往往表现为精力充沛、心情开朗；而一个长期疾病缠身的人则容易抑郁、沮丧。因此，积极锻炼身体、合理安排作息时间、保持适当睡眠、培养健康饮食习惯是保证情绪饱满与稳定的基础。

（8）提高挫折承受力。社会快速发展，新情况新问题层出不穷，防不胜防，人们难免会产生不适应、紧张、压抑、攻击或恐惧等不良的心理反应，从而陷入心理困境。挫折是指个体的行为受到无法克服的干扰或阻碍，预定目标不能实现时产生的一种紧张状态和情绪反应，也就是俗话所说的"碰钉子"。常言道："人生逆境十之八九"。

正确认识挫折。挫折具有普遍性。可以说挫折是生活的组成部分，每一个人都会遇到。挫折具有两重性。挫折会给人以打击，带来损失和痛苦，但也能使人奋起、成熟，从中得到锻炼。

正确归因。对造成挫折的原因进行实事求是的认识和分析，弄清挫折的原因到底是外部的，还是内部的，或是内外部两种因素交互作用的结果。

科学确定期望值。追求进步、渴望晋升、期待成功，是每个人正常的心态，但是上进不成、晋升无望、工作受阻导致失败也是真实存在的。制定一个切实可行的工作目标，对自己有一个合理的期待，并能根据主客观条件的变化，对期望进行适当调整，这样可以避免因目标期望过高或过低而带来的挫折和失败感。

正确对待权力和是非得失。淡泊名利，宁静致远。努力与追求上进是值得褒奖的。但是我们并不能把名利看成一切。失败是成功之母。只要我们正确看待失败，保持乐观的精神，就可以减轻无力感，并充满奋斗的激情。

创设一定的挫折情境。个体对挫折的感受和承受力不同，与其逆境经验有关。经历坎坷、有较多挫折经验的人与一帆风顺的人相比，其挫折承受力和做出适当反应的能力更高。

（9）自我悦纳。自我悦纳就是能够愉快地接纳自我，既接纳自己的长处和优势，又正确对待自己的不足和缺憾。一般人认为，人们都会喜欢自己。实际上很多人对自己不满意，不喜欢自己。不仅生理、心理有缺陷的人会不喜欢自己，就是各方面不错的人也会对自己有所不满，这属于正常现象。但是如果不承认自己的本来面目，不能如实地表现自己，就是不接纳自我，更谈不上自我悦纳了。

俗话说"人比人，气死人"，而"比上不足，比下有余"的心态有助于做到真正的自我悦纳。不少人具有较高的人生目标和追求，这容易导致过分追求完美、过分苛求自己，这会带来沉重的心理压力，会窒息人的活力，使人心情压抑、行为退缩，还会失去许多展示自己的机会，最终损害人的自尊，导致自我拒绝。过分追求完美的人也会对别人要求苛刻，别人与之交往会有一种压力感，从而造成人际关系紧张。

（10）做好时间管理。时间是最稀缺的资源，对时间的分配也是最难的选择，最终决定了我们生活的内容与品质。当无法控制工作环境的各种变化需求时，如果能合理安排工作时间，将会有助于提高工作效率以及避免多种问题的发生，进而缓解自己的时间压力，降低自己的工作压力水平。

（11）培养高雅的生活情趣。一个只知道拼命工作而无任何业余爱好，只知道无私奉献而不知道娱乐和享受休闲时光的人，对待压力的反应就会强烈得多。据心理学家分析，一个人在生活中"不创造任何价值的休闲时间超过可支配全部时间的30%时，心理状态才能保持稳定"。因此，培养自己高雅的生活情趣，可以让紧张的心情得到适当放松。这样，即使偶尔遇到挫折和困难，也不至于激起太强烈的情绪反应。例如，在工作之余，带上全家人去野外郊游或徒步旅行；阅读优秀文学作品；参加摄像摄影、棋牌活动；外出登山旅游；周末约几位好友找个集体项目娱乐放松一下等。

心 理 实 验 室

美国一位名叫斯诺格拉斯的心理学家曾提出一个非常简单的改善情绪的方法，改变走路姿势，昂首阔步走几圈。他招募了79名大学生来做实验，分成三组：一组大步走，一组小步走，一组平常速度走。结果发现，昂首挺胸大步走的一组，精神、心理呈现出亢奋、愉悦、精力充沛的状况。他认为昂首挺胸走几圈，可以使情绪不佳的人心境得到改善，精神得以振奋。具体做法是：加大步幅，双手摆幅加大，频率加快，挺胸抬头。事实证明：体育运动可以改变情绪状态，而情绪状态也可以反过来改变身体活力。

（12）用积极的态度看待事物。古希腊哲学家爱比克泰德（Epictetus）说："人的烦恼不是起于事，而是起于他对事的看法。"莎士比亚说过："世事无好坏，思想使之然。"任何一件事情都可以从不同的角度来看待，很多看来使人悲伤、痛苦的事情也有其积极的意义。我们改变不了事情，就改变对这个事情的态度；事情本身并不重要，重要的是我们对它的态度。乐观者在每次危难中都看到了机会，而悲观的人在每个机会中都看到了危难。

马 粪 堆 和 玩 具

一位父亲欲对一对孪生兄弟作"性格改造"，因为其中一个过分乐观，而另一个则过分悲观。一天，他买了许多色泽鲜艳的新玩具给悲观孩子，又把乐观孩子送进了一间堆满马粪的车房里。

第二天清晨，父亲看到悲观孩子正泣不成声，便问："为什么不玩那些玩具呢？"

"玩了就会坏的。"孩子仍在哭泣。父亲叹了口气，走进车房，却发现那乐观孩子正兴高采烈地在马粪里掏着什么。"告诉你，爸爸，"那孩子得意扬扬地向父亲宣称，"我想马粪堆里一定还藏着一匹小马呢!"

乐观者看到的是甜甜圈，而悲观者看到的是一个窟窿圈。

（13）积极参加人际交往。情绪智力的高低与一个人人际关系的好坏有直接的关系，高情绪智力是人际关系和谐的"润滑剂"，情绪智力高的个体往往具有较高的人际交往能力，表现在善于观察和倾听，读懂他人的面部表情和肢体语言；注重合作；喜欢解决冲突或设计解决方案；能够推测别人的想法和动机；愿意结交新朋友，无论独处还是与许多人在一起时都能怡然自得等。由于没有天生的外交家，所以这些能力的培养和提高都需要在人际交往实践中甚至是人际交往挫折中慢慢习得。

在一项研究中，被试被随机安排与彼此不认识的被试进行聊天。在对话之后，研究人员让双方评估自己的聊天对象。在实验前，这些人曾按一定的快乐衡量标准参与评估，一部分人是快乐程度较高的人，一部分人则是快乐程度较低的人。实验结果显示：人们都对快乐的聊天对象评价较高，且更愿意与之更进一步交谈。简而言之，快乐的人往往更招人喜欢且更受欢迎。

皮格马利翁效应

古希腊神话中记载了这样一个故事：塞浦路斯的国王皮格马利翁非常喜欢雕塑。一次，他用一块象牙精心雕塑了一个美女像，给她取名为"盖拉蒂"。这尊雕塑实在太完美了，皮格马利翁逐渐爱上了自己的作品。他每天对着雕塑倾诉绵绵情话，赞美她的美貌，真诚地希望她能够幻化为人形，成为自己美丽的妻子。一天，皮格马利翁的痴心最终感动了女神，雕像化作一位楚楚动人的美女，笑吟吟地朝他走来。皮格马利翁的期望终于成真，迎娶了眼前这位让自己朝思暮想的女子。

人们将皮格马利翁效应总结为"说我行，我就行，不行也行；说我不行，我就不行，行也不行"。这说明赞美和期待具有一种超常的能量，能够改变一个人的行为与思想，激发人的潜能。一个人得到别人的信任与赞美后，会变得更加自信和自尊，从而获得一种积极向上的原动力。为了不让对方失望，他会更加努力地将自己的优势发挥到极致，尽力达到对方的期望。相反，如果向对方传递了一种消极的期望，则会让他变得自暴自弃，向着消极的一面发展。

我们可以利用语言的指导和暗示作用，来调适和缓解心理的紧张状态，使不良情绪得到疏解。心理学的实验表明，当一个人静坐时，默默地说"勃然大怒""暴跳如雷""气死我了"等语句时心跳会加剧，呼吸也会加快，仿佛真的发起怒来。相反，如果默念"喜笑颜开""兴高采烈""把人乐坏了"之类的语句，那么他的心里面也会产生一种乐滋滋的体验。由此可见，言语活动既能唤起人们愉快的体验，也能唤起不愉快的体验；既能引起某种情绪反应，也能抑制某种情绪反应。因此，在生活中遇到情绪问题时，我们应当充分利用语言的作用，用内部语言或书面语言对自身进行暗示，缓解不良情绪，保持心理平衡。比如默想或用笔在纸上写出下列词语："冷静""三思而后行""制怒""镇定"等。实践证明，这种暗示对人的不良情绪和行为有奇妙的影响和调控作用，既可以松弛过分紧张的情绪，又可用来激励自己。

心理测量 5：艾森克情绪稳定性测验

[美] 艾森克编制

艾森克是英国伦敦大学的心理学教授，是当代最著名的心理学家之一，编制过多种心理测验。《情绪稳定性测验》可以被用于诊断是否存在自卑、抑郁、焦虑、强迫症、依赖性、疑心病观念和负罪感。

指导语：

下面给出 210 道题，请你逐一在答案纸上回答。你可以在"是（Y）""否（N）"和"不好说（？）"三个答案中选择一个，用铅笔圈起你的选择。你尽量选择"是"和"否"。不要过多地思考每个题目的细微意义，最好根据自己的第一感受来回答。

1. 我认为我能像大多数人那样行事吗？
2. 我似乎总碰到倒霉事。
3. 我比大多数人更容易脸红吗？
4. 有一个思想总在我脑中反复出现，我想打消它，但是办不到。
5. 我有想戒而戒不掉的不良嗜好吗？如吸烟。
6. 我是否总是感觉良好并精力充沛？
7. 我常常为负罪感而烦恼吗？
8. 我是否觉得有点儿骄傲？
9. 早上醒来时，我是否经常感到心情郁闷？
10. 即使发愁的时候，我也极少失眠吗？
11. 我时常感到时钟的嘀嗒声十分刺耳、难以忍受吗？
12. 对于那种看上去我很在行的游戏，我想学会并享受其乐趣吗？
13. 我是否食欲不佳？
14. 在我实际上没有错的时候，我是否常常寻找自己的不是？
15. 我常常觉得自己是一个失败者吗？

16. 总的来说，我是否满足于我的生活？

17. 我通常是平静、不容易被烦扰吗？

18. 在阅读的时候，如果发现标点错误，我是否觉得很难弄清句子的意思？

19. 我是否通过锻炼或限制饮食来有计划地控制体形？

20. 我的皮肤非常敏感和怕痛吗？

21. 我是否有时觉得我所过的生活令我父母失望？

22. 我为我的自卑感苦恼吗？

23. 在生活中，我是否能发现许多愉快的事？

24. 我是否觉得我有许多无法克服的困难？

25. 我是否有时强迫自己收手，尽管我明明知道我的手段很干净？

26. 我是否相信我的性格已由童年的经历所决定，所以无法改变？

27. 我是否时常感到头脑发晕？

28. 我是否觉得我犯了不可饶恕的罪过？

29. 总的来说，我是否很自信？

30. 有时我不在乎将来怎样。

31. 我是否总感到生活十分紧张？

32. 我有时为一些细枝末节的小事总缠绕在思想中而烦恼吗？

33. 不管别人怎么说，我总按自己的决定行事吗？

34. 我比多数人更容易头痛吗？

35. 我常有对自己的所作所为进行忏悔的强烈意愿吗？

36. 我是否常常希望自己是另外一个人？

37. 平时我感到精力充沛吗？

38. 我小时候害怕黑暗吗？

39. 我是否热衷于某种迷信仪式，以避免走路发出的劈啪声等诸如此类的不吉利的事？

40. 我觉得控制体重困难吗？

41. 我是否有时感到面部、头部、肩部抽搐？

42. 我是否常觉得别人非难我？

43. 当众讲话是否使我感到很不自在？

44. 我是否曾经无缘无故地觉得自己很悲惨？

45. 我是否常常忙忙碌碌似乎有所求，实际上不知所求？

46. 我常担心抽屉、窗子、门、箱子等东西是否锁好吗？

47. 我是否相信上帝、命运等超自然的力量控制着我的生老病死？

48. 我很担心自己得病吗？

49. 我是否相信此时此刻所得的幸福，最终不得不偿还？

50. 如果可能的话，我将在许多方面改变自己吗？

51. 我觉得自己前途乐观吗？

52. 面对艰难的任务，我是否会发抖、出汗？

53. 上床睡觉之前，我常按程序检查所有的电灯、用具和水管关好没有吗？

54. 如果事情出了差错，我是否常把它们归结为运气不佳，而不是方法不当？

55. 即使我认为自己仅仅是着凉了，我也一定要去看病吗？

56. 我很关心自己是否比周围大多数人都生活得好吗？

57. 在一般情况下，我是否觉得自己颇受大家的欢迎？

58. 我是否有过自己不如死了好的想法？

59. 即使知道对我不会有伤害，我也对一些人或事担惊受怕吗？

60. 我是否小心翼翼地在家里储存一些食品或粮食，以防食物短缺？

61. 我是否曾感到有一种坏念头支配着我？

62. 我是否常感到精疲力竭？

63. 我是否做过一些使我终生遗憾的事？

64. 对于我的决定，我是否总是充满信心？

65. 我常感到沮丧吗？

66. 我比其他人更不容易焦虑吗？

67. 我特别害怕和厌恶脏东西吗？

68. 我是否常感到自己是某种无法控制的外力的受害者？

69. 我被认为是一个体弱多病的人吗？

70. 我常常无缘无故地受到责备和惩罚吗？

71. 我是否觉得自己很有见地？

72. 对我来说，事情总是没有希望吗？

73. 我常无缘无故地为一些不现实的东西担心吗？

74. 在外面，如果遇到火灾，我是否先计划怎样逃脱？

75. 做事前，我是否总是设计一个明确的计划而不是碰运气？

76. 我家里有一个小药箱来保存我以前看病剩余的各种药物吗？

77. 如果有人训斥我，我往心里去吗？

78. 我是否常为一些我做过的事情感到惭愧？

79. 我和多数人一样爱笑吗？

80. 多数时间里我都为某些人或事感到忧心忡忡吗？

81. 我是否会因为东西放错了地方而烦躁难受？

82. 我曾经用扔硬币或类似的完全凭概率的方法来做决策吗？

83. 我非常担心我的健康吗？

84. 如果我发生了意外事故，我是否觉得这是对我的报应？

85. 当我注视自己的照片时，我是否感到窘迫，并抱怨人们总不能公平地对待我？

86. 我常常毫无原因的感到无精打采和疲倦吗？

87. 如果我在社交场合出了丑，我能很容易地忘却它吗？

88. 对于我所有的花销，我都详细地记账吗？

89. 我的所作所为是否常与习俗和父母的希望相悖？

90. 强烈的痛苦和疼痛使我不可能把注意力集中在我的工作上吗？

91. 我是否为我过早的性行为而后悔？

92. 我家里是否有些成员使我感到自己不够好？

93. 我常受到噪声的打扰吗？

94. 坐着或躺下时，我很容易放松吗？

95. 我是否很担心在公共场合里传染上细菌？

96. 当我感到孤独时，我是否努力去友善待人？

97. 我是否经常为难以忍受的瘙痒而烦恼？

98. 我是否有某些不可饶恕的坏习惯？

99. 如果有人批评我，我是否感到非常不愉快？

100. 我是否觉得自己受到生活的不公平待遇？

101. 我很容易为一些意想不到的人的出现而吃惊吗？

102. 我总是很细心地归还借物吗？哪怕钱少得微不足道？

103. 我是否感到我不能左右我周围发生的事情？

104. 我的身体健康吗？

105. 我常受到良心的折磨吗？

106. 人们是否把我作为他们利用的对象？

107. 我是否认为人们并不关心我？

108. 安静地坐着待一会儿，对我来说很困难吗？

109. 我是否常常事必躬亲，而不相信别人也能把它做好？

110. 我很容易被人说服吗？

111. 我的家人是否多有肠胃不适的毛病？

112. 我是否觉得荒废了自己的青春？

113. 我是否喜欢提一些关于我自己的作为一个人的价值的问题？

114. 我常常感到孤独吗？

115. 我过分地担心钱的问题吗？

116. 我宁愿从马路旁的栏杆下面钻过去，也不愿意绕道而行吗？

117. 我感到生活难以应付吗？

118. 当我不舒服时，别人是否表示同情？

119. 我是否觉得自己不配得到别人的信任和友情？

120. 当人们说起我的优点时，我是否觉得他们在恭维我？

121. 我是否认为自己对世界有所贡献并过着有意义的生活？

122. 我是否很容易入睡？

123. 我不拘小节吗？

124. 我所做多数事情都能使他人愉快吗？

125. 我长期便秘吗？

126. 我是否总是考虑过去发生的事情，并惋惜自己没能做得更好？

127. 我是否有时因怕别人的嘲笑或批评而隐瞒自己的意见？

128. 我觉得世界上没有一个人爱我吗？

129. 在社交场合中，我很容易感到窘迫吗？

130. 我是否把废旧的物品留着，以便将来派上用场？

131. 我相信我的未来掌握在我的手中吗？

132. 我曾经有过神经衰弱吗？

133. 我内心是否隐藏着某种内疚，而担心总有一天必定会被人知道？

134. 社交场合我是否感到害羞，并且自己意识到这种害羞？

135. 我认为把一个孩子带到世界上来是一件很难的事情吗？

136. 如果事情没有按照预定计划进行，我是否容易感到手足无措？

137. 房间里很乱时，我是否感到不舒服？

138. 我是否和别人一样有意志？

139. 我常感到心悸吗？

140. 我相信恶有恶报吗？

141. 与我遇到的人相比，我是否感到自卑，尽管客观上我并不比他差？

142. 一般来讲，我是否成功地实现了我的生活目标？

143. 我常被噩梦惊醒并吓出一身大汗吗？

144. 若别人的狗舔了我的脸，我感到恶心吗？

145. 由于总有一些事情干扰，我不得不改变计划，因此，我觉得订计划是浪费时间吗？

146. 我总担心家里人会生病吗？

147. 如果我做了某些受到谴责的事，我是否能很快地忘掉，并放眼未来？

148. 通常我觉得我能实现我想要达到的目标吗？

149. 我很容易伤感吗？

150. 当我和别人谈话，并想给人留下深刻的印象时，我的声音是否会变得颤抖？

151. 我是不是那种万事不求人的人？

152. 我更喜欢那种由他决策，并告诉我该怎么做的工作吗？

153. 甚至在天气暖和时我也时常手脚冰凉吗？

154. 我常通过祈祷来请求得到宽恕吗？

155. 我对我的相貌感到满意吗？

156. 我是否觉得别人老是碰到好运气？

157. 在紧急情况下我能保持镇静吗？

158. 我是否把所有的约会和同一天所必须做的事都记在本上？

159. 我是否感到在生活中变换环境是徒劳的？

160. 我常感到呼吸困难吗？

161. 听到下流故事时，我感到窘迫吗？

162. 对于我不喜欢的人，我是否保持缄默？

163. 我感到有很长时间我无法驾驭我周围的环境吗？

164. 当我想到自己所面临的困难时，我是否觉得紧张和不知所措？

165. 拜访别人时，进门之前，是否总要整理一下头发和衣服？

166. 我是否常常觉得难以控制我的生活方向？

167. 我是否认为因轻微的不舒服，如咳嗽、着凉、感冒去看病是浪费时间？

168. 我是否常感到好像做错了什么事情，尽管这种感觉没有确实根据？

169. 我是否觉得为了赢得别人的关注和称赞而做事非常困难？

170. 回首往事，我是否觉得受了欺骗？

171. 受到羞辱使我难受很长的时间吗？

172. 和别人说话时，我是否总是试图纠正别人的语法错误，尽管礼貌可能不允许这样做？

173. 我是否觉得现在的事情如此变化莫测，以至简直找不出规律？

174. 如果我得了感冒，我是否马上上床休息？

175. 我是否由于我的老师没有充分备课而对他感到失望？

176. 我是否常常把自己设想得比实际好？

177. 我和别人一样生活得快乐吗？

178. 我能够通过描述自己来认识自己吗？

179. 我是否把自己描述成一个完美的人？

180. 我总是有明确的生活目标吗？

181. 早上我是否常常看看我舌头的颜色？

182. 我是否常在回忆过去时，觉得自己以前对待别人太不好？

183. 我是否觉得我从来没有做过任何好事？

184. 我是否觉得自己是生活中多余的人？

185. 我是否为可能会发生的事而操不必要的心？

186．当烦恼的事情使我无法入睡时，我是否按照习惯离开睡床？

187．我是否常常觉得别人在利用我？

188．我每天都称体重吗？

189．我是否期望上帝在来世惩罚我的罪过？

190．我是否常常怀疑我的性能力？

191．我的睡眠通常是不规则的吗？

192．我是否常常无缘无故地变得很激动？

193．保持整洁有序对我来说是至关重要的吗？

194．我是否有时受广告的影响而买一些我实际上并不想买的东西？

195．我是否常常为噪声而烦恼？

196．如果在人际交往中遇到挫折，我总是责备自己吗？

197．我有起码的自尊心吗？

198．即使我和其他人在一起时，我也常常感到孤独吗？

199．我曾经觉得我需要服用一些镇静剂吗？

200．如果我的生活日程被一些预料之外的事情所打乱，我感到非常不快吗？

201．我是否通过占卜算卦来预测自己的未来吗？

202．我是否觉得有块东西堵在喉咙里？

203．我是否有时对我自己的性欲望和性幻想感到厌恶？

204．我认为我的个性对异性有吸引力吗？

205．在多数时间里，我内心感到宁静和满足吗？

206．我是一个神经质的人吗？

207．我是否常常花大量的时间来整理书籍，这样我可以在需要的时候知道它们在哪？

208．我是否总是由别人来决定我看什么电影或节目？

209．我有过忽冷忽热的感觉吗？

210．我能很容易地忘记我所做错过的事吗？

计分方法：

上面 210 道题中包含着 7 个分量表，每 30 题一个量表，分别从自卑感、抑郁性、焦虑、强迫症、依赖性、疑心病观念和负罪感 7 个方面评价一个人的情绪状态。

根据下面给出的 7 个分量表记分。计分表中的数字是问卷中的题目号，题号后的"＋"号表示该问题回答"是"则得 1 分；题号后的"－"号表示该题回答"否"则得 1 分；凡是回答"不好说"的一律得 0.5 分。将各题得分加起来就是你在该分量表上的得分。

（1）自卑感。

1＋	43－	85－	127－	169－
8－	50－	92－	134－	176－
15－	57＋	99－	141－	183－
22－	60＋	106＋	148＋	190－
29＋	71＋	113－	155＋	197＋
36－	78－	120－	162－	204＋

（2）抑郁性。

2－	44－	86－	138＋	170－
9－	51＋	93－	135－	177＋
16＋	58－	100－	142＋	184－
23＋	65－	107－	149－	191－
30＋	72－	114－	156－	198－
37＋	79＋	121＋	163－	205＋

（3）焦虑。

3＋	45＋	87－	129＋	171＋
10－	52＋	94－	136＋	178＋
17－	59＋	101＋	143＋	185＋
24＋	66－	108＋	150＋	192＋
31＋	76＋	115＋	157－	119＋
38＋	80＋	122－	164＋	206＋

（4）强迫状态。

4＋	46＋	88＋	130＋	172＋
11＋	53＋	95＋	177＋	179＋
18＋	60＋	102＋	144＋	186＋
25＋	67＋	109＋	151＋	193＋
32＋	74＋	116－	158＋	200＋
39＋	81＋	123－	165＋	207＋

（5）自主性。

5－	47－	89＋	131＋	173－
12＋	54－	96＋	138＋	180＋
19＋	61－	103－	145－	187－
26－	68－	110－	152－	194－
33＋	75＋	117－	159－	201－
40－	82－	124－	166－	208－

（6）疑心病症。

6－	48＋	90＋	132＋	174＋
13＋	55＋	97＋	139＋	181＋
20＋	62＋	104－	146＋	188＋
27＋	69＋	111＋	153＋	195＋
34＋	76＋	118＋	160＋	202＋
41＋	83＋	125＋	167－	209＋

（7）负罪感。

7＋	49＋	91＋	133＋	175＋
14＋	56＋	98＋	140＋	182＋
21＋	63＋	105＋	149－	189＋
28＋	70－	112＋	154＋	196＋
35＋	77＋	119＋	161＋	203＋
42＋	84＋	126＋	168＋	210－

结果解释：

（1）自卑感。

高分者：对自己及自己的能力充满自信，认为自己是有价值的、有用的人，并相信自己是受人欢迎的。这种人非常自爱、不自高自大。

低分者：自我评价低，自认自己不被人喜爱。

（2）抑郁性。

高分者：欢快乐观，情绪状态良好，对自己感到满意，对生活感到满足，与世无争。

低分者：悲观厌世，易灰心，心情抑郁，对自己的生活感到失望，与环境格格不入，感到自己在这个世界上是多余的。

（3）焦虑。

高分者：容易为一些区区小事而烦恼焦虑，对一些可能发生的不幸事件存在着毫无必要的担忧，杞人忧天。

低分者：平静、安详，并且对不合理的恐惧、焦虑有抵抗能力。

（4）强迫状态。

高分者：谨小慎微，认真仔细，追求细节的完美，规章严明，沉着稳重，容易因脏污不净、零乱无序而烦恼不安。

低分者：不拘礼仪，随遇而安，不讲究规则、常规、形式、程序。

（5）自主性。

高分者：自主性强，尽情享受自由自在的乐趣，很少依赖别人，凡事自己做主，把自己视为命运的主人，以现实主义的态度去解决自己的问题。

低分者：常缺乏自信心，自认为是命运的牺牲品，易受到周围其他人或事件所摆布，趋附权威。

（6）疑心病症。

高分者：常常抱怨躯体各个部分的不适感，过分关心自己的健康状况，经常要求医生、家人及朋友对自己予以同情。

低分者：很少生病，也不为自己的健康状况担心。

（7）负罪感。

高分者：自责、自卑，常为良心的折磨所烦恼，不考虑自己的行为是否真正应受到道德的谴责。

低分者：很少有惩罚自己或追悔过去行为的倾向。

你可以将你在 7 个分量表上的得分标记在表 5-1 的剖析图之中。剖析图中间的竖线代表人们的平均水平。如果你的得分基本落在中间附近或基本落在竖线的右侧，那么，你的情绪是比较稳定的，心理健康状态也是好的；如果你的得分多数落在竖线左侧，那么，你的情绪就存在着某种程度的不稳定性，你的心理健康状态就可能存在一些问题。此时，你最好去拜访一位心理学家，进行一次心理咨询。

表 5-1　　　　　　　　　　　情绪稳定性测验剖析图

情绪不稳定性	分数		情绪适应性
自卑感	6～21	22～30	自尊
抑郁性	7～22	23～30	愉快
焦虑	30～16	15～1	安详
强迫性	25～11	9～1	随意性
依赖性	5～20	21～29	自主性
疑心病观念	21～6	5～1	健康感
负罪感	23～8	7～1	无负罪感

抑郁自评量表（SDS）

［美］W.K.Zung 编制

表 5-2　　　　　　　　　　抑 郁 自 评 量 表（SDS）

题　　　　目	从无 1	有时 2	经常 3	持续 4
1. 我感到情绪沮丧、郁闷				
*2. 我感到早晨心情最好				

续表

题　　目	从无 1	有时 2	经常 3	持续 4
3．我要哭或想哭				
4．我晚上睡眠不好				
*5．我吃饭和平时一样多				
*6．我与异性密切接触时和以往一样感到愉快				
7．我发觉我的体重在下降				
8．我有便秘的苦恼				
9．我的心跳比平常快				
10．我无缘无故地感到疲乏				
*11．我的头脑和往常一样清楚				
*12．我做事情和平时一样不感到困难				
13．我坐卧不安，难以保持平静				
*14．我对未来感到有希望				
15．我比平时更容易被激怒				
*16．我觉得决定什么事都很容易				
*17．我感到自己是有用的和不可缺少的人				
*18．我的生活很有意义				
19．假若我死了，别人会过得更好				
*20．平时感兴趣的事我仍旧感兴趣				

指导语：

表 5-2 有 20 条内容，请仔细阅读每一条，把意思弄明白，然后根据你最近一星期的实际情况来进行评分，数字 1、2、3、4 的顺序依次为从无、有时、经常、持续。

计分方法：

指标为总分。带星号*的题目为反向计分，即从无 4 分、有时 3 分、经常 2 分、持续 1 分，将 20 个项目的分数相加，即得粗分。标准分=粗分乘以 1.25 后的整数部分。总粗分的正常上限为 41 分，标准总分为 53 分。

结果解释：

分数越高，抑郁程度越高。如果标准分超过 53，请马上求助心理咨询师或者专业医院的心理医生。

焦虑自评量表（SAS）

[美] W.K.Zung 编制

表 5-3 焦虑自评量表（SAS）

题　　目	从无 1	有时 2	经常 3	持续 4
1. 我觉得比平时容易紧张或着急				
2. 我无缘无故地感到害怕				
3. 我容易心里烦乱或感到惊恐				
4. 我觉得我可能将要发疯				
*5. 我觉得一切都很好				
6. 我手脚发抖打颤				
7. 我因为头疼、颈痛和背痛而苦恼				
8. 我觉得容易衰弱和疲乏				
*9. 我觉得心平气和，并且容易安静坐着				
10. 我觉得心跳很快				
11. 我因为一阵阵头晕而苦恼				
12. 我有晕倒发作过，或觉得要晕倒似的				
*13. 我吸气呼气都感到很容易				
14. 我的手脚麻木和刺痛				
15. 我因为胃痛和消化不良而苦恼				
16. 我常常要小便				
*17. 我的手脚常常是干燥温暖的				
18. 我脸红或发热				
*19. 我容易入睡并且一夜睡得很好				
20. 我做噩梦				

指导语：

表 5-3 中有 20 条内容，请仔细阅读每一条，把意思弄明白，然后根据你最近一星期的实际情况来进行评分，数字 1、2、3、4 的顺序依次为从无、有时、经常、持续。

计分方法：

指标为总分。带星号*的题目为反向计分，即从无 4 分、有时 3 分、经常 2 分、持续 1 分，将 20 个项目的分数相加，即得粗分。标准分等于粗分乘以 1.25 后的整数部分。

结果解释：

低于 50 分：正常；

50～60 分：轻度焦虑；

61～70 分：中度焦虑；

70 分以上：重度焦虑。

如果你的标准分超过 70，可以考虑去求助心理咨询师或者专业医院的心理医生。

心理书单 5：《好心情手册》

（又名《伯恩斯新情绪疗法》）

【美】戴维·伯恩斯著，河南人民出版社

你的感受是可以改变的。很多人相信他们的坏心情来自他们不能控制的因素。他们问道："我的女友抛弃了我。女人们都看不起我。我怎么可能感到幸福呢？"他们或者说："我怎样才能自我感觉良好呢？我不成功，我的事业谈不上辉煌，我就是不如别人，这是事实。"有些人将自己抑郁的心情归咎于其体内的激素或化学成分。有些人相信他们感到前途暗淡来源于他们儿时的经历，尽管这些经历很早就被遗忘掉了或者被埋藏在潜意识的深处。有些人争辩说，由于他们生病了或他们本人最近经历了失望，所以感到心情很坏是有道理的。还有人将他们的坏心情归咎于世界的形势——摇摇欲坠的经济、坏天气、税收、交通堵塞、核战争的威胁，等等。他们说，痛苦是不可避免的。当然，这些观点都有正确的部分。我们的心情无疑会受到外界事物、体内的化学成分或者过去创痛的影响。但是，这些理论是建立在我们的心情不能控制的观点之上的。如果你说"我对自己的感受无可奈何"，你只会把你自己变为自身痛苦的牺牲品——而你实际上是在作践自己，因为你能够改变自己的感受。如果你想感受好一些，你一定要认识到是你的思想和态度——而不是外界的事物——造就了你的感受。你可以学着改变自己思考、感受和行为的方式，而且是立刻改变。这些简单但具有革命性意义的原理可以帮助你改变自己的生活。为了说明思想和心情的重要关系，设想一下人们对一句恭维话会有多少种反应。例如，我说："我真的非常喜欢你，你是一个好人。"你会怎么想呢？很多人会感到高兴，有人会感到难过或负罪感，也有人会感到难堪，甚至还有人会感到烦恼和愤怒。如何来解释这么多不同的反应呢？这是因为人们对这句恭维话有各种思维方式。如果你感到难过，可能因为你在想："他只是想让我的感受好一些。他只是想安慰我，但实际上他心里不是这样想的。"如果你感到气愤，可能因为你认为："他在恭维我，可能他想从我这里得到什么。他为什么不能诚实地直接讲出来呢?"如果你对这句恭维话感到高兴,可能你在想:"哦,他喜欢我,太好了。"不管你反应如何,外部事物——即对你的恭维——就是那么一句相同的话。你对那句话的感受全部来自你如何理解那句话。这就是你的思想造就了你的情绪。在出现不好的事情时也是这样。例如,一个令你尊重的人批评了你,你会有什么反应?如果你对自己说都是我的不好,都是我的错误,就会产生负罪感。如果你心里想别人看不起我,并会拒绝我,你会感到焦虑和担心。如果你认为都是别人的错,他们无权对我如此不公平,你会感到气愤。如果你的自尊心特别强,听到这些后,你可能会感到奇怪,并会试图理解别人的想法和感受。在任何情况下,你的反应取决于你对于批评的感受。你传递给自己的信息对你的情绪有很大的影响。更重要的是,学会改变自己的思想就可以改变你的感受。

本书介绍的科学方法已经帮助成千上万的人在感情上、事业上和人际关系上发生了巨大的变化。它们同样可以帮助你,但这也不总是很容易的。有时为了从坏心情中解脱出来,需要付出巨大的努力和耐心。但是,问题最终是可以解决的。本书所介绍的方法直截了当,非常实用,你可以使它们在你身上发挥作用(见图5-4)。

图5-4 《好心情手册》

心理银幕5:《心理游戏》

《心理游戏》是由约翰·布兰卡托编剧,大卫·芬奇执导,迈克尔·道格拉斯等担任主演的一部影片。

迈克尔·道格拉斯饰演的主人公是一个身家上亿的富翁,事业如日中天,但他却有一个不幸的童年。童年的心理创伤挥之不去,使他常常心情郁闷、脾气古怪,致使妻子和弟弟都离开了他,职员们对他敬而远之。48岁生日那天,弟弟康拉德送给他一张"消费者康乐卡",使他无意中参加了一个游戏。经历了被戏弄、被欺骗、被追杀甚至被抛弃到墨西哥荒凉墓地的体验，并且被夺取了他引以为豪的全部财富后，他气急败坏，在与那些整治他的人面对面的抗争和报复时，却误伤了弟弟。于是他学着父亲的样子跳下了楼。跳楼的那一刻，他通过亲身经历治愈了童年的心理创伤，将情感从死去的父亲身上转移到面前所有的亲朋好友身上。最终他获得了重生，从父亲坠楼的阴影中走了出来，与前妻冰释前嫌，并与胞弟重归于好。

影片中的主人公总是心怀消极情绪，并任其左右自己的思想和行为，也因此使自己逐步陷入绝境。该影片告诉了我们一个道理：要做自己情绪的主人，时刻驾驭、调控自己的情绪，才能有幸福的生活。

测一测　看一看
积极情绪体验

第六讲
压力应对

　　有一个人，他觉得做人实在太累了，要承受各种各样的压力，一辈子有忙不完的事，一点都不自由、不快乐。于是他就找到上帝，说他不想做人了，做人太累。上帝问他："那你想做什么呢?"这个人想了想说："我想变成一条鱼，在大海里自由自在地遨游。"于是上帝把他变成了一条鱼。

　　小鱼在水里自由自在地玩耍，可不一会儿，有鲨鱼要吃它，它拼命地逃，好不容易躲过了一劫，可刚一扭头，却进了鲸鱼的肚子，它想尽办法逃了出来，赶快去找上帝，小鱼惊魂未定，气喘吁吁地说："太可怕了，太可怕了，我不当鱼了，那么多大鱼要吃我，我受不了了!"小鱼要求上帝把它变成一只鸟，可以在天上自由飞翔。上帝答应了它的请求。

　　可是没过几天，小鸟又来诉苦："上帝啊，当鸟的日子也不好过啊! 老鹰要抓我，毒蛇要咬我，猎人还天天举着枪要打死我，要不就是把我关在笼子里当宠物，要不干脆把我当菜吃，做人虽苦，但至少没有生命危险。"

　　于是上帝把他变回了人，并对他说："谁都有烦恼，有压力，不要纯粹羡慕他人的自由快乐，要知道快乐和痛苦是并存的。认认真真地做你自己，才是最快乐的事!"

团体活动 6：我的五样

活动目的　澄清个人价值观，懂得珍惜自己生活中最有价值的东西。
活动材料　A4 纸和笔。

活动过程

1. 请大家放松，写出个人生命中最重要的五样东西，可以是人、事、物，也可以是精神的追求，比如理想和信念；也可以是爱好和习惯，比如旅游、音乐；可以是过去的，也可以是未来的；可以很具体，也可以很抽象。你尽可以天马行空地想象，只要把内心最珍贵的五样东西写下来就行，不必考虑顺序。写的时候不要和其他人讨论，也不要给别人看，因为这是你的选择。是属于你的小秘密。

请大家看着纸上的五样，想一想选择它们的理由是什么？

2. 不幸的是，你的生活发生了意外，你要在重要的五样东西中舍去一样，请把其中的一样划掉。

3. 请你再放弃一次，思考后作出选择。

4. 请你再划掉一项，只剩两项。

5. 迫不得已，你还得做最后的选择，只能剩下最后一项。

6. 交流与讨论，你为什么留下这一项？

你划掉了四样，它们同样是你看重的东西，但被划掉的顺序说明在你心目中它们的重要性还是略有不同。当你明晰了重要事项的次序，剩下的就是按图索骥，以实际行动来实现自己的人生愿望。

对每个人来说，压力无处不在：工作、恋爱、婚姻、亲子关系、个人职业发展以及空难、地震等灾难性事件……同时，压力也无时不在：婴儿渴望母爱、幼儿渴望游戏、少年渴望独立、青年渴望爱情、中年渴望成功、老年渴望尊重……每个人都有自己的生活，自己的喜怒哀乐，但是很多人往往只看到自己的痛苦，别人的快乐，为此而嫉妒、埋怨，其实人人都一样，谁都有压力，上帝是公平的，痛苦与快乐都给了你，只是看你自己如何选择。

一、解读压力

国家职业安全与健康研究所的报告显示：有 1/3 的人感受到工作有极大的压力，

有 1/4 的人将工作压力视为他们生活中面临的最大压力。早期出现的工作压力警告信号包括以下几项：紧张、头痛、脾气暴躁、睡眠失常、对工作不满意、食欲不佳、情绪低落、注意力难以集中等，这些都是压力的影响，或是引起压力的原因。任何需要反应、改变或调整的事物都会产生压力，如：家庭压力、就业压力、学习压力、生育压力、经济压力、婚姻压力等，无论是高楼林立的现代都市中的白领，还是偏僻贫困的山沟里的老农，都无法躲过。压力是现代生活中不可避免的一部分。

1. 压力的定义

"压力"这一概念源于物理学。在物理学中，压力（Stress）是指当物体受到试图扭曲它的外力作用时，在其内部产生的相应的力。从心理学的角度讲，压力是个体基于外界刺激所产生的一种紧张状态，刺激事件包括各种内在及外在情景，它要求有机体做出某些适应性反应。

压力与我们的生活朝夕相伴，可以毫不夸张地说，有人的地方就有压力，压力带给我们的感觉很直接，压力给人们的影响也十分复杂。

对于压力的界定，不同学派的研究者有不同的见解，但目前大家普遍认为，压力是个体觉察到各种刺激对其生理、心理及社会适应构成威胁时出现的整体反应，其结果可以是适应或适应不良。通俗地说，当我们感觉到周围发生的事情（如无法按时完成领导安排的工作）对自身有影响（可能要受到批评），这时我们身体和精神上会出现一系列的反应，比如紧张、烦躁、脸红、出汗，这个过程就表示我们在经受着压力。国家职业安全与健康研究所将工作压力定义为"当一项工作的要求与人的能力、资源以及需求不能相配时所产生的有害情绪反应。"

最著名的压力专家之一、加拿大的心理学家汉斯·塞莱（Hans Selye）认为："压力是生活的调味品，能给生活带来价值和活力。当然，这决定于调味品的数量，放错或放多会让你的肚子难受（可能还会腹泻）。"塞莱（1956）区分了两种不同类型的压力，正面的"积极压力"和负面的"消极压力"。心理学家做了这样一个实验：让一些成年人待在一个完全没有压力的环境里（没有光，没有声音，失重，只让静止的液体保持体温），他们的情绪、思维和动作很快就表现出混乱，并要求赶紧释放出来。

2. 压力的形成

压力的形成有两个因素：一是客观因素，外界的刺激和自身能力之间的差距；二是主观因素，自己的觉察或认识，这两者缺一不可。压力既不是一个单纯的事件（比如加班、堵车、失恋等），也不是简单的反应（比如焦虑、消化不良、情绪失控等），而是个体受到多种因素影响的动态过程。

压力形成过程中，压力源（即让我们产生压力的事情）并不直接引发我们的压力反应（即生理、心理及行为各方面的反应）。它们之间还隐藏着一个经常被我们忽略的、造成压力增加或消减的中介系统。同样被领导骂了，A 和 B 的反应不同：

A 难过了一星期，B 摇摇头继续工作去了。我们可以说 A 和 B 具有不同的中介系统。由此可见，如果不通过个人的中介系统，即个人对于压力事件的解释和理解，人是不会感受到压力的。可见，外部事件的刺激是经过了个体的"允许"，才成为压力（见图 6-1）。

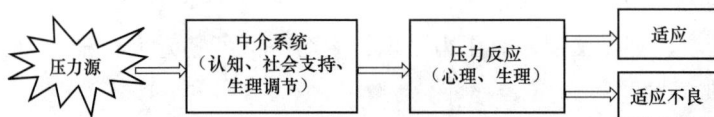

图 6-1　压力示意图

3．压力的特点

压力的产生有其经过证明的生理学基础。一个感受到压力的人，其身体快速分泌大量的压力荷尔蒙（主要包括肾上腺素、皮质醇）。肾上腺素可以立即使人体处于兴奋的备战状态——心跳加速、反应敏锐；而皮质醇则主要负责加速分解体内的蛋白质，为紧急迎战的状态筹备能量。

比如当一个走夜路的女孩听到后面有脚步声的时候，她先是警觉，紧接着她的压力荷尔蒙就会立即分泌，心跳加快，血压升高。而一旦危险确实来临，她想逃跑的时候，她会具备比平时大得多的力量。而压力荷尔蒙的分泌过程不需要我们大脑有意识地指引，在无意识中已经完成了。

虽然偶发的压力反应机制对人的生存和生活是有利的，但是长期处于这种状态却是有害的。在高压力荷尔蒙的环境中，人体的交感神经系统长期处于兴奋状态，从而使得身体的很多器官高负荷地工作，会造成诸如神经衰弱、高血压、心脏病、糖尿病等疾病。同时，由于皮质醇分解体内蛋白质，如果分解的能量释放不出去，会造成人体组织的老化。从海洋洄游到出生地河流中产卵的三文鱼，由于洄游过程中长期处于压力状态，体内蛋白质大量分解，导致其到达目的地产卵之后，身体就会大面积腐烂而死亡。

短期压力与表现的关系如图 6-2 所示。

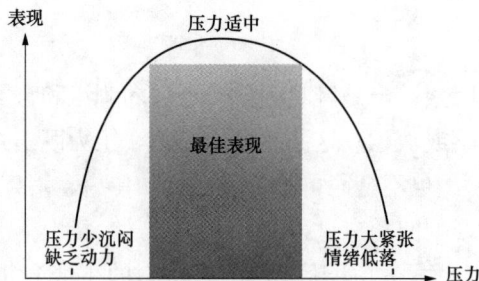

图 6-2　短期压力与表现的关系

没有压力，何来安全

美国科学家摩德尔斯把一灰一白两只小老鼠放在约 500 平方米仿真自然环境中，并把小白鼠的"压力基因"全部抽取出来。

结果发现，小灰鼠走路或觅食总是小心翼翼，生活了十几天，没有出现任何意外，甚至开始储蓄过冬的粮食。它用了近 4 天的时间才熟悉整个仿真空间，最高只是爬上盛有食物的高仅 2 米的吊篮。

而小白鼠从一开始就生活在兴奋之中，只用一天的时间就把 500 平方米的全部空间大摇大摆逛了一遍。第三天，爬上高 13 米的假山，在试着通过一块小石头时不幸摔下来死了。其实，如果小白鼠谨慎些，这块石头完全可以安全通过。

在世人眼里，压力只会带来痛苦、失望、遗憾、沮丧……自己最好和压力永远绝缘。然而，如果压力不在，那么粗心大意就会前来拜访，到时候灾难、麻烦也会随之而来。

心 理 实 验 室

1954 年，加拿大麦克吉尔大学的心理学家首先进行了"感觉剥夺"实验（见图 6-3）：实验中给被试戴上半透明的护目镜，使其难以产生视觉；用空气调节器发出的单调声音限制其听觉；手臂戴上纸筒套袖和手套，腿脚用夹板固定，限制其触觉。被试单独待在实验室里，几小时后开始感到恐慌，进而产生幻觉……在实验室连续待了三四天后，被试者会产生许多病理心理现象：出现错觉、幻觉；注意力涣散，思维迟钝；紧张、焦虑、恐惧等，实验后需数日方能恢复正常。另外，美国心理学者的"感觉剥夺试验"也说明一个人在被剥夺感觉后，会产生难以忍受的痛苦，各种心理功能将受到不同程度的损伤，经过一天以上的时间才能逐渐恢复正常。这个实验表明：大脑的发育、人的成长成熟是建立在与外界环境刺激广泛接触基础之上的。只有通过社会化的接触，更多地感受到外界的刺激压力，人才可能更多地拥有力量，更好地发展。

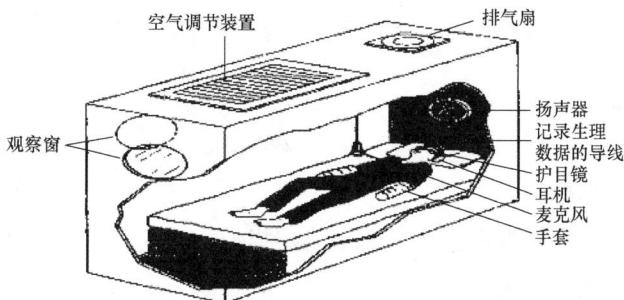

图 6-3 感觉剥夺试验

从我们的生活体验以及上面的定义和阐述中，我们可以总结出压力的几个突出特点。

（1）压力是一个动态的过程。压力是一个连续的过程，从事件发生，到人们觉察，继而对它有一个判断、评价，同时伴随着一定的情绪感受，身体也随之出现一些不自主的反应，像紧张、生气、出汗，最后人们会行动起来，要么发泄情绪，要么想方设法处理问题，或者干脆逃避问题。

（2）压力具有积累效应。手举一个矿泉水瓶并不难，但如果举两个小时，就会吃不消了。压力就像矿泉水瓶，可以在时间和强度上累积，一件小事压力不大，但小事多了压力就严重了。压力还会在效果上累积，长期处于压力之中的员工会出现工作效率低下、健康状况不佳、行为不良等问题，严重的会出现高血压、冠心病等身体疾患。

（3）压力具有多样性。由于人们生活在不同的环境里，从事不同的职业，有不同的家庭，每个人都是一个小世界。即使同一单位的人也有职位、学历、年龄、性别、身体状况等方面的差别，不同的人承受着不同的压力，比如一线工人与经营人员的压力不同，熟练的班长和新入职的员工的压力也不相同。

（4）压力具有主观评价性。如果问一个问题：生活中最大的压力是什么？每个人都会给出不同的回答，因为每个人对压力的理解和认识是不同的。同样一件事，对我是压力，对你可能无关紧要，对他或许就是前进的动力，这主要取决于人的态度、能力、经验等。

（5）压力具有推动作用。就像疼痛感对人有保护作用一样，压力对人类的存在也有重要意义。压力是一种信号，一种提醒，推动人们的前进发展。没有压力，就没有生命力，更没有成长和进步。适度的压力，有利于提升工作综合素质和竞争意识，促进心理健康和全面发展。但压力如同杯中的残茶，要常清理，清理跟不上就会出现问题。

二、压力对身心的影响

我们有很多描述压力的词汇，激动、受伤、亢奋、恼怒……这些词汇都含有"高亢"这层意思，因为压力反应确实就是"高亢"的体验。肌肉变得兴奋，感觉变得强烈，意识变得敏锐。在特定的频率范围之内，这些感受有益于健康。但持续的压力会给精神、身体和心绪安宁造成巨大的伤害。人的健康和幸福取决于对压力的恰当反应。

1. 压力与生理功能

（1）大脑反应。压力可以促使大脑皮层释放某些激素，使身体做好处理危险的准备。除此以外，大脑在压力过重时还会发生哪些反应呢？首先，思维和应对更加迅速，压力反应导致某些化学物质分泌增多，促使大脑和思维变得更加活跃。但是，与此直接相关的却是损耗那些使人在巨大压力下保持思维正确性和反应敏锐度的物质，到达忍受压力的临界点之后，大脑就无法正常运作。会忘记事情，丢失东西，不能集中精神，会出现丧失意志力，沉迷于酗酒、吸烟、暴饮暴食等不良行为。

（2）肠胃及心血管疾病。身体进行压力反应的第一步是促使血液从消化系统转向主要肌肉群。肠胃可能会清空内部物质，使身体做好迅速反应的准备。很多经历压力、焦虑和紧张的人会出现胃痛、恶心、呕吐、腹泻等症状（医学上称此为"紧张的胃"）。长期的阶段性压力和慢性压力与许多消化系统疾病紧密相关，比如应激性的大肠综合症、大肠炎、溃疡、慢性腹泻等。

有些科学家认为压力会造成高血压，人们通常认为紧张、焦虑、易怒、悲观的人遭遇心脏病突发的可能性更高。事实上，对压力越敏感的人患心脏病的几率也越高。同时，压力会造成不良的生活习惯，从而间接地引发心脏病。高脂肪、高糖分、低纤维素的饮食结构（快餐、垃圾食品的特征）会引起血脂升高，最终导致血流不畅和心脏病突发。如果缺乏锻炼，心脏疾病的危险因素就会进一步增加。

（3）承受重压的皮肤病及慢性病。长期压力会导致慢性粉刺的出现，还会引起牛皮癣、麻疹等各类炎症。粉刺等皮肤问题通常都与激素失调有关，而压力正是造成激素紊乱的重要因素。长期的压力会延长皮肤问题发生的时间，疲惫的免疫系统则需要更多的时间才能修复各类损伤。男性对此也不能完全免疫，压力会造成化学失衡，导致成人粉刺的出现或恶化。青年期激素波动剧烈，处在重压之下的青年如果压力过大，发生皮肤病的可能性会更大。

当长期释放的压力激素破坏了身体平衡之后，免疫系统就无法有效运作。功能衰退的免疫系统和日益敏感的痛觉都会损害身体状况，包括慢性疼痛。身体处于压力状态的时候，偏头痛、关节炎、纤维肌疼痛、多发性硬化、骨质退化、关节疾病、旧病旧伤等都会恶化。压力管理技术和疼痛控制技术有助于慢性疼痛的缓解，还能改善情绪对疼痛的认知，避免疼痛造成压力的加重。

2. 压力与心理功能

压力会引起多种精神和情绪反应，反之，这些反应也能引起压力。工作太累，把自己逼得太紧、体能消耗太大、说话太多，或者生活在不快乐的环境中都会导致沉重的压力负担。和身体压力一样，情绪压力也会使生活变得艰难，更糟糕的是，情绪压力会进一步引发其他的压力，使人陷入新一轮的螺旋式循环。

或许一个人正在经历一段困难的个人感情，觉得有压力，却又将其置之不理（或许看似无法解决），全身心地投入工作，加班加点，承接更多的项目。起初，也许能找到额外的优势，因为个人压力已经转换成工作的能量和动力。但是最终总会达到忍受压力的临界点，精神调节能力大大削弱，个体将无法集中精神，也不能集中注意力，还会产生剧烈的情绪波动，会觉得自己的工作表现很差，以及自我效能感的下降，沮丧、焦虑、惊恐、抑郁等也将接踵而至。

情绪压力有很多形式。社会应激物包括工作压力，即将来临的重大事件，和配偶、孩子、父母之间的感情问题，爱侣的过世等。生活中的任何巨变都会引发情绪压力，关键在于如何看待这些事件。即使是积极的（婚姻、毕业、新工作）、暂时的变化，带来的压力也可能让人难以承受。

情绪压力非常危险，相对身体压力而言，人们更容易忽视情绪压力。然而，两者对身体和生活的伤害却是等同的。找出情绪压力的源头是压力管理的关键。如果能同时关注身体压力和情绪压力，生活将会更有乐趣。

三、压力管理策略

个体在环境中受到各种因素刺激的影响而产生的一种紧张情绪就是压力，这种情绪会正向或负向地影响到个体的行为。当你感觉压力越来越大时，应该想方设法减轻压力，降低压力的负面影响。要对压力进行成功的管理和运作，首先要考察压力程度，从而采取相应的措施，当对工作失去动力、工作态度消极、工作质量明显下降时，需要引起足够的重视，给予良好的压力疏导和缓解。

1. 压力管理的原则

适度的压力可以使人集中注意力、提高忍受力、增强机体活力、减少错误的发生。压力可以说是机体对外界的一种调节需要，而调节则意味着成长。在压力情境下学会应付的有效方法，可以使应付能力不断提高，工作效率也会随之上升，所以压力是提高人的动机水平的有力工具。

（1）对压力有觉察。有两种压力可能使肌体调节失常，一是突如其来的过大压力，二是持续不变的低量压力。前一种压力使人的压力调节机制瓦解，后一种压力可能逃避正常的肌体反应，造成压力的积蓄，也就是我们所说的亚健康。肌体对压力往往有一种天生的吸收—缓冲机制，一般的生活压力会被身体转化成活力与激情。如果一个人生活在流动、不停变化的压力丛中，他的肌体不仅是健康的，也是充满能量的。压力过小的生活让人消沉，昏昏欲睡，肌体懈怠，思维变慢。

（2）生理和心理平衡原则。躯体与精神两种压力就像跷跷板，躯体压力大，精神压力也会慢慢增大，反之亦然。通过放松来释放躯体压力，精神的压力也会得到适当的缓解。当我们集中心智工作太久，或者长期处在竞争的状态中，我们可以通过肌体的放松来释放内心压力。当我们懈怠太久，无所事事之时，可通过肌体的运动来增强精神的活力。

（3）情绪优先原则。当发生压力事件后，我们一般应该先调整情绪还是先处理问题呢？积极情绪的扩展与建设理论系统阐述了积极情绪的功能，这种理论认为在应对压力事件时，建议"先处理心情，再处理事情"，尤其是对于有焦虑、抑郁、恐惧、悲伤等消极情绪的情绪障碍者。

（4）保持阳光心态的原则。良好的心态可以提高人们应对压力的能力，不良的心态本身就像一团乱麻，干扰人的内心。更主要的是要对压力有正确的观念，压力并不可怕，可怕的是我们对压力有不恰当的观念与反应（良性压力、中性压力、负性压力）。越怕压力的人越是每天都生活在压力中，喜欢压力的人在任何压力面前都会游刃有余，越是困难越向前。

2. 压力管理与心理调适

压力作为现代生活不可回避的一部分，它在生活的多方面影响着我们的身体、心理以及工作。我们现代生活中的大部分压力不是可见的，无论战斗还是逃跑都不是适应性的回应，人的身体还是会做出反应，于是我们就处于高度激励和紧张的状态，如果压力延续很长时间，就会不堪重荷。虽然通过对压力的反应会使自己的身体受到伤害，但也有可能在生活中创造激动人心的有益结果。人的精神和身体是相互联系和相互依赖的。每个人思考的方式和相信的东西对自己的健康和处理压力的能力有着深远的影响。那么我们如何应对来自生活、工作、学习中的压力呢？

（1）认识来源，调整态度。一般来说，我们所遇到的任何生活变动或习惯改变都可称为压力。虽然压力有一部分是由已经发生或即将发生的生活事件引起的，如未完成的工作、必须面对的冲突等。实际上，每个人所感受的压力大小，并不源于生活事件的本身，而源于我们自己怎样看待它。如果我们把压力看成积极的，就会产生积极的情绪，比如认为压力是一种挑战和机会，在征服它的过程中可以获得满足感和成就感。如果认为压力是对自身的威胁和打击，就会感到焦虑、愤怒、悲伤。因此，压力是个体主观认知评估的结果，而不是取决于造成生活改变或习惯改变的事件。要正确认识压力的来源，调整对压力的态度，既要认识到压力是生活的组成部分，又要认识到压力是可以控制的，以积极的情绪和态度对待压力。

（2）记录日志，评价压力。不同的人因为不同事情而感受到压力。要解决自身的压力问题，首先应当清楚自己生活中究竟哪一部分失控，也要知道哪一部分处理得很好。寻找压力来源的最好方法，就是做压力日志。

第一步：记录每天出现在你的生活和工作中的压力来源，如某个同事对你有敌意、工作进度赶不上等。

第二步：记录自己为什么会感觉到压力，是如何感觉到的，什么时候感觉到的。

第三步：评价你所感受到的压力的大小，可以从 10～0 分对压力进行赋值。

第四步：写出你对该压力的控制程度：是有控制、缺乏控制、还是有限的控制。

第五步：写出你应对该压力的方法，积极的还是消极的，采取了哪些具体行动。

通过压力日志，可以判断自己所承受的压力状况。如果得分在 5 分以上的压力来源，你对它的控制程度较低，或采取的是消极的应对方法，引起了负性的情绪体验，则说明个体处于"高压状态"，需要调整。

（3）心理调适，主动求助。压力更多是由于人际关系不良，或个体缺少社会归属感所致。因此，建立良好的人际关系，培育较强的社会归属感是减缓压力的有效途径。很多人在面对压力时，会采取吸烟、暴饮暴食或者吃得太少、沉迷网络、离开朋友和家庭、不参加活动、睡得太多、拖延、回避问题等方式。这些方法可以暂时减轻压力，但从长远看会导致更多危害。应对压力的健康方法有：

有规律地锻炼，有氧运动是释放压力和紧张的最好方法，抽时间进行每次 30 分钟的锻炼，每周 3 次。

合理饮食，包括平衡营养和适量进食。

减少咖啡因和糖，这将使你更加放松，睡眠更好。

远离烟、酒和毒品。

（4）充足睡眠。

留出放松时间，合理有效地安排时间，保证每天有一些自由支配的时间，用来处理自己的事情，放松心情，干自己感兴趣的事情。

给他人打电话，给积极乐观的人打电话，有助于提高你的生活品质。

每天做能给你带来快乐和享受的事。

保持幽默感，包括嘲笑自己，微笑能帮助你与压力作斗争。

深呼吸可以帮助你放慢速度和放松。

3．4A 压力管理策略

借助科学合理的方法和自己以往的经验，可以从避免（Avoid）不必要的压力、改变（Alter）环境、适应（Adapt）压力源、接受（Accept）不能改变的事情四个方面入手，即采用 4A 策略积极进行压力管理。

（1）Avoid—避免不必要的压力。

学会说"不"。了解自己的责任范围，婉拒超出责任范围且超出能力的事情。

回避给自己造成极大压力的人。

控制自己的环境。例如负面新闻让自己忧虑，就远离它们。

避免敏感话题。尽量不要谈及让自己心烦的话题，或者在他人谈及时走开。

减少待办事项。按轻重缓急排序，删除确实不必做的事情。

暂时离开带来压力的环境。

（2）Alter—改变环境。

表达自己的感受而不是隐藏。如果某人或者某事正在烦扰自己，以坦率和有礼貌的方式沟通自己的感受。

乐于妥协。

更加进取。正面处理问题，尽最大努力预见和预防问题。

更好地管理时间。提前计划，适当安排任务，可以改变自己承受的压力。

分派工作。当工作任务繁重或面对自己不熟悉或者擅长的任务，寻求他人帮助。

转移注意力。从事体育活动、干别的事情或者家务。

（3）Adapt—适应压力源。

转变视角。从更加积极的角度看待有压力的环境。

从全局和长远看问题。

调整标准。不要过分追求完美，目标合理就好。

保持自信。当面对压力时，保持积极乐观的态度，回忆自己做过的漂亮事情，想想自己积极向上的品质和才能。

（4）Accept—接受你不能改变的事。

不要试图控制自己不能控制的事。

寻找有利面。将问题和挑战看成锻炼、磨炼自己的机会。

诉说自己的感受。跟家人、朋友交谈，表达自己的想法和忧虑，即便什么都不能改变。

学会忘记。通过忘记和向前看，把自己从负能量中解脱出来。

保持积极稳定的情绪。

音乐冥想放松训练

选择一个安静的环境，找一个舒服的坐姿，播放一曲放松的音乐（比如班得瑞的轻音乐）。

随着音乐和指导语的播放，呼吸保持深、慢而均匀，同时伴随着想象的意境，感觉到有股暖流在身体内运动。

指导语：

我躺在美丽的大海边，沙子又细又柔软，感到很舒适。我躺在温暖的沙滩上，一缕阳光照射过来，感到温暖、舒服。耳边响起了海浪的声音，感到温暖而舒服。一阵微风吹过来，有一种说不出的舒畅的感觉。微风带走了我的思想，只剩下一片金色的阳光。海浪不停地拍打海岸，我的思绪随着海浪的节奏，涌上来，又退下去。温暖的海风吹过来，又离去，带走了我的思绪。我感到沙滩柔软，海风轻缓，阳光温暖。蓝色的天空和大海紧紧地笼罩着我，阳光照遍我的全身，我感到身体暖洋洋的，阳光照在我的头上，我感到温暖和沉重。

轻松暖流，流进我的脖子，我感到温暖和沉重。我的呼吸变慢变深。轻松暖流，流进我的右肩，我感到温暖和沉重。我的呼吸变慢变深。轻松暖流，流进我的右臂，我感到温暖和沉重。我的呼吸变慢变深。轻松暖流，流进我的右手，我感到温暖和沉重。我的呼吸变慢变深。

我的呼吸越来越轻松，越来越深。轻松暖流，流进我的腹部，我感到温暖和沉重。我的呼吸变慢变深。轻松暖流，流进我的胃部，我感到温暖和沉重。我的呼吸变慢变深。轻松暖流，流进我的心脏，我感到温暖和沉重。我的呼吸变慢变深。轻松暖流，流进我的全身，我感到温暖和沉重。我整个身体变得平静，心里也平静极了。我已经感觉不到周围的存在了，我安静地躺在大自然中，感到非常轻松、非常自在。

我的呼吸变慢，变得越来越轻松。心跳也越来越慢，越来越有力。轻松暖流，流进我的右腿，我感到温暖和沉重。我的呼吸变慢变深。轻松暖流，流进我的右脚，我感到温暖和沉重。我的呼吸变慢变深。轻松暖流，流进我的左腿，我感到温暖和沉重。我的呼吸变慢变深。轻松暖流，流进我的左脚，我感到温暖和沉重。

注意：自己放松时可播放录音，放松训练时间不宜超过30分钟。

四、习得性无助

"习得性无助"是指人在最初的某个情境中获得无助感，那么在以后的情境中仍不能从这种关系中摆脱出来，从而将无助感扩散到生活中的各个领域。这种扩散了的无助感会导致个体的抑郁并对生活不抱希望。在这种感受的控制下，个体会由于认为自己无能为力而不做任何努力和尝试，被认为是人类的一种沮丧表现之一。

"习得性无助"是塞利格曼1967年在研究动物时提出的，他用狗做了一项经典实验。塞利格曼把狗关在一个上了锁的笼子里，并且在笼子边上安装了一个扩音器。只要扩音器一响，笼子的铁丝网就会通上电流，电流的强度足以让狗感到痛苦，但不会伤害它的身体。刚开始，扩音器响的时候，被电到的狗会在笼子里四处乱窜，试图找到逃脱的出口。可是在试过几次都没有成功之后，狗就绝望了，放弃了挣扎。虽然扩音器响了，还是有电流通过，但狗只是躺在那里默默地忍受痛苦，而不再极力逃脱了。

于是，塞利格曼把狗挪到了另一个更大的笼子里，笼子的中间用隔板隔开，一边通电，一边没有通电，但隔板的高度使狗可以轻易跳过去。塞利格曼把另一条从来没有经过实验的对照组狗，和先前的那条实验狗一起关进了通电的一边。当扩音器响起，笼子通电时，对照组狗在受到短暂的惊吓之后，立刻奋起一跳，逃到了安全的那一边。可是那条可怜的实验狗，却眼睁睁地看着伙伴轻易地跳到笼子的另一边，自己却卧倒在笼子里，再也不肯尝试了。

1975年，塞利格曼用人做被试，结果使人也产生了习得性无助。实验是在大学生身上进行的，他们把学生分为三组：让第一组学生听一种噪声，这组学生无论如何也不能使噪声停止。第二组学生也听这种噪声，不过他们通过努力可以使噪声停止。第三组做对照组，不给受试者听噪声。当受试者在各自的条件下进行一段实验之后，即令受试者进行另外一种实验：实验装置是一只"手指穿梭箱"，当受试者把手指放在穿梭箱的一侧时，就会听到一种强烈的噪声，放在另一侧时，就听不到这种噪声。实验结果表明，在原来的实验中，能通过努力使噪声停止的受试者，以及未听噪声的对照组受试者，他们在"穿梭箱"的实验中，学会了把手指移到箱子的另一边，使噪声停止。而第一组受试者，也就是在原来的实验中无论怎样努力，都不能使噪声停止的受试者，他们的手指仍然停留在原处，任凭刺耳的噪声响下去，却不把手指移到箱子的另一边。

为了证明习得性无助对以后的学习有消极影响，塞利格曼又做了另外一项实验：他要求学生把下列的字母排列成字，比如 ISOEN、DERRO，可以排成 NOISE 和 ORDER。学生要想完成这一任务，必须掌握 34251 这种排列的规律。实验结果表明，原来实验中产生了无助感的受试者，很难完成这一任务。

斯坦福大学心理学教授卡罗尔·德韦克（Carol Dweck）做的实验是观察习得性无助如何影响学校的学生。她把四年级的学生按照他们的解释风格分为"无助学生"与"优势定向学生"。先呈现解决问题，再呈现未解决的问题。"无助学生"一旦失败，他们就退却到一年级水平；而"优势定向学生"尽管失败了，仍保持在四年级水平，他们卷起袖子干得更欢。分析原因，发现关键是学生是否认为失败与能力或努力相关。习得性无助学生认为失败是永久的（能力而不是努力），弥漫的（他们所做的每一件事），以及个人化的。

习得性无助的学生形成了自我无能的策略，最终导致他们努力避免失败。他们力求逃避目标，拖延作业，或只完成不费力气的任务。他们沮丧，并以愤怒的形式表现出来。美国国家阅读委员会的报告描述这类学生是"懒散、怠慢、有时是破坏性的，他们不完成作业，他们面临困难的作业很快就放弃，他们在要求大声阅读、测验时变得焦虑"。"习得性无助"的学生习惯把控制力缺失归因于下面三个方面：

永久性而不是暂时性。

自己内在人格因素而不是情境因素。

渗透到生活中多方面。所有这些都容易产生习得性无助。

心理测量 6：压力测试

指导语：

请如实回答你过去 3 个月的经历，0—从来没有；1—偶尔；2—有时；3—经常；4—几乎没有。

1. 对工作没有热情。
2. 即使睡眠充足，也感到疲惫。
3. 在生活、工作中感到沮丧。
4. 遇到困难时，情绪低落、不理智或没有耐心。
5. 我不需要更多的时间和精力。
6. 对我的工作感到悲观、无助或沮丧。
7. 做决定的能力比以前低。

8．我认为我的工作效率不应该这么低。

9．工作质量达不到期望值。

10．我感到身体、情感和精神上都很虚弱。

11．我感觉现在自己抵抗疾病的能力比以前下降了。

12．对爱情没有兴趣或兴趣降低。

13．饮食改变。

14．感觉对周围的人的问题和需要很漠然。

15．和上司、同事、朋友及家人的关系似乎比以前紧张。

16．健忘。

17．很难集中注意力。

18．容易心烦。

19．有不满意、做错事或丢了什么的感觉。

20．缺乏长远目标。

计分方法：

0～25 分：处理工作压力的能力很强。

26～40 分：正在承受工作压力，需要适当的预防是较为明智的。

41～55 分：工作压力很大，需要采取措施。

56～80 分：正在走向崩溃，必须马上采取措施。

心理书单 6：《心理压力与健康》

耿永兴著，华东师范大学出版社

　　毫无疑问，心理压力正在成为破坏我们身心健康的罪魁祸首。在强大的心理压力的影响下，我们会感到紧张不安，失去热情，容易疲劳，孤独抑郁。长期的精神紧张还会引发心脏病、胃肠疾病等多种疾病。精神不振、多病会导致我们工作效率低下，人际关系不良，难以适应工作与生活。这么多的压力我们怎么应付？怎样让我们的生活变得轻松快乐一些？

　　《心理压力与健康》的作者耿兴永毕业于北京师范大学心理学系，一直从事大众心理健康的研究与辅导工作，很早就认识到心理压力对人的身心健康的影响，对心理压力的成因、解决方法有着很深的了解。

　　本书说明了我们为什么会感受到压力，什么样的人会更有压力？压力的原因是什么？怎么应对压力？本书除了用通俗流畅的语言告诉读者之外，还有不少让你捧腹的漫画，让你在轻松学习的同时能得到一时独有的快乐。本书为"心理援助系列丛书"中的一本，从心理压力的根源、性格、人际关系障碍、工作压力、情感控制、减压法等方面展现了人们的生活状态及减压方法，通俗易懂，值得一读。

心理银幕6:《雨人》

《雨人》是由巴瑞·莱文森执导，达斯汀·霍夫曼、汤姆·克鲁斯、瓦莱莉·高利诺、迈克尔·D.罗伯茨等主演的电影。该片获得第61届奥斯卡金像奖最佳影片、最佳男主角等多项大奖。

查理（汤姆·克鲁斯饰）父亲去世，留下了300万美元的遗产。然而令他意外的是，遗产全部给了一个他不认识的哥哥雷蒙（达斯汀·霍夫曼饰）。雷蒙的名字查理从没听过，这个事件让他气愤不已。他决定前去寻找哥哥。谁知雷蒙的住处就在一个精神病院里，原来他自幼患有自闭症，母亲去世后就被送到精神病院治疗。查理心中有了算计，他把雷蒙带出精神病院，企图骗他出让遗产。

雷蒙的生活习惯奇异，活在自己的幻想世界里，有很多离奇古怪的行为。并且，查理在共处中发现了雷蒙惊人的记忆能力，他试着利用哥哥过目不忘的本领去赌场上试一下身手，赢得了一大笔奖金，使查理足以摆脱穷困生活。而令查理收获更大的是，他还获得了慢慢升温的亲情，这种手足情远远胜过了他原先图谋的300万的遗产。

测一测　看一看
压力应对

第七讲
积极社会关系

甲：这地球上如果只留我一个人那该多好！再也没有与别人打交道的烦恼了，多么自由自在。

乙：没有老婆会寂寞的。

甲：那就留一个女人做老婆，比翼双飞多快乐！

乙：快乐不会太久的，没人给你烤面包。

甲：那再留一个面包匠。

乙：没人给面包匠提供面粉，他烤不了面包。

甲：再留一个农夫。

乙：没人给他打农具。

甲：留铁匠。

乙：没碳。

甲：好了好了，别说了，全留下吧！真没办法——

团体活动 7：单向沟通与双向沟通

活动目的　让成员体验双向沟通的重要性，学会双向沟通。

活动准备　"单向沟通与双向沟通"练习图。

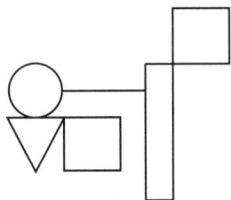

单向沟通用图　　　　双向沟通用图

活动过程

1. 请一位志愿者"读图"，背对成员，将手中的几何图形"读"出来，成员依据读图者所读的内容画出图形，过程中成员不能发问，也不能彼此传达非语言信息，保持单向沟通的状态，一直到读图者读完为止。

2. 绘图完毕之后，请成员讨论：

（1）有多少人正确地完成了图形？

（2）能正确完成或遇到困难的原因何在？

（3）读图者有哪些有效的表达？有哪些待改进之处？

（4）身为一名单向沟通的说话者与倾听者分别有何感受？

3. 请另一位志愿者读另一张图，背对成员，将手中的几何图形"读"出来，成员依据读图者所读内容画出图形，过程中成员可以发问，但一次只能一个人问，以双向沟通方式进行，一直到双方都觉得自己完成了为止。

4. 绘图完成之后，请成员讨论：

（1）有多少人正确地完成了图形？

（2）能正确完成或遇到困难的原因何在？

（3）读图者有哪些有效的表达？有哪些待改进之处？

（4）与单向沟通比较，体会二者的差异。

亚里士多德曾经说过："一个能独立生活的人，不是野兽，就是上帝。"人们是需要和别人在一起的，这是人类的亲合动机决定的。亲合是人类的一种基本需要，它是引导人与人进行接触的动力，是人与人之间发生关系的起因。

一、健康人格发展的必经之路

人是社会的人，很难想象一个人在社会上离开了与其他人的交往，生活将会怎样？因此，若想在社会上健康地生存，必须要进行不同程度的人际交往。

人际交往指人们运用语言或非语言符号交换意见、传达思想、表达感情和需要等交流过程，包括物质交往和精神交往，它是人类的特定社会现象。

社会学将人际关系定义为人们在生产或生活活动过程中所建立的一种社会关系。心理学将人际关系定义为人与人在交往中建立的直接的心理上的联系，包括亲属关系、朋友关系、同学关系、师生关系、雇佣关系、战友关系、同事关系及领导与被领导关系等。人是社会动物，每个个体均有其独特之思想、背景、态度、个性、行为模式及价值观，然而人际关系对每个人的情绪、生活、工作有很大的影响，甚至对组织气氛、组织沟通、组织运作、组织效率及个人与组织之关系均有极大的影响。

人际交往与人际关系是两个既有联系又有区别的概念。人际交往是人际关系实现的根本前提和基础，也是人际关系形成的途径。而人际关系则是人际交往的表现和结果。两者的区别是，人际交往侧重于人与人之间的联系与接触的过程，以及行为方式的程度。人际关系侧重于在交往基础上所形成的心理状态和结果。从时间上看，人际交往在前，人际关系在后，即我们通过交往，进而形成熟人、朋友、知己等关系。人际交往是一个动态的过程，而人际关系则具有相对的稳定性（见图 7-1）。

图 7-1 "我"和"我们"

1. 人际交往是个体生存与发展的需要

美国社会心理学家亚伯拉罕·马斯洛（Abraham H. Maslow）[1]认为，个体在发展过程中赖以生存的五种需要包括：生理需要、安全需要、归属和爱的需要、尊重的需

---

[1] 亚伯拉罕·马斯洛（Abraham H. Maslow，1908—1970），美国著名社会心理学家，第三代心理学的开创者，提出了融合精神分析心理学和行为主义心理学的人本主义心理学，于其中融合了其美学思想。他的主要成就包括创立了人本主义心理学，提出了马斯洛需求层次理论，代表作品有《动机和人格》《存在心理学探索》《人性能达到的境界》等。

要、自我实现的需要，它们构成了不同的等级或水平，并成为激励和指导个体行为的力量，其中前三种为最基本的需要。每个人都需要别人的关怀、帮助、爱护、同情，需要一种稳定的安全感，它表现为人们追求稳定、安全的环境，希望得到保护，能够免除恐惧和焦虑等。

人际交往是个性发展与人格健全的必经之路。心理学的研究结果表明，儿童与其照看者之间通过积极的交往形成的稳定的亲密关系，是其心理乃至身体正常发展不可缺少的条件。与此同时，如果儿童缺乏与成人的正常交往及由此建立起来的亲密关系，不仅性格发展会出现问题，连智力也会出现明显的障碍。个体只有通过与其他个体发生联系，才能学习社会知识、技能与文化，才能取得社会生活的资格。离开社会的交往环境，离开与他人的合作，个体将无法成为一个合格的社会公民。

2. 人际交往影响身心健康

新精神分析学家卡伦·霍妮（Karen Danielsen Horney）[1]认为，神经症是人际关系紊乱的表现。人类的心理病态主要是由于人际关系失调而来的。人际关系紧张的人，不但心情不好，事业也会受阻，进而陷入极大的痛苦之中。

研究表明，如果一个人长期缺乏与别人的积极交往，缺乏稳定的良好人际关系，那么这个人往往有明显的性格缺陷。心理学家曾从不同角度做过大量研究，结果表明：健康的个性总是与健康的人际交往相伴随。心理健康水平越高，与别人的交往就越积极，越符合社会的期望，与别人的关系也越深刻。美国心理学家奥尔波特（Gordon W. Allport）[2]发现，个性成熟的人，都同别人有良好的交往与融洽的关系，他们可以很好地理解别人，容忍别人的不足和缺陷，能够对别人表示同情，具有给人以温暖、关怀、亲密和爱的能力。马斯洛发现高水平的"自我实现者"对别人有更强烈、更深刻的友谊和更崇高的爱。另有研究结果表明，那些心理健康水平较高的人，往往来自于人际关系良好的家庭，这也从一个侧面提供了人际交往状况影响个体心理健康的佐证。

3. 人际交往有助于正确认识自我，完善自我

如本书第三讲所述，认识自我的途径有两种：自我观察和通过他人了解自己。宋代大文豪苏轼写道："不识庐山真面目，只缘身在此山中。"一般来说，当局者迷，旁观者清。周围人的态度和评价能帮助我们更好地认识自己、了解自己。

---

[1] 卡伦·霍妮（Karen Danielsen Horney，1885—1952），医学博士，德裔美国心理学家和精神病学家，精神分析学说中新弗洛伊德主义的主要代表人物。霍妮是社会心理学最早的倡导者之一，她相信用社会心理学说明人格的发展比弗洛伊德性的概念更适当，是精神分析学说的发展中举足轻重的人物。著有《精神分析新法》《我们时代的神经症人格》《自我分析》《我们内心的冲突》和《神经症与人的成长》等。

[2] 奥尔波特（Gordon W. Allport，1897—1967），美国人格心理学家，现代个性心理学创始人之一，美国人本主义心理学家的代表人物之一。1939年当选为美国心理学会主席，1964年获美国心理学会颁发的杰出科学贡献奖。

唐太宗的"三镜"

唐太宗曾说:"我好比山中的一块矿石,矿石在深山是一块废物,但经过匠人的锻炼,就成了宝贝。魏征就是我的匠人!"唐太宗在位期间,魏征经常直言进谏,让唐太宗当面难堪,但的确帮唐太宗更正确地处理了很多问题。魏征是和唐太宗李世民的名字紧紧连在一起的。作为一代明君,唐太宗以自己的雄才大略开创了"贞观盛世"。而作为一代贤相,魏征在"贞观之治"中起着举足轻重的作用。魏征死后,唐太宗极为伤感地对众臣说:"以铜为鉴,可以正衣冠;以古为鉴,可以知兴替;以人为鉴,可以明得失。今魏征逝,一鉴亡矣。"通过魏征的忠直谏言,唐太宗能更好地明了自己的得失正误。

任何人都希望别人喜欢自己,认同自己,大多数人都会排斥与自己意见相左的人,因此没有唐太宗的贤明大度,就不会有魏征的忠直,二人相互衬托,相辅相成。虽然他人的批评是对我们某些行为方式的否定,听了会让我们很难受,但无疑别人客观的评价更有利于完善自己。

4. 人际交往促进事业发展

大量研究成果表明,人际交往对人生业绩的影响很大,良好的人际交往是取得成功的途径之一。美国卡耐基工业大学曾对 10000 多个案例记录进行分析,结果发现"智慧""专门技术"和"经验"只占成功因素的 15%,其余的 85% 取决于人际交往能力。戴尔·卡耐基在《成功之路》一书中导出一个公式:个人成功=15%的专业技能+85%的人际交往和处世技巧。卡耐基为了写作此书,阅读了数百名古今人物传记,走访了包括罗斯福夫人在内的近百位名人。而吉米·道南[1]和约翰·麦克斯韦尔(John C.Maxwell)[2]合著的《成功的策略》,花了近 20 年的时间观察成功人士,导出的也是同一个公式。

对这个公式的理解,哈佛大学著名教授詹姆斯在为卡耐基的书所作序中认为,该公式表达的意义应是:不管学习什么专业,"人际关系学"这门课程将有助于事业的成功,这是一条强调人际关系重要性的公式。耶鲁大学的彼得·萨洛韦和约罕布什大学的约翰·迈耶两位心理学家,从"为什么在学校里最聪明的学生,最终没有成为最富有或最成功的人"这个问题入手,经过多年的研究发现:某些人之所以失败,不是因为专业技术上的无能,而是专业技术无从发挥,从客观上看是人际关系不佳,从主观上看是情绪智力(见本书第五讲)不佳。

其一,良好的人际交往能够促进人们之间的共同协作,为完成特定的任务而奋斗。现代科学技术的发展,已使许多科研项目的攻关不能再靠个人单枪匹马的奋斗而完成,而要通过众多人的联手合作、共同研究,靠加强交往和联系才能取得成功。

其二,良好的人际交往能够促进人们之间的信息交流和共享。现代社会知识量激

---

[1] 吉米·道南,网络二十一国际企业的创办人及总裁。

[2] 约翰·麦克斯韦尔(John C. Maxwell),享誉美国的领导力和人际关系大师。

增，和谐的人际关系和积极的人际交往将有助于尽快获得信息，掌握了信息就等于增加了成功的砝码。

其三，良好的人际交往能够使人们从友好和谐的集体协作中获得力量，从而增强自信心，创造人生辉煌的业绩。反之，人与人之间如果互相拆台，互相牵制，人的积极性就会受到压抑，才能就无法发挥，更根本谈不上创造人生业绩了。

二、不同视角下的人际交往

1. 六种基本人际关系行为模式

社会心理学家舒茨（Alfred Schutz，1958）[●]提出了人际关系三维理论。首先，他认为，每一个人在人际互动过程中，有三种基本人际需要，即包容需要、支配需要和情感需要，三种基本人际需要决定了个体在人际交往中所采用的行为，以及如何描述、解释和预测他人行为，其形成与个体的早期成长经验密切相关。其次，他根据三种基本人际需要，以及个体在人际关系中的主动性和被动性，将人的社会行为划分为六种人际关系模式（见表7-1）。

表 7-1　　　　　　　　　　　六种基本人际关系行为模式

需要	主动性	被动性
包容需要	主动与他人交往，积极参与社会生活	期待与他人交往，往往退缩、孤独
支配需要	喜欢控制他人，能运用权力	期待他人引导，愿意追随他人
情感需要	主动表现出对他人的友好	对他人显得冷淡，负性情绪重，但期待他人对自己亲密

（1）包容需要。包容需要指个体想与人接触、交往、隶属于某个群体，与他人建立并维持一种满意关系的需要。在个体的成长过程中，如果社会交往经历过少，父母与孩子之间缺乏正常交往，儿童与同龄伙伴也缺乏适量交往，儿童的包容需要就无法得到充分满足，他们就会与别人形成否定的相互关系，产生焦虑，进而形成低社会行为，在行为表现上倾向于内部言语，摆脱人与人之间的相互作用而与他人保持距离，拒绝参加群体活动。反之，如果个体在早期的成长经历中社会交往过多，包容需要得到了过分满足，可能会形成超社会行为，在人际交往中会过分寻求与人接触和他人注意，过分热衷于参加群体活动。

如果个体在童年早期能够与父母或他人进行有效的适当交往，就不会产生焦虑，形成理想的社会行为，依照具体情境决定行为，确定自己是否应该参与群体活动，进而形成适当的社会行为。

[●] 舒茨（Alfred Schutz，1899—1959），美国哲学家，社会学家。他的主要著述收入《舒茨文选》（3卷），另著有《生活世界的结构》等。

（2）支配需要。支配需要指个体控制别人或被别人控制的需要，是个体在权力关系上与他人建立或维持满意人际关系的需要。个体在早期生活经历中，若是成长于既有要求又有自由度的民主气氛环境里，个体就会形成既乐于顺从又可以支配的民主型行为倾向。他们能够顺利解决人际关系中与控制有关的问题，能够根据实际情况适当地确定自己的地位和权力范围。而如果个体早期生活在高度控制或控制不充分的情境里，他们就倾向于形成专制型或服从型行为方式。专制型行为方式表现为倾向于控制别人，但绝对反对别人控制自己，他们喜欢拥有最高统治地位，喜欢为别人作出决定。服从型行为方式表现为过分顺从、依赖别人，完全拒绝支配别人，不愿意对任何事情或他人负责任，在与他人进行交往时甘愿当配角。

（3）情感需要。情感需要指个体爱别人或被别人爱的需要，是个体在人际交往中建立并维持与他人亲密的情感联系的需要。当个体在早期经验中没有获得爱的满足时，个体会倾向于形成低个人行为，他们表面上对人友好，但在个人的情感世界深处与他人保持距离，总是避免亲密的人际关系。若个体在早期经历中被过于溺爱，就会形成超个人行为，表现为强烈地寻求爱，并总是在任何方面都试图与他人建立和保持情感联系，过分希望自己与别人有亲密的关系。而在早期生活中经历了适当的关心和爱的个体，则能形成理想的个人行为，能够适当地对待自己和他人，能够适量地表现自己的情感和接受别人的情感，又不会产生爱的缺失感，他们自信自己会讨人喜爱，而且能够依据具体情况与别人保持一定的距离，也可以与他人建立亲密的关系。

2. 经济学视角的人际交往

美国社会学家乔治·霍曼斯（George Casper Homans）[1]，主张从经济学的投入与产出关系的视角研究社会行为，并提出了社会交换理论[2]。他认为，趋利避害是人类行为的基本原则，人们在互动中倾向于扩大收益，缩小代价；或倾向于扩大满意度，减少不满意度。它主张应尽量避免人们在利益冲突中的竞争，通过相互的社会交换获得双赢或多赢。社会交换论提出了一组"命题系列"：

（1）成功命题。一个人的某种行为能得到相应的奖赏，他就会重复这一行动；某一行动获得奖赏愈多，重复活动的频率也随之增多；获得的奖赏愈快，重复活动的可

---

[1] 乔治·霍曼斯（George Casper Homans，1910—1989），美国社会学家，社会交换论的代表人物之一。毕业于哈佛大学文学院，历任该校和哥伦比亚大学教授、哈佛大学社会学系主任、美国社会学协会主席。霍曼斯根据经济交易理论和行为主义心理学的原则，在1958年发表的《社会行为是一种交换》一文中，首次提出了交换理论的观念。他后来的著作《社会行为》和《社会交换的性质》更加完善并建立了社会交换理论的体系。

[2] 社会交换理论对社会交往中的报酬和代价进行分析，提出那些能够给我们提供最多报酬的人是对我们吸引力最大的人，而且我们总是尽量使自己的社会交往给自己提供最大报酬。为了得到报酬，我们也要付出报酬。因为人类社会的原则是互相帮助，别人给了你好处你要回报，社会交往过程因此可以说是一个交换过程。

能性就愈大。

（2）刺激命题。相同的刺激可能会带来相同或相似性行为。如果某人过去在某种情况下的活动得到了奖赏或惩罚，而在出现相同的情况时，他就会重复或不再重复此种活动。

（3）价值命题。某种行为的结果对个体越有价值，他重复这种行为的可能性就越高。

（4）剥夺与满足命题。个体重复获得相同奖赏的次数越多，该奖赏对个体的价值越小。

（5）侵犯与赞同命题。该命题包括两方面：一是当个人的行动没有得到期待的奖赏或者受到了未曾预料到的惩罚时，就可能产生愤怒的情绪，从而出现侵犯行为；二是当个人的行动得到预期的奖赏，甚至超过期望值，或者没有遭到预期的惩罚时，他就会高兴，并可能做出别人赞同的行动。

霍曼斯将这五个命题看成是一组"命题系列"，强调它们之间相互联系的重要性，并认为只要将五个命题综合起来，就能够解释一切社会行为。霍曼斯指出，利己主义、趋利避害是人类行为的基本原则，由于每个人都想在交换中获取最大利益，结果使交换行为本身变成得与失的权衡。人们在行动中倾向于扩大收益、缩小代价或倾向于扩大满意度、减少不满意度。如果收益（产出）与代价（投入）平衡，那么互动就得以维持，相反如果两者不平衡，则互动难以长期维持。

后来，美国社会学家彼得·布劳（Peter Michael Blau）❶进一步发展了社会交换理论，认为社会交换关系是建立在互惠基础上的人们的自愿活动，它不仅存在于个体之间，而且存在于群体之间和社区之间。

3. PAC 人际交往理论

在 1964 年出版的《人们玩的游戏》（《Game People Play》）一书中，加拿大心理学家艾瑞克·伯恩（Eric Berne）❷提出了著名的 PAC 人际交往理论，又叫人际交往分析理论。这种分析理论认为，个体的个性由三种比重不同的心理状态构成，这就是"父母（Parent）""成人（Adult）""儿童（Child）"状态。这三种状态在每个人身上都交互存在，也就是说这三者是构成人类多重天性的三部分。

（1）父母状态（Parent，简称 P）。以权威和优越感为标志，通常表现为统治、训斥

---

❶ 彼得·布劳（Peter Michael Blau，1918—2002），美国社会学家，社会交换论的代表人物之一。1918 年 2 月 7 日生于维也纳，后移居美国。曾先后任教于康奈尔大学、芝加哥大学、哥伦比亚等大学。1973—1974 年任美国社会学协会主席，后任美国科学院院士和哥伦比亚大学社会学系主任。主要从事社会学经验研究和理论建设工作，主要研究正式社会结构或社会组织问题。著有《官僚组织动力学》《社会生活中的交换与权力》《美国职业结构》（合著）和《不平等和异质性——社会结构的原始理论》等。

❷ 艾瑞克·伯恩（Eric Berne，1910—1970），加拿大心理学家，20 世纪 50 年代独创交往分析治疗体系。所谓交往分析（Transactional Analysis，简称 TA，或称交流分析、沟通分析），是以人际互动为基础的心理治疗，其目的旨在对当事人的自我心理状态分析了解后，协助其认识现实，去除幼稚冲动，学习成熟适应，从而重建自我永续的健康人生。

及责骂等权威式作风。当一个人的人格结构中 P 成分占优势时，行为主要表现为：凭主观印象办事，独断专行，滥用权威；语言表现是："你应该……""你不能……""你必须……"。

（2）"成人"状态（Adult，简称 A）。注重事实根据，善于进行客观理智的分析。这种人能从过去存储的经验中估计各种可能性，然后作出决策，表现出客观与理智。其行为主要表现为：待人接物冷静，慎思明断，对自己负责，对他人尊重；语言特征是："我个人认为……""我个人的想法是……"。

（3）"儿童"状态（Child，简称 C）。状态像婴幼儿的冲动，表现为服从和任人摆布。其行为表现都是即兴的，喜怒无常，感情用事，一会儿天真可爱，一会儿乱发脾气，自我中心，不管他人。语言特征是"我是……""我想……""我不知道……""我不管……"。

在 P、A、C 三种成分中，P、C 具有盲目性、被动性与两面性，而 A 具有自觉性、客观性与探索性，致力于弄清事物真相、事物间的关系与变化规律，能够站在别人的角度审视自己，具有反省能力。

根据 PAC 理论，不同的心态可以构成不同的交往组合。当交往双方的相互作用构成一种平行关系时，交往就是可持续的，对话可无限制地继续下去。这种交往有六种具体形式：P-P、A-A、C-C、C-P、A-P、C-A。

P-P：双方都自以为是，这不顺眼，那也不好，双方谈得很投机，但都在指责别人，这种交往会互相助长偏激苛求的性格。

C-C：交往有些"同流合污"的味道，两人一拍即合，但都不负责任。

C-P、A-P、C-A：均属于互补型的交往，期望对方的，刚好是对方回应的。因为互补，这种交往能够持续，但潜藏着不平等与依赖，长此以往，也不利于交往双方的发展。

A-A：交往是最健康的，大家都本着负责与尊重的原则，尽量合情合理地解决问题。

4. 人际交往四模式

美国著名心理学家爱利克·伯奈（E·Berne）提出了人际交往的四种模式。

（1）我不好——你好（我不行，你行）。人在生命的初始阶段依赖于周围的人而生存，与周围的成人相比，儿童常常感到自己的无能，因此从小产生自卑感，潜意识中形成了"我不行，你行"的心理模式。人的成长过程正是逐渐克服这种心态的过程。有的人由于在个体社会化过程中，尚未完全摆脱儿时的这种心理行为模式，长大后就容易放弃自我或顺从他人，喜欢以百倍的努力去赢得他人的赞赏。

（2）我不好——你也不好（我不行，你也不行）。不喜欢自己也不喜欢别人，既看不起自己也看不起别人，既不会去爱他人，也不能理解和接受他人，常常陷入绝境，极端孤独和退缩。

（3）我好——你不好（我行，你不行）。充满优越感，骄傲自大，自以为是，总以为自己是对的，别人是错的，自己对别人好，而别人对自己不好，并为此感到愤愤不平，把人际交往失败的原因都归咎于他人，导致固执己见，唯我独尊。

以上三种交往模式都会阻碍人际交往的正常进行，并且不利于心理健康。

（4）我好——你也好（我行，你也行）。具有这种心态的人相信自己也相信他人，爱自己也爱他人。虽然不是十全十美的人，却能客观地悦纳自己和他人，正视现实，并努力去改变自己能够改变的事物，善于发现自己、别人和外部世界的光明面，从而使自己保持一种积极、乐观、进取、和谐的精神状态。这是一种成熟、健康的人际交往的心理模式。

☼ 天堂与地狱的差别

一天，上帝要带牧师去看一看天堂与地狱的差别。他们来到一个房间里，房间中央摆放着一锅热腾腾的肉汤，一大群人围着锅坐着，个个都愁眉不展。原来，他们虽然每个人手里都拿着一把汤匙，但汤匙的柄太长，他们无法将汤送到嘴里。面前摆放着美食，他们却只能眼睁睁地望着，仍然要饿肚子，怪不得一个个神情黯淡、愁眉苦脸。

上帝又带牧师来到另外一个房间，里面仍然是一锅热腾腾的汤，一大群人围着锅席地而坐。他们手中也都拿着长柄汤匙，可每个人脸上的表情却幸福而满足，他们在欢笑、唱歌，过得非常快乐。牧师迷惑不解，他问上帝，同样的食物，同样的条件，第一间房里的人都在挨饿，处境悲惨，而另外一间房里的人却丰衣足食，过得很快乐，差别为何如此之大呢？

上帝微笑着说："难道你没有看见，第二个房间里的人都在相互喂对方吗？"

原来，第一间房里的人只想着怎样喂自己，而长柄使他们无法做到；第二个房间里的人彼此合作，他们互相喂对方，于是大家都喝上了汤。这便是天堂与地狱的差别！

三、人际交往中的心理效应

1. 首因效应与近因效应

在心理学中，首因效应也叫"第一印象效应"。第一印象是在短时间内以片面的资料为依据形成的印象，心理学研究发现，与一个人初次会面，45秒钟内就能产生第一印象。首因效应本质上是一种优先效应，当不同的信息结合在一起的时候，人们总是倾向于重视前面的信息。即使人们同样重视了后面的信息，也会认为后面的信息是非本质的、偶然的，人们习惯于按照前面的信息解释后面的信息，即使后面的信息与前面的信息不一致，也会屈从于前面的信息，以形成整体一致的印象。在生活节奏如同飞快奔驰的列车的现代社会，很少有人会愿意花更多的时间去了解、证实一个留给他不好的第一印象的人。

近因效应是指在多种刺激依次出现的时候，印象的形成主要取决于后面出现的刺激，即交往过程中，我们对他人最近、最新的认识占了主体地位，掩盖了以往形成的对他人的评价，也称为"新颖效应"。近因效应与首因效应相对，如多年不见的朋友，在自己的脑海中的印象最深的就是临别时的情景，这就是一种近因效应的表现。

一般情况下，对于陌生人，首因效应的作用比较大；对于熟悉的人，近因效应的作用比较大。

心 理 实 验 室

1957年，美国心理学家卢钦斯（Luchins）做了这样一个实验：他编撰了两段描写一名叫吉姆的男孩的生活片段的文字。第一段文字将吉姆描写成热情、外向的人，说吉姆与朋友一起去上学，他走在洒满阳光的马路上，与店铺里的熟人说话，与新结识的女孩子打招呼等；另一段文字则相反，把他描写成冷淡而内向的人，说吉姆放学后一个人步行回家，他走在马路的背阴一侧，没有与新近结识的女孩子打招呼等。在实验中，卢钦斯把两段文字加以组合：

第一组，描写吉姆热情外向的文字先出现，冷淡内向的文字后出现。

第二组，描写吉姆冷淡内向的文字先出现，热情外向的文字后出现。

第三组，只显示描写吉姆热情外向的文字。

第四组，只显示描写吉姆冷淡内向的文字。

卢钦斯让四组人分别阅读一组文字材料，然后回答一个问题："吉姆是一个什么样的人？"结果发现，第一组中有78%的人认为吉姆是友好的，第二组中只有18%的人认为吉姆是友好的，第三组中认为吉姆是友好的人有95%，第四组只有3%的人认为吉姆是友好的。

第一组和第二组条件下，相同的内容，只因顺序不同，人们对吉姆的印象差别竟然如此之大！这说明信息呈现的顺序影响了对人的整体看法，先呈现的信息比后呈现的信息有更大的影响作用。这个现象叫作首因效应，也叫第一印象效应，它是指第一次接触陌生人或事物形成的印象对人们后来的认识起到了先入为主的作用。

更有意思的是，卢钦斯的实验并没有就此中止，他改变了实验条件。首先，告诉参加实验的人不要受第一印象的误导，要全面地进行评价，然后，将描述吉姆不同特征的两段文字隔开呈现。在此人念完第一段文字后就做一些无关的工作，如做数学题、听故事等，然后再将另一段呈现给他们。在这种条件下，大部分人都会根据后面一段的描述对吉姆进行判断。

总体印象形成过程中，新近获得的信息比原来获得的信息影响更大，这个现象就叫近因效应。

如何给别人留下良好的第一印象呢？

社会心理学家艾根（G. Egan，1977）根据研究得出：同陌生人相遇时，按照SOLER模式表现自己，可以明显地增加别人对我们的接纳性。

S（Stand）：坐姿或站姿要面对别人；

O（Open）：姿势要自然开放；

L（Lean）：身体要微微前倾；

E（Eye-contact）：目光接触；

R（Relax）：放松。

SOLER模式传达出"我很尊重你，对你很有兴趣，我内心是接纳你的，请随便"的信息，能轻松地给对方留下良好的第一印象。

卡耐基在其名著《怎样赢得朋友，怎样影响别人》一书中，总结了给人留下良好第一印象的六条途径：即真诚地对别人感兴趣，微笑，多提别人的名字，做一个耐心的倾听者，鼓励别人谈自己，交流别人感兴趣的话题。

2．光环（晕轮）效应

晕轮效应最早是由美国著名心理学家爱德华·李·桑代克（Edward Lee Thorndike）[1]于20世纪20年代提出的。他认为，人们对人的认知和判断往往只从局部出发，扩散而得出整体印象，即常常以偏概全。一个人如果被标明是好的，他就会被一种积极肯定的光环笼罩，并被赋予一切都好的品质；如果一个人被标明是坏的，他就被一种消极否定的光环所笼罩，并被认为具有各种坏品质。

心 理 实 验 室

美国心理学家哈罗德·凯利（Harold Harding Kelley）[2]以麻省理工学院的两个班级的学生为被试做了一个试验。上课之前，实验者向学生宣布，临时请一位研究生来代课。接着告知学生有关这位研究生的一些情况。其中，向一个班的学生介绍这位研究生具有热情、勤奋、务实、果断等品质；向另一个班学生介绍的信息除了将"热情"换成了"冷漠"之外，其余各项都相同。下课之后，前一班的学生与研究生一见如故，亲密攀谈；另一个班的学生对他却敬而远之，冷淡回避。可见，仅介绍中的一词之别，

---

[1] 爱德华·李·桑代克（Edward Lee Thorndike，1874—1949），美国心理学家，动物心理学的开创者，心理学联结主义的建立者和教育心理学体系的创始人。他提出了一系列学习的定律，包括练习律和效果律等。1912年当选为美国心理学会主席，1917年当选为国家科学院院士。

[2] 哈罗德·凯利（Harold Harding Kelley，1921—2003），美国社会心理学家。1971年获美国心理学会颁发的杰出科学贡献奖，1978年当选为国家科学院院士。曾获美国实验社会心理学会颁发的杰出科学家奖，美国艺术和科学研究院成员。

竟会影响到整体的印象。学生们戴着这种有色眼镜去观察代课者，而这位研究生就被罩上了不同色彩的晕轮。

晕轮效应的最大弊端在于以偏概全，其特征具体表现为三个方面：

（1）遮掩性。有时我们抓住的事物的个别特征并不反映事物的本质，可我们却仍习惯于由个别推及一般、由部分推及整体，势必牵强附会地误推出其他特征。随意抓住某个或好或坏的特征就断言这个人或是完美无缺，或是一无是处，都犯了片面性的错误。年轻人恋爱中的"一见钟情"就是由于对象的某一方面符合自己的审美观，往往对思想、情操、性格诸方面都视而不见，觉得对方是"带有光环的天仙"，样样都尽如人意，就是晕轮效应的遮掩性的一种体现。

（2）表面性。晕轮效应往往产生在对某个人的了解还不深入、处于感知觉的阶段，因而容易受感觉的表面性、局部性和知觉的选择性的影响，从而对某人的认识仅仅专注于一些外在特征。有些个性品质和外貌特征之间并无内在联系，可我们却容易把它们联系在一起，断言具备这种特征就必有另一特征，也会以外在形式掩盖内部实质。如外貌堂堂正正，未必正人君子；看上去笑容满面，未必面和心慈。把这些不同品质简单联系起来，得出的整体印象必然是表面的。

（3）弥散性。对一个人的整体态度还会影响到与这个人有关的具体事物上。成语中的"爱屋及乌""厌恶和尚，恨及袈裟"就是晕轮效应弥散性的体现。《韩非子·说难篇》中讲过这样一个故事。卫灵公非常宠幸弄臣弥子瑕。有一次弥子瑕的母亲病了，弥子瑕得知后就连夜偷乘卫灵公的车子赶回家去。按照卫国的法律，偷乘国君的车子要处以刖刑（把脚砍掉），但卫灵公却夸奖弥子瑕孝顺母亲。又有一次，弥子瑕与卫灵公同游桃园，他摘了个桃子吃，觉得很甜，就把咬过的桃子献给卫灵公尝，卫灵公又夸他爱君之心。后来，弥子瑕年老体衰，不受宠幸了。以前被卫灵公夸奖过的两件事，成了弥子瑕的"欺君之罪"。

3．刻板效应

所谓刻板效应，又称刻板印象、社会定型、定性效应，是指对某人或某一类人产生的一种比较固定的、类化的看法。还没有进行实质性的交往，就对某一类人产生了一种不易改变的、笼统而简单的评价，这是我们认识他人时经常出现的现象。有些人总是习惯于把人进行机械的归类，把某个具体的人看作是某类人的典型代表，把对某类人的评价视为对某个人的评价，因而影响正确的判断。刻板印象常常是一种偏见，人们不仅对接触过的人会产生刻板印象，还会根据一些无法确定真实性的间接资料对未接触过的人产生刻板印象，例如：老年人是保守的，年轻人是爱冲动的；北方人豪爽，南方人善于经商；家庭社会地位高的学生傲气、不好相处等，这种刻板印象容易形成先入为主的定性效应，妨碍人们正常人际关系的形成。刻板效应主要有三个特征：

其一，对社会人群的简单化分类和泛化概括的认识。

其二，同一社会人群中刻板印象具有很大的一致性。

其三，与事实不符，甚至有时完全错误。

刻板效应常常是造成人们认知偏差或偏见的主要原因，但在某些条件下也有助于把现实中的人们加以归类进行概括性地认识，成为知觉他人的捷径。

克服刻板效应的具体方法有：一要善于用"眼见为实"去核对"偏听之词"，有意识地重视和寻求与刻板印象不一致的信息。二要是深入到群体中去，与群体成员广泛接触，并重点加强与群体中有典型化、代表性的成员沟通，不断地检索验证原来刻板印象中与现实相悖的信息，最终克服刻板印象的负面影响而获得准确的认识。

4．定势效应

人们在一定的环境中工作和生活，久而久之就会形成一种固定的思维模式，使人们习惯于从固定的角度来观察、思考事物，以固定的方式来接受事物。定势效应是指以前的心理活动会对以后的心理活动形成一种准备状态或心理倾向，从而影响以后的心理活动。在对陌生人形成最初印象时，这种作用特别明显。

心 理 实 验 室

俄国社会心理学家鲍达列夫（A. Bonajieb）[1]曾做过这样一个实验：他向两组大学生出示了同一个人的照片。在出示之前，向第一组大学生说，将要出示的照片上的人是个十恶不赦的罪犯；向另一组大学生说他是位大科学家。然后让两组被试用文字描绘照片上的人的相貌。第一组的评价是：深陷的双眼证明内心的仇恨，突出的下巴证明沿犯罪的道路走到底的决心等。第二组的评价是：深陷的双眼表明思想的深度，突出的下巴表明在知识道路上克服困难的意志力等。这个实验有力地说明了定势效应的作用。

5．交往原则

奥特曼（Ultraman）和泰勒（Taylor）认为，良好人际关系的建立和发展，从交往由浅入深的角度来看，一般需要经过定向、情感探索、感情交流和稳定交往四个阶段（见图7-2）。

定向阶段：包括对交往对象的注意、选择及初步沟通等方面的心理活动。

情感探索阶段：双方探索彼此在哪些方面可以建立感情联系，随着沟通越来越广泛，就会有一定程度的情感卷入。

情感交流阶段：双方的信任感、安全感开始建立，沟通的深度和广度有所发展，并有较深的情感卷入，双方会提供评价性的反馈信息，进行真诚的赞许或批评。

稳定交往阶段：双方在心理相容性方面进一步拓展，已允许对方进入自己的私密

---

[1] 鲍达列夫（A.Bonajieb，1923—），苏联社会心理学家，心理学博士、教授、苏联教育科学院心理学和年龄生理学学部院士秘书、莫斯科大学心理学系主任兼普通心理学教研室主任、《心理学问题》杂志编委、《莫斯科大学学报（心理学版）》主编。主要著作有《苏联心理科学中对社会心理学的研究》《年龄和教育心理学的迫切问题》《在现代生产条件下人际认识的若干问题》等。

性领域，自我暴露广泛而深刻。此时，人们已经可以允许对方进入自己高度私密性的个人领域，如生活空间、情感、财物等。

（1）相互原则。从心理学上讲，每个人都是天生的自我中心者，个体都希望别人能承认自己的价值，支持自己，接纳自己，喜欢自己。由于这种寻求自我价值被确认和安全感的倾向，在社会交往中，每个人都重视自己的自我表现，注意吸引别人的注意，希望别人能接纳自己，喜欢自己。

美国心理学家艾略特·阿伦森（Elliot Aronson）[1]的研究表明，人际关系的基础是人与人之间的相互重视、相互支持，对于真心接纳我们、喜欢我们的人，我们也更愿意接纳对方，愿意同他们交往，并建立和维持关系（见图 7-2）。

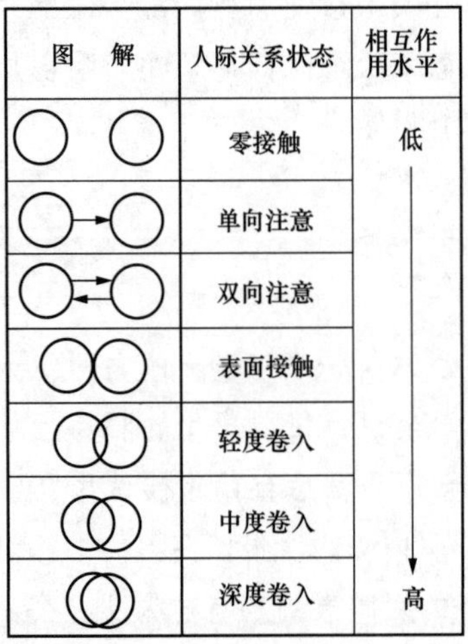

图　解	人际关系状态	相互作用水平
○ ○	零接触	低
○→○	单向注意	
○⇄○	双向注意	
◯◯	表面接触	
◯◯	轻度卷入	
◯◯	中度卷入	
◯◯	深度卷入	高

图 7-2　人际关系状态及其相互作用水平

任何人都有着保护自己心理平衡的稳定倾向，都要求自身同他人的关系保持某种适当性、合理性，并依此对自己与他人的行为加以解释。当别人对我们表示出友好、接纳和支持时，我们也感到应该对别人报以相应的友好，这种"应该"的意识会使我们产生一种心理压力，接纳别人，否则我们的行为就会显得不合理。同时，如果我们友好的行动被别人接纳后，我们也希望别人作出相应的回答；如果别人的行动偏离了我们的期望，我们会认为别人不通情理，从而产生一种不愉快的情绪体验，产生心理排斥。同样，对于排斥与拒绝我们的人，我们很可能报之以排斥与否定，否则难以达到心理平衡。

我国古人所讲的"爱人者，人恒爱之""己所不欲，勿施于人"的心理学基础正在于此。

以 心 换 心

战国时，梁国与楚国相邻。两国颇有敌意，在边境上各设界亭（哨所）。两边的亭卒都在各自的地界里种了西瓜。

梁国的亭卒勤劳，锄草浇水，瓜秧长势很好；楚国的亭卒懒惰，不锄不浇，瓜秧又瘦又弱，惨不忍睹。

楚国亭卒觉得失了面子。在一天晚上，乘月黑风高，偷跑过去把梁国的瓜秧全都

---

[1] 艾略特·阿伦森（Elliot Aronson，1932—），美国社会心理学家，主要研究兴趣是社会影响和态度改变、认知失调、人际吸引等。1999 年获美国心理学会颁发的杰出科学贡献奖，他是第一个在研究、教学和写作三个方面均获得美国心理学会最高奖的心理学家。

扯断。梁国亭卒第二天发现后，非常气愤，报告县令说："我们要以牙还牙，也过去把他们的瓜秧扯断！"

县令说："楚国的人这种行为当然不对。别人不对，我们再跟着学就更不对，那样未免太狭隘、太小气了。你们照我的吩咐去做，从今晚开始，每晚去给他们的瓜秧浇水，让他们的瓜秧也长好。而且，这样做一定不要让他们知道。"梁国亭卒听后就照办了。

楚国亭卒发现自己的瓜秧长势一天比一天好起来，仔细观察，每天早上发现地都被人浇过，而且是梁国亭卒在夜里悄悄为他们浇的。

楚国的县令听到亭卒的报告后，感到十分惭愧又十分敬佩，于是上报楚王。楚王深感梁国人修睦边邻的诚心，特备重礼送梁王以示歉意。结果这一对敌国成了友好邻邦。

（2）功利（互惠）原则。心理学家乔治·卡斯珀·霍曼斯（George Casper Homans，1961）[1]提出，人与人之间的交往本质上是一个社会交换过程，人们希望交换对自己来说是值得的，希望在交换过程中得至少等于失，不值得交换是没有理由去实施的，所以人们的一切交往行动及人际关系的建立与维持都是根据一定的价值观进行选择的结果。对于那些对自己来说值得的，或得大于失的人际关系，人们倾向于建立和保持；对自己来说不值得，或失大于得的，人们就倾向于逃避、疏远或终止。

由于人们的价值观倾向不同，人际交往中存在着不同的社会交换机制。对重内在情感价值的人而言，他们在人际交往中个人情感卷入更多，因而有明显的重情谊、轻物质的倾向，与别人的交换倾向于"增值交换"。他们在人际交往中感到欠别人的情分，因此在回报时，往往也超出别人的期望，这种过程的循环往复，就使得双方都感到得大于失，关系就会越来越好。同时，对于重利轻友的人而言，他们在人际交往中个人的情感卷入少，倾向于用物质来衡量自己的得失，经常感到付出的多回报的少，所以，与别人的交换倾向于"减值交换"，当感到"利少"时，关系就会渐行渐远。

（3）自我价值保护原则。自我价值保护是个体对自身价值的意识与评价。自我价值保护原则是指人为了保护自我价值，心理活动的各个方面都有一种防止自我价值遭到否定的自我倾向。自我价值保护是一种自我支持的心理倾向，其目的是防止自我价值受到贬低和否定。由于自我价值是通过他人的评价而确立的（见本书第二讲），个人对他人的评价极其敏感，对肯定自我价值的他人，个体对其认同和接纳；而对否定自我价值的他人则予以疏离，与这种人交往时，可能会激活个体的自我价值保护[2]动机。

---

[1]　乔治·卡斯珀·霍曼斯（George Casper Homans，1910—1989），美国社会学家，社会交换论的代表人物之一。

[2]　自我价值保护，是指人为了保护自我价值，心理活动的各个方面都有一种防止自我价值遭到否定的自我倾向。人通常只接纳那些喜欢自己、支撑自己的人，否定自己的人则倾向于排斥。

（4）增减原则。

美国社会心理学家艾略特·阿伦森（Elliot Aronson）与戴安娜·鲍姆林德（Diana Baumrind）[1]邀请了许多被试，将他们分为四组参加一项实验，其中一位被试实际上是研究者的助手，即假被试。研究者安排这名假被试担任真被试的临时负责人。在每次实验的休息时间，这名助手就会到研究主持者的办公室汇报情况，其中一项是汇报对其他被试的印象和评价。真被试们的休息室与研究主持者的办公室只有一墙之隔，假被试与心理学家假装压低声音不让真被试听到，其实真被试们每次都能清楚地听到助手对自己的评价。

助手对真被试们的评价分为四类：

1. 肯定：让第一组被试始终得到好的评价；

2. 否定：对于第二组被试，假被试从始至终都对他们持否定态度；

3. 提高：对第三组的评价，前几次是否定的，后几次则由否定逐渐转向肯定；

4. 降低：对第四组的评价，前几次是肯定的，后几次则从肯定逐渐转向否定。

然后，研究者分析所有被试对这个助手的喜欢程度，并让他们在－10到＋10的量表上表示出来。结果发现，对这名助手喜欢程度的平均分：第一组为＋6.42，第二组为＋2.52，第三组为＋7.67，第四组为＋0.87。这便是心理学上的"评价增减效应"实验。

"评价增减效应"实验揭示了人际关系中的"增减原则"：人们对原来否定自己而最终变得肯定自己的对象喜欢程度最高，明显高于一直肯定自己的交往对象；而对于从肯定到否定的交往对象喜欢程度最低，大大低于一直否定自己的交往对象，即每个人都喜欢对自己喜欢程度不断增加的人，而讨厌对自己喜欢程度不断降低的人。

（5）适时适度原则。交往的时间、程度要适度，在人的社会性需要中，除了交往、友谊之外，还有工作、劳动、学习、事业等重要内容。有的人在交往中，关系好时形影不离，不分你我；一朝不和，即互相攻击，老死不相往来，这对双方的心理健康都不利。正常的人际交往，应该疏密有度，把握一定的交往程度，才能发展健康良好的人际关系。

6. 影响人际吸引的因素

（1）熟悉与邻近。熟悉能增加吸引的程度，因为人们对陌生的事情容易产生紧张感。如果其他条件大体相当，人们会喜欢与自己邻近的人。处于物理空间距离较近的

---

[1] 戴安娜·鲍姆林德（Diana Baumrind，1927—），美国心理学家，在伯克莱加州大学（University of California, Berkeley）人类发展学院获博士学位并在留校任教，以对家庭教养模式（parenting styles）的研究，以及批评心理学研究中的欺骗而著称。

人们，见面机会较多，容易熟悉，彼此的心理空间就容易接近，相互喜欢。但交往频率与喜欢程度的关系呈倒 U 型曲线，过低与过高的交往频率都不会使彼此喜欢的程度提高，中等交往频率时，彼此喜欢程度较高。

心 理 实 验 室

1968 年，美国心理学家扎琼克进行了一个实验。他将 12 张陌生者的照片，随机分成 6 组，每组 2 张，按以下方式出示给被试：第一组看一次，第二组看两次，第三组看五次，第四组看十次，第五组看二十五次。当被试看完全部 10 张照片以后，实验者又把另外两张陌生照片编为第六组，与前五组照片混合给被试看，并要求他们按照喜欢程度将照片排出顺序。结果发现，照片被看得次数越多，被喜欢的程度越高。

（2）相似性。人们往往喜欢那些和自己相似的人。相似性包括：信念、价值观及人格特征的相似；兴趣、爱好等方面的相似；社会背景、地位的相似；年龄、经验的相似。这里值得注意的一点是，双方感知到的相似性比实际相似性更重要（见图 7-3）。

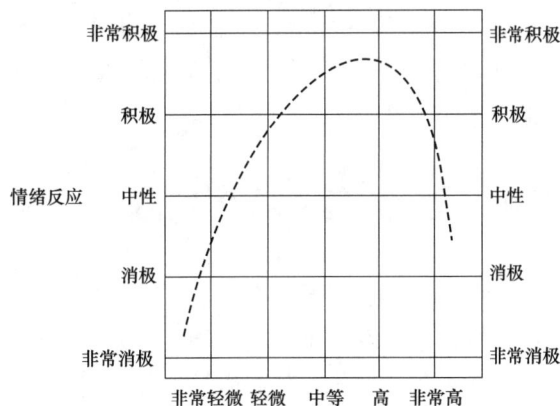

图 7-3　知觉到与他人的相似性所引起的情绪反应

心 理 实 验 室

为调查朋友关系是如何结成的，美国心理学家费斯汀格（Leon Festinger）❶等人

---

❶ 费斯汀格（Leon Festinger, 1919—1989），美国社会心理学家。主要研究人的期望、抱负和决策，并用实验方法研究偏见、社会影响等社会心理学问题，提出的认知失调理论有很大影响。1959 年获美国心理学会颁发的杰出科学贡献奖，1972 年当选为国家科学院院士。

对大学生入住宿舍后 6 个月的情况作了一次跟踪调查。被测者是初次见面的 17 名男生，他们在入住之前接受了政治态度和宗教态度方面的调查。进一步跟踪调查表明，最初是房间邻近的人关系友好（熟悉与邻近）。但随着时间的推移，态度相似的人渐渐形成了群体。人们常说"物以类聚，人以群分"，调查的结果确实如此。

（3）互补。人们喜欢那些与自己相似的人，也喜欢那些与自己个性品质相反或互补的人，互补包括：需要的互补；社会角色的互补；人格某些特征的互补，如内向与外向。

当双方的需要、角色及人格特征都呈互补关系时，所产生的吸引力是非常强大的。例如，具有强烈支配性格的人不容易与性格相同的人相处，但他们可能与具有顺从性格的人和睦相处，并建立起密切关系。日常生活中常有急性子和慢性子的人合作得很好，爱听的和爱说的成了朋友，正说明了这种"刚柔相济"关系的特点。这种关系往往发生在交情较深的个人之间，双方具有不同的心理品质，可以使对方得到心理上的补偿。

（4）外貌。人们喜欢美的东西是一种自然本能，良好的外貌容易形成好的印象。大量研究表明，容貌、体态、服饰、举止、风度、行为等因素在决定人际情感上起很大作用，外貌魅力会引发明显的"辐射效应"，即光环效应，使人们对高魅力者的判断具有明显的倾向性。对于外貌美的标准，人们通常有大体一致的看法，但也存在文化差异、时代差异、个体差异与关系差异。究其心理原因，外貌美容易产生较强的刻板印象，即"美的就是好的"。

心 理 实 验 室

美国心理学家戴恩（K. Dion）及其同事向大学生被试出示三张外表吸引力不同的照片，并请他们对照片上的三个人在二十七项特质上打分，并预测未来的幸福程度。结果表明：大多数被试对外貌较好的给予较高的评价与预测，人们一般觉得外貌好的人聪明、有趣、独立、会交际、能干等。

（5）人格品质。人格品质是影响吸引力的最稳定的因素，也是人际关系最重要的因素之一。美国学者安德森（N. Anderson，1968）研究了影响人际关系的人格品质，研究结果表明，排在最前面、受喜爱程度最高的六个人格品质依次是：真诚、诚实、理解、忠诚、真实、可信，它们或多或少、直接或间接地同真诚有关；排在最后、受喜爱水平最低的几个品质如说谎、假装、不老实等也都与真诚有关。

（6）才能。一个人的能力大小与使他人喜欢程度的高低有密切关系。一般来说，在其他条件相当时，一个人越有能力就越受人喜欢。但是，能力与受喜欢程度并不永远成正比。

阿伦森等人的实验揭示了能力与吸引之间的关系。实验中让每一组被试听一个录音，录音有四种，显示出四种不同能力条件的人：①能力超凡的人；②能力超凡但是犯了错误的人；③能力平庸的人；④能力平庸而又犯了错误的人。结果发现，最受人喜欢的并不是能力非凡的超人，而是有着非凡的能力但也犯了错误的人，对仅仅具有非凡能力的人的喜欢处在第二位，第三位是能力一般的人，最不受喜欢的是能力平庸而又犯了错误的人。

人们更喜欢有能力但犯了错误的人，这叫做"犯错误效应"。这是因为人们感到有能力但犯了错误的人，比十全十美的人更加亲近，同自己具有相似性。另外，在完美的人面前，会使自己感到自惭形秽，降低自我形象。"犯错误效应"与自尊心有着某种联系，有着中等自尊心的男性更喜欢犯过错误的有能力的人，而自尊心低的男性则更加喜欢没有犯过错误的能力非凡的人。另外的研究表明，男性更喜欢犯了错误的能力非凡的男人，个别女性喜欢没有犯过错误的能力非凡的人，而不考虑此人是男性还是女性。

四、萨提亚沟通模式

维琴尼亚·萨提亚（Virginia Satir）[1]是美国最具影响力的首席治疗大师，也被美国著名的《人类行为杂志》誉为每个人的家庭治疗大师。她一生致力于探索人与人之间，以及人类本质上的各种问题，把心理学与人们日常生活联系起来，在家庭治疗方面的理念和方法，备受专业人士的尊崇与重视。

萨提亚沟通模式是萨提亚所创立的一套心理治疗方法，在整个国际心理治疗领域具有广泛深刻的影响。这一模式以系统观为指导，借由改善家庭成员间彼此沟通的方式，促使整个家庭系统从功能不良的现状，发展到更开放、更富弹性的关系，其最大特点是着重提高个人的自尊、改善沟通及帮助人活得更人性化。它是一种强调沟通重要性的治疗技术，认为"沟通之于关系，如同呼吸之于生命"，萨提亚把心理学与人们日常生活联系起来，对现代人的生活具有非常明确的指导价值。萨提亚家庭治疗把沟通模式分为五种——忽视自己的讨好型，忽视他人的指责型，忽视自己和他人的超理

---

[1] 维琴尼亚·萨提亚(Virginia Satir，1916—1988)，美国心理治疗师和家庭治疗师，也是美国家庭治疗发展史上最重要人物之一，她是第一代的家庭治疗师，从 50 年代起已居于领导地位，向来被视为家庭治疗的先驱，甚至被誉为"家庭治疗的哥伦布"(McLendon，1999)，因为她的建树良多，她的两所母校威斯康辛大学和芝加哥大学曾分别颁授荣誉博士学位及"对人类杰出的贡献"金质奖章给她。国内出版的她的著作有《萨提亚治疗实录》《萨提亚家庭治疗模式》《新家庭如何塑造人》等。

智型，忽视自己、他人和情境的打岔型以及表里一致型。

1. 讨好型

讨好型的人使用讨好、逢迎的语气说话，努力取悦对方，表示抱歉或者从不反对，他们会使用所有诸如此类的方式，什么都说"是"，不能为自己做任何事，总是需要得到别人的认可（见图7-4）。

常用语言：表示同意，"无论你想要什么都没问题，我在这儿就是为了让你开心。"

肢体动作：安抚，"我是无助的"，表现出受害者的姿态。

内心独白："我觉得自己什么都不是；没有你我已经死了；我没有任何价值"。

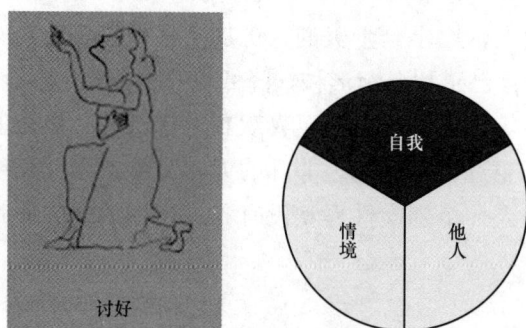

图 7-4　讨好型

2. 指责型

指责型的人像高高在上的检察官、独裁者和老板，他好像在说："如果不是你，所有的事情都会很顺利。"指责者的身体的内在感觉是肌肉和器官变得紧绷，血压升高，同时声音冷酷而严厉，经常又尖又大声（见图7-5）。

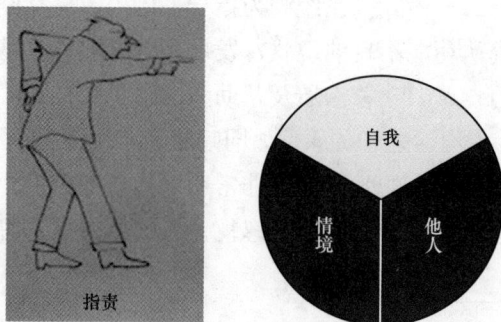

图 7-5　指责型

常用语言：表示不同意，"你从来都没做过正确的事情，你到底是怎么回事？"
肢体动作：控告（指责），"我是这里的老大！"
内心独白："我觉得孤独而失败。"

3．超理智型

超理智型的人像计算机一样准确、理智，但没有情感表达。这样的人看起来非常冷静和镇定，以至于可以与真正的计算机或字典相提并论。他的身体僵硬，通常有些冰冷而不易接近。他的声音单调，语言抽象（见图7-6）。

常用语言：超理智，"如果个体能进行细致的观察，他就会注意到某些人表现出的每一个细节。"
肢体动作：精算的，"我很冷静，很镇定。"
内心独白："我感觉很脆弱。"

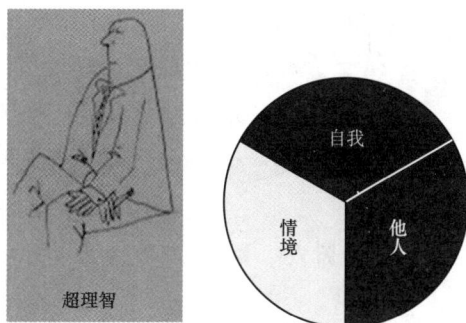

图 7-6　超理智型

4．打岔型

打岔型的人所做和所说都与他人所说所做毫不相关。这类人不会对那些观点作出回应，他们内在的感觉是混乱的，他们的声音听起来像唱歌，因为没有中心内容，词汇不协调，声音忽高忽低（见图7-7）。

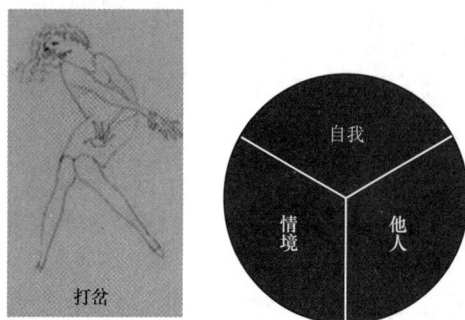

图 7-7　打岔型

常用语言：不相关的，话语没有任何意义或者是与情境不相关的事情。

肢体动作：有倾角，"我已经离开这里了。"

内心独白："没有人关心我，这里没有我的空间。"

5.表里一致型

表里一致型是一种完满的状态。在这种状态下，一个人言语和非言语信息表达同一种意思，话语中的意思与面部表情、身体姿态、语音语调所传达的内容是一致的。人与人之间的关系平易、自由而真诚，人们几乎不会感觉到对自尊的威胁。这种回应方式使人们避免了讨好、指责（见图7-8）。

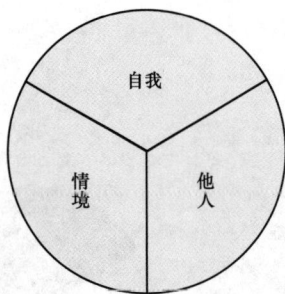

图 7-8　表里一致型

在这五种回应方式中，只有表里一致型的交流方式能够缓解彼此间的敌对状态，打破僵局，建立人与人之间的沟通桥梁。表里一致的回应方式能够使个体成为一个完整的人：真实，头脑、心灵、感受、身体密切联系；具有正直、负责、诚实、易接近、有能力、富有创造性，以及用真实的方式解决实际问题的众多素质。其他四种交流方式是通过讨价还价、不诚实、孤独或伪装的行为得到许诺，用破坏性的方式解决问题。

为了形象地区分以上五种不同的沟通方式，让我们想象一下刚刚撞伤了别人的手臂，五种沟通方式的人会如何反应：

讨好型（低头看着地面，绞着手）：请原谅我吧，我只是个笨拙的呆子。

指责型：天哪，我怎么会碰了你的胳膊！下次你把胳膊收好，这样我就不会碰到了！

超理智型：我希望能向你道歉。我经过的时候无意中撞击了你的胳膊。如果你的手臂受到了伤害，请联系我的律师。

打岔型（看着其他人）：咦，有人发狂了，一定是撞上了。

表里一致型（直接看着对方）：我撞伤了你，非常抱歉。你这里痛吗？

心理测量 7：人际关系综合诊断量表

郑日昌编制

指导语：

这是一份人际关系行为困扰的诊断量表，共 28 个问题。对每个问题，选"是"的打"√"，选"非"的打"×"。请认真完成，然后根据计分方法计分。

1. 关于自己的烦恼有口难言。 （ ）
2. 和陌生人见面感觉不自然。 （ ）
3. 过分羡慕和妒忌别人。 （ ）
4. 与异性交往太少。 （ ）
5. 对连续不断的会谈感到困难。 （ ）
6. 在社交场合感到紧张。 （ ）
7. 经常伤害别人。 （ ）
8. 与异性来往感觉不自然。 （ ）
9. 与一大群朋友在一起，常感到孤寂或失落。 （ ）
10. 极易受窘。 （ ）
11. 与别人不能和睦相处。 （ ）
12. 与异性相处，不知道如何适可而止。 （ ）
13. 当不熟悉的人对自己倾诉他的遭遇以求同情，自己感到不自在。 （ ）
14. 担心别人对自己有什么坏印象。 （ ）
15. 总是尽力使别人赏识自己。 （ ）
16. 暗自思慕异性。 （ ）
17. 时常避免表达自己的感受。 （ ）
18. 对自己的仪表（容貌）缺乏信心。 （ ）
19. 讨厌某人或被某人所讨厌。 （ ）
20. 瞧不起异性。 （ ）
21. 不能专注地倾听。 （ ）
22. 自己的烦恼无人可倾诉。 （ ）
23. 受别人排斥与冷漠。 （ ）
24. 被异性瞧不起。 （ ）

25. 不能广泛地听取各种意见、看法。 （　）

26. 自己常因受伤害而暗自伤心。 （　）

27. 常被别人谈论、愚弄。 （　）

28. 不知如何与异性更好地相处。 （　）

计分方法：

一、总体情况

打"√"的给1分，打"×"的给0分。

1. 如果你得到的总分在0～8分之间，说明你在与朋友相处上的困扰较少。你善于交谈，性格比较开朗，主动关心别人，你对周围的朋友都比较好，愿意和他们在一起，他们也都喜欢你，你们相处得不错。而且，你能够从与朋友相处中得到许多乐趣。你的生活是比较充实、丰富多彩的，你与异性朋友也相处得很好。一句话，你不存在或较少存在交友方面的困扰，你善于与朋友相处，人缘很好，获得许多人的好感与赞同。

2. 如果你得到的总分在9～14分之间，你与朋友相处存在一定程度的困扰。你的人缘很一般，换句话说，你和朋友的关系并不牢固，时好时坏，经常处在一种起伏波动的状态之中。

3. 如果你得到的总分在15～28分之间，就表明你在与人相处上的行为困扰较严重。分数超过20分，则表明你的人际关系困扰程度很严重，而且在心理上出现较为明显的障碍。你可能不善于交谈，也可能是一个性格孤僻的人，或者有明显的自高自大、讨人嫌的行为。

二、具体情况

下面根据各个小栏上的得分，具体说明你与朋友相处的困扰行为及其纠正方法。打"√"的给1分，打"×"的给0分（见表7-2）。

表7-2　　　　　　　　　　　　　　记　分　表

类型	题目							分数
Ⅰ	1	5	9	13	17	21	25	
Ⅱ	2	6	10	14	18	22	26	
Ⅲ	3	7	11	15	19	23	27	
Ⅳ	4	8	12	16	20	24	28	

1. 记分表Ⅰ栏上的小计分数显示出你在交谈方面的行为困扰程度。

（1）6分以上：说明你不善于交谈。只有在极需要的情况下才同别人交谈，总难于表达自己的感受，无论是愉快还是烦恼。你不是个很好的倾听者，往往无法专心听别人说话或只对单独的话题感兴趣。

（2）3～5分：说明你的交谈能力一般。你能够诉说自己的感受，但不能讲得条理清晰。如果你与对方不太熟悉，开始时往往表现得比较拘谨与沉默，不太愿意与对方交谈。但这种状况一般不会持续太久，经过一段时间的接触，你可能会主动与人搭话，这方面的困扰也就会随之减轻或消除。

（3）0～2分：说明你有较高的交谈能力和技巧。善于利用恰当的说话方式来交流思想感情，因而在与别人建立友情方面，往往更容易获得成功。

2．记分表Ⅱ栏上的小计分数显示出你在交际与交友方面的行为困扰程度。

（1）6分以上：说明你在社交活动与交友方面存在严重的行为困扰。例如，在正常集体活动与社交场合，你比大多数同伴更为拘谨；在有陌生人或权威者在场时，往往感到更加紧张；往往过多考虑自己的形象而使自己处于越来越被动和孤立的境地。

（2）3～5分：说明你在社交与交友方面存在一定的困扰。你不喜欢一个人待着，需要和朋友在一起，但不善于创造条件并积极主动地寻找知心朋友。

（3）0～2分：说明你对人较为真诚和热情，不存在人际交往困扰。

3．记分表Ⅲ栏上的小计分数显示出你在待人接物方面的行为困扰程度。

（1）6分以上：说明你缺乏待人接物的机智与技巧。在实际的人际交往中，你也许有意无意地伤害别人，或者过分羡慕别人以致在内心嫉妒别人。因此，可能受到冷漠、排斥，甚至愚弄。

（2）3～5分：说明你是个多侧面的人，也许是一个较圆滑的人。对待不同的人，你有不同的态度，而不同的人对你也有不同的评价。你讨厌某人或者被某人讨厌，但非常喜欢一个人或者被另一个人喜欢。你的朋友关系某些方面是和谐的、良好的，某些方面却是紧张的、恶劣的。因此，你的情绪很不稳定，内心极不平衡，常常处于矛盾状态中。

（3）0～2分：说明你较尊重别人，敢于承担责任，对环境的适应性强。你常常以自己的真诚、宽容、责任心强等个性特点，获得众人的好感与赞同。

4．记分表Ⅳ栏上的小计分数显示出你同异性朋友交往方面的行为困扰程度。

（1）5分以上：说明你在与异性交往的过程中存在较为严重的困扰。也许你对异性存有过分的思慕，或者对异性持有偏见，这两种态度都有片面之处，也许是不知如何把握好与异性交往的分寸而陷入困扰之中。

（2）3～4分：说明你与异性交往的行为困扰程度一般。有时你可能觉得与异性交往是一件愉快的事，有时又可能觉得是一种负担，不知道如何与异性交往最适宜。

（3）0～2分：说明你知道如何正确处理与异性朋友之间的关系。你对异性持公正的态度，能大方自然地与他们交往，在交往中得到了许多从同性朋友那里得不到的东西，你可能是一个比较受欢迎的人，无论是同性还是异性朋友，多数人都比较喜欢和赞赏你。

心理书单 7：《谢谢你折磨我》

[美] 马克·罗森著，王丽译，吉林出版集团有限责任公司

《谢谢你折磨我》的作者是美国威斯康星大学心理学博士马克·罗森（Mark I. Rosen），现任波士顿本特利学院的副教授，专门从事人际冲突和人际沟通的研究。创作本书跟他个人经历有关：父亲是经历过纳粹大屠杀的幸存者，从小就体会到深受人际关系折磨之人的痛苦，并努力琢磨应对之道。从事研究之后，他收集了上万个案例，从中发现了解决人际关系问题的"三把钥匙"，即敏感度、充分交流和对他人的关爱，并成功让几万人走出了人际关系的阴影！

你是否注意到，同一种人际关系问题会出现在不同情景下的可能性有多大——当你因为一个过分苛刻的老板而离职，你是否可能在下一份工作中遇到一个更苛刻的老板？当你终止与一个爱挑剔的合作伙伴的合作后，你是否可能会找到一位更加挑剔的伙伴？当你因为邻居的吵闹搬家后，你是否可能会成为一个施工队的邻居？各种各样的人际关系问题会一直跟着我们，如影随形，直到我们明白这些问题背后的意义。

《谢谢你折磨我》是一本让你明白人际关系问题背后意义的书！作者在多年的研究中发现：人际关系问题的原因很多，但有三个原因是最基础的：感觉迟钝、交流不充分和对他人关爱不够。也就是说，所有人际关系问题都源于人们对那个内在自己缺乏真正的认识。一旦认识到这一点，当你努力改变内在自我的时候，你的外在人际关系也将发生改变。

心理银幕 7：《玛丽和马克思》

《玛丽和马克思》是由亚当·艾略特自编自导，托妮·科莱特、菲利普·塞默·霍夫曼等参与配音演出的一部动画影片。影片获得第 59 届柏林国际电影节金熊奖最佳长片奖。

影片讲述了两个古怪笔友长达 20 年的友情的故事，怪异却纯真。1976 年，9 岁的玛丽是澳大利亚墨尔本的一个小女孩，喜欢动画片《诺布利特》、甜炼乳和巧克力。玛丽的妈妈是个酒鬼，而在茶叶包装厂工作的父亲平日只喜欢制作鸟标本。孤独的玛丽

没有朋友。某一天心血来潮，玛丽给美国纽约市的马克思写了一封信，询问美国小孩从哪里来，并附上一根樱桃巧克力棒。44 岁的马克思患有自闭症及肥胖，碰巧也喜欢看《诺布利特》动画片及吃巧克力。二人的笔友关系从 1976 年维持到 1994 年，期间各自经历了许多人生起伏，直到成年的玛丽终于来到纽约看望马克思……

《玛丽和马克思》这部片子的基调几乎只有棕、白、黑三色，非常阴郁昏暗，就如同两位主人公最初所拥有的生活。玛丽和马克思，一个小姑娘和一位中年男士，有着同样阴郁而不幸的童年，同样的问题家庭，同样的被侮辱与被欺负，然而幸运的是：他们都对生活怀有热切的希望和对友情的渴望。正由于此，两个相距万里、分别居住在两个不同大洲、不同性别和年龄的人走到了一起，彼此温暖和陪伴，直到其中的一位离开这个世界。

这个世界存在很多不幸，我们无法选择自己的家庭，无法选择自己的童年，无法选择自己的长相和天赋，这一切我们几乎都只能够听天由命。但是，不幸中的万幸之一是，我们可以选择自己的朋友。朋友就像马克思帽顶上那个艳丽明亮到耀眼的红色小毛球和玛丽总是戴着的那个同样红艳艳的发卡，会照亮我们的人生，直到永远。朋友不是天上掉下来的，朋友是找来的；友情不是一经拥有，就会永远存在，而是需要我们细心呵护的。影片中最打动人的一句话是"你是我最好的朋友，你是我唯一的朋友！"你有最好的朋友吗？你是别人最好的朋友吗？

测一测　看一看
积极社会关系

第八讲
爱与亲密关系

　　小王子有一个小小的星球，星球上忽然绽放了一朵娇艳的玫瑰花。以前，这个星球上只有一些无名的小花，小王子从来没有见过这么美丽的花，他爱上了这朵玫瑰花，细心地呵护她。那一段日子，他以为，这是人世间唯一的一朵花，只有他的星球上才有，其他地方都没有。然而，有一天，他来到地球上，发现仅仅一个花园里就有5000朵完全一样的这种花朵。这时，他才知道，他有的只是一朵普通的花。一开始，这个发现让小王子非常伤心。最后，小王子明白，尽管世界上有无数朵玫瑰花，但他的星球上的那一朵，仍然是独一无二的，因为那朵玫瑰花，他浇灌过，给她罩过花罩，用屏风保护过，除过她身上的毛虫，还倾听过她的怨艾和自诩，聆听过她的沉默……一句话，他驯服了她，她也驯服了他，她是他独一无二的玫瑰。"正因为我为我的玫瑰花费了时间，这才使我的玫瑰变得如此重要。"

　　这是法国名著《小王子》中的一个寓言故事。只有倾注了爱，亲密关系才有意义。但是，无论多么亲密，小王子仍是小王子，玫瑰仍是玫瑰，他们仍然是两个个体。如果玫瑰不让小王子旅行，或者小王子旅行时非将玫瑰花带在身上，两者一定要黏在一起，关系就不再是享受，而会变成一个累赘。亲密有"间"，一个既亲密而又相互独立的关系，胜于一千个一般的关系。这样的关系，会把我们从孤独感中拯救出来，是我们生命中最重要的一种救赎。如果不曾体验过，就无法知道这种关系的美。

团体活动 8：爱情价值观拍卖

活动目的 帮助个体认识和明确自己的爱情价值观。

活动形式 分组，每组 8～10 人。

活动过程

1. 以组为单位，每一组讨论自己理想中另一半的标准，然后依次写在黑板上，来一场爱情拍卖。

2. 进行拍卖活动：以下面的特征为例，假定所有在场的人每人都有 100 万元，在这场竞拍中最多能花 100 万元，每一种特征起价 10 万元，最高 100 万元，谁先出到 100 万元，谁就能获得此特征，否则以出价最高者得之。

（1）有理想　（2）能说会道　（3）宽容豁达　（4）心地善良
（5）聪明　　（6）乐观　　　（7）负责任　　（8）有孝心
（9）帅或漂亮（10）有思想　　（11）坚强　　　（12）温柔
（13）独立　（14）勤劳　　　（15）幽默　　　（16）谨慎
（17）有雄厚的经济基础
……

3. 小组讨论：你拍到了什么特征？为什么需要另一半具备这些特征？

所谓爱情，就是到了一定年龄的一对男女出于各自的生理、心理需要，基于一定的社会关系和共同的生活理想，而形成的相互间强烈倾慕和相互吸引、并渴望对方成为自己终身伴侣的最真挚、专一、稳定的感情。

一、走近爱情

你曾经想过，当你说"我爱你"这句话的时候，意味着什么吗？大多数人没有考察过"我爱你"的多种意义，这激发了积极心理学研讨会上一名心理专业学生丹·考克斯的兴趣，他要求同事们描述一下他们最近一次说"我爱你"的确切含义，回答显示，这句话包含了许多意义，包括"我理解""我支持你""谢谢""我很抱歉"，以及更宽泛的意思，例如"和你在一起很开心"等。

古希腊著名哲学家柏拉图认为，爱情是纯精神的，与性欲毫不相干，是男女精神上的相互依恋。爱情分为低级的肉体之爱和高级的精神之爱，肉体之爱是卑俗的，精神之爱是高尚的，是真正的爱情。这种爱情观念是一种"唯精神论"，排斥和谴责性爱，带有浓厚的理想色彩，其结果是把人间美好纯真的爱情变成了无法触及的天国之物。

哲学家休谟在《人性论》中指出，爱情是人的自然本性，是"美貌""性欲"和"好感"三者的结合。这种"唯性欲论"的爱情观是作为"唯精神论"的对立观点提出的。该观点认为，爱情是纯粹的性本能，性欲是爱情产生的唯一根源，爱情的目的仅仅是为了性欲的满足。这种观点也是片面的、肤浅的。

约翰·华生（1924）[1]主张爱情是由性感受的刺激导致的自然情感。艾瑞克·弗洛姆（1956）[2]把爱设定为一种持续情感，人类用它来克服孤独感。

爱 情 吊 桥 实 验

阿瑟·阿伦做了一个实验。主试是阿瑟·阿伦的漂亮女研究助手，被试是18~35岁单身男性。被试分为两组，实验组的实验地点为吊桥，控制组的实验地点为木桥。实验内容是在桥上完成调查问卷，同时给被试一张图片，让被试根据图片编故事，女助手给每个被试留下个人电话。测试的是被试所编故事的内容与主题和给女助手打电话的比例。

实验结果显示：吊桥上的男性中大概有一半的人在试验结束后给女助手打过电话，而通过那个坚固而低矮的木桥的16位男性中，只有两位给女助手打过电话。同时，从编的故事内容来看，吊桥上的男性比木桥上的男性依图片所编的故事更多含有情爱的色彩。

阿瑟·阿伦指出，吊桥上的男性之所以会积极地拨打女助手的电话，是因为他们在经过左右摇摆的悬空吊桥时，产生了一种胆战心惊、焦虑紧张的情绪，而这种情绪和我们恋爱时的感觉是一模一样的，这些男士把这两种不同的加速心跳相混淆。据此，阿瑟·阿伦认为爱情实质上是心理机制和生理机制共同作用的结果。

1. 爱情的特点

在人际关系的发展过程中，按交往双方人际间彼此吸引的过程，可以分为五个阶段：互不相识、开始注意、有意突出、建立友谊、亲密关系建立爱情。每个人和其他人的关系会停留在不同的阶段，异性间的交往也同样如此。在第四阶段就是一般的异性间的友谊，到了第五阶段，彼此间的自我暴露越来越多，分享的情感内容越来越深，如果是同性，就成为知己，也就是知心朋友，如果是异性，在感情上又

---

[1] 约翰·华生（John Broadus Waston，1878—1958），美国著名心理学家，行为主义的创建人，在心理学界有非常重要的作用。

[2] 艾瑞克·弗洛姆（Erich Fromm，1900—1980），美籍德国犹太人，人本主义哲学家和精神分析心理学家，毕生致力修改弗洛伊德的精神分析学说，以切合西方人在两次世界大战后的精神处境。

增加性的需求、奉献与满足的心理，就成了爱情。因此，爱情具有不同于其他人际关系的独特性。

（1）平等性。"如果上帝赋予我财富和美貌，我会让你难以离开我，就像我现在难以离开你一样。可上帝没有这样安排。但我们的精神是平等的。就如你我走过坟墓，将平等地站在上帝面前"。这一段话是夏洛特·勃朗特的名著《简爱》中的名句，到今天已然成为表达女性自尊自爱、追求爱情平等的经典语句。舒婷在《致橡树》中也写道："如果我爱你，绝不学攀援的凌霄花，借你的高枝炫耀自己；我必须是你近旁的一棵木棉，作为树的形象和你站在一起。"在爱情的发展中，男女双方必须始终处于平等互爱的地位。当事人既是爱者又是被爱者，两颗心彼此倾慕，情投意合。

（2）排他性。爱情是两颗心相撞发出的共鸣，男女一旦相爱，就要求相互忠贞，并且排斥任何第三者亲近双方中的任一方。教育家陶行知曾形象地说："爱情之酒甜而苦，两人喝是甘露，三人喝是酸醋，随便喝要中毒！"在爱情中脚踏几只船，见异思迁、三心二意的人违背了健康的爱情价值观。

（3）冲动性。处于爱情中的男女双方表现出强烈的亲近欲望和随时可激起的不顾一切的行为倾向。处于成年早期的个体，这种冲动性非常强烈。爱情的冲动性是爱情力量的重要表现。当爱情受到外来阻力时，对爱的强烈激情能使双方产生令人敬佩的勇敢并作出果断的抉择，如冲破世俗的束缚，摆脱家庭的干涉，追求自己的爱情，这是爱情冲动性积极的一面。但是，冲动性也有负面作用，它容易使人失去理智，不顾后果，因而具有冒险性和破坏性，成为导致许多恶性事件发生的主要原因。

（4）持久性。莎士比亚说过："真正的爱，非环境所能改变；真正的爱，非时间所能磨灭；真正的爱，给我们带来欢乐和生命。"爱情是一棵苍松，而不是一枝昙花。爱情所包含的情感因素和义务因素，不仅存在于婚前的恋爱过程中，而且延续到婚后的夫妻生活和家庭生活，其持久性表现在爱情的不断深化、充实和提高。

2. 爱情的心理规律

（1）埃里克森的心理发展理论。从出生到成熟直至衰老死亡，人在一生的发展中既表现出了连续性，又存在明显的阶段性，各个阶段都有各自的心理发展特点和规律。著名发展心理学、精神分析理论学家爱利克·埃里克森（Erik.H.Erikson）❶提出了心理的"毕生发展观"（见表 8-1），认为人的心理从出生到死亡都是在不断发展的，人的一生分为八个阶段，每个阶段都有其特定的发展任务，且存在一个特殊矛盾，只有

---

❶ 爱利克·埃里克森（Erik. H. Erikson，1902—1994），美国精神病学家，著名的发展心理学家和精神分析学家。他提出人格的社会心理发展理论，把心理的发展划分为八个阶段，指出每一阶段的特殊社会心理任务，并认为每一阶段都有一个特殊矛盾，矛盾的顺利解决是人格健康发展的前提。

完成相应的发展任务，顺利解决该阶段的特殊矛盾，才能获得相应的心理品质，健康地进入下一发展阶段，人格才能健康发展。

表 8-1　　　　　　　　　　　　　埃里克森毕生发展观

期别	年龄	心理危机	发展顺利	发展障碍
1	0～1	信任—不信任	有安全感	交往焦虑
2	2～3	自主—不自主	自控自信	胆小多疑
3	4～5	自信—不自信	勇于表现	畏惧退缩
4	6～11	进取—不进取	勤劳能干	懒惰无能
5	12～18	角色认同—角色混淆	自我认同、方向明确	角色混乱
6	19～28	亲密—孤独与异性	建立亲密关系	异性交往障碍，孤独
7	29～55	后代关注—自我关注	关爱后代	追求个人享乐
8	55 以后	完善—绝望	获得满足感	产生绝望情绪

根据埃里克森的划分，在成年早期（19～28 岁），人的心理发展任务便是获得亲密感，从而避免孤独感，最终体验爱情的实现。如果顺利完成这一任务便可获得爱的品质，与异性建立起亲密关系。发展亲密感对于能否满意地进入社会、健康成长具有重要的作用。这个时期的年轻人，倾向于对朋友诉说困难与烦恼，而随着性意识的发展，亲密朋友的这种功能逐渐弱化，而对异性的意识和取向逐渐增强，由此产生恋爱的情感。

由此理论可见，亲密关系是人生存和发展的必然需要，人在成长过程中，成年早期的心理发展表现为需要与别人建立亲密感，如果人为干涉或阻碍这一心理成长过程，势必影响心理健康发展，导致一些心理障碍。恋爱是青年早期成长过程中的正常行为，也是该时期较为显著的特征。

（2）爱情三角理论。美国心理学家斯罗伯特·斯腾伯格（Robert J. Sternberg）[1]提出了爱情三角理论（见图 8-1），认为爱情由三个基本成分组成：亲密、激情和承诺。亲密是指在爱情关系中引起的温暖体验；激情是爱情中反映浪漫、性吸引力的动机成分，包括自尊、支配等需求；承诺指维持关系的决定、期许或担保。亲密是"温暖"的，激情是"热烈"的，而承诺是"冷静"的。

亲密（Intimacy）。亲密是两人之间感觉亲近、温馨的一种体验。简单地说，就是能够给人带来一种温暖的感觉体验。亲密包含九个基本要素，如表 8-2 所示。

---

[1]　罗伯特·斯腾伯格（Robert J. Sternberg，1949—）美国心理学家，是智力三元理论的建构者，也是首倡爱情三元论的心理学家，美国心理学会普通心理学分会和教育心理学分会主席，兼任《心理学学报》《美国心理学杂志》《教育心理学杂志》《人类智力国际通讯》等刊物的编辑。

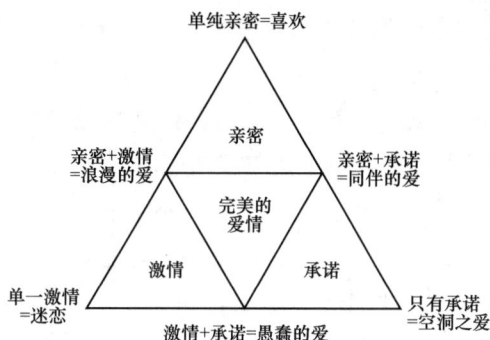

图 8-1 爱情三角理论

表 8-2	亲 密 的 要 素	
序号	基本要素	心 理 感 受
1	渴望促进被爱者的幸福	爱方主动照顾被爱方并努力促进他/她的幸福。一方面可能以自己的幸福为代价去促进另一方的幸福，但是也期望对方在必要时同样会这样做。
2	跟被爱者在一起时感到幸福	情侣在一起做事时，他们都感到十分愉快，并留下美好记忆，使这些美好时光的记忆能成为艰难时刻的慰藉和力量。而且，共同分享的美好时光会涌流到互爱关系中并使之更加美好。
3	尊重对方	情侣必须非常看重和尊重对方，尽管可能意识到对方的弱点，却不会因此而减少自己对对方的整体尊重。在艰难时刻能够依靠对方。在患难时刻仍感到对方跟自己站在一起。在危急时刻，能够呼唤对方并能指望对方跟自己同舟共济。
4	跟被爱方互相理解	情侣间可以互相理解，他们知道各自的优缺点并对对方的感情和情绪心领神会，懂得以相应的方式互相作出反应。
5	与被爱方分享自我和自己的占有物	爱方乐意奉献自己、自己的时间以及自己的东西给被爱方。虽然不必所有的东西都成为共有财产，但双方在需要时可以分享他们的财务，最重要的是分享他们的自我。
6	从被爱方接受感情上的支持	爱方能从被爱方得到鼓舞和支持，感到精神焕发，特别是在身处逆境时尤其如此。当感到似乎一切都在跟爱方作对，但爱方意识到只有一件事不会出问题——配偶始终跟自己站在一起。
7	给被爱方以感情上的支持	在逆境下，爱方应与被爱方在精神上息息相通，并给予感情上的支持。
8	跟被爱方亲切沟通	爱方能够跟被爱方进行深层次和坦诚的沟通，分享内心深处的感情。当爱方为自己所做的某件事感到困窘为难时，仍能推心置腹地跟被爱方交谈。
9	珍重被爱方	爱方能充分感受到对方在共同生活中的重要性。当认识到配偶比所有的物质财富都更为重要时，就会知道爱方对被爱方具有这种珍重和珍爱。

激情（Passion）。激情是爱情中反映浪漫、性吸引力的动机成分。通俗地说，就是见了对方会有一种怦然心动的感觉，和对方相处时有一种兴奋的体验。激情包括强烈的正面与负面感情以及各项社会需求，包含了许多对对方所感知的情绪，如思念、

害羞、兴奋等。性的需要是引起激情的主导形式，其他如自尊、照顾、归属、支配、服从也是唤醒激情体验的源泉。

承诺（Commitment）。承诺由两方面组成：短期的承诺和长期的承诺。短期承诺就是要做出爱不爱一个人的决定。长期承诺则是作出维护这一爱情关系的承诺，包括对爱情的忠诚、责任心，是一种患难与共、至死不渝的承诺。在现实生活中，两种承诺不一定同时具备，比如决定爱一个人，但是不一定愿意承担责任，或者给出承诺；又或者决定一辈子只爱他/她，但不一定会说出口。

恋爱中亲密、激情、承诺三种成分强度越大，说明爱情程度越深，三种成分越均衡，说明爱情越均衡，越稳定。按照三种要素存在的关系，可以将亲密关系分为以下八种，如图8-2所示。

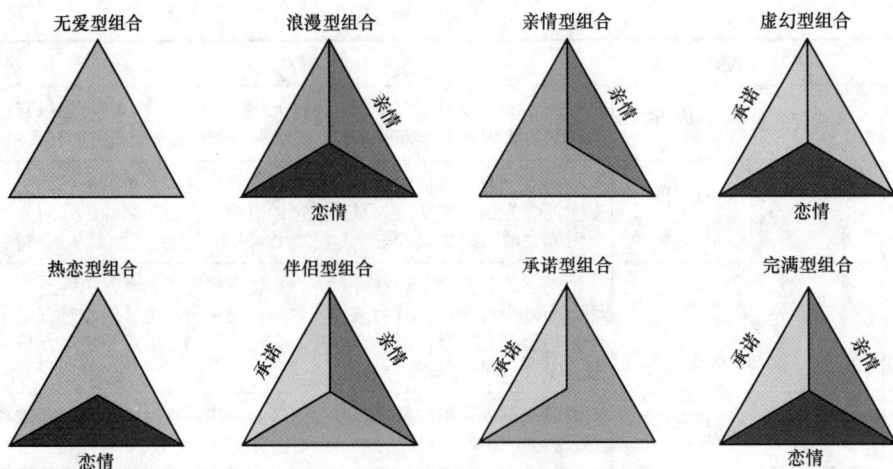

图 8-2 斯腾伯格的爱情三元素理论关于爱情的分类

随着时间的推移，爱情三元素会发生不同的变化，变化的一般规律如图 8-3 所示。

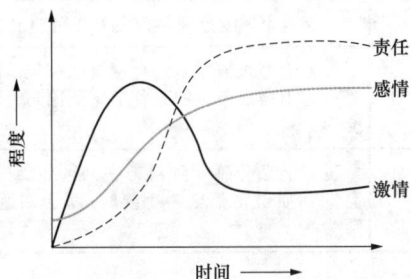

图 8-3 爱情三元素随时间推移的发展情况

（3）爱情的类型理论。加拿大社会学家约翰·李（John Alan Lee）基于人们在爱情中的不同行为表现将男女之间的爱情划分为六种不同类型：

情欲之爱，也称浪漫之爱。一见钟情式的爱情较易出现在这种类型中，这种爱情下的恋人较注重外表等较外显的吸引力，能很快进入爱情。

游戏之爱。这种爱情类型的人，不会将爱情视为严肃的事情，而将爱情视为一场游戏，把自己视为这场爱情游戏中的玩家，虽然他们并不想给别人造成伤害，但事实上却往往给对方造成情感上的伤害。

友情之爱。这是一种缓慢发展的爱情，恋爱关系是从友情中慢慢演变而来，相似性在这种爱情中极为重要。

现实之爱。这是一种十分讲求实际的爱情类型，双方会站在现实角度出发，选择最符合条件的爱人，这些条件包括家世、学历、健康状况、地域、未来成就等。

激情之爱。这种类型爱情中的恋人对对方有着强烈的依赖感和占有欲，他们的情绪常处在两极化，总被对方的喜怒哀乐所牵动。

奉献之爱。这是一种无私、给予的爱情类型，这种恋爱者视付出为理所当然，永远将对方的快乐、幸福放在自己前面，希望爱人一切都好而不求回报。

3．识别爱情

一场完美的爱情在某种程度上像一场好的心理治疗，一个好的爱人像一个好的心理治疗师。爱情中的相互接纳就是最好的治疗，人们能够在爱情中修复经历的创伤。爱人也是最好的镜子，因为他/她是我们最亲近和最重要的人，可以照出我们以前不知道的自己，发现我们情感世界、个性特点、自己为人处世的方式以及过去的经历对自己的影响。

（1）爱情的发展阶段。一般情况下，爱情大致要经历三个阶段：

第一阶段：1+1=1，合二为一阶段。在这个阶段，恋人们是共生关系，热烈感情将两个人的边界融化，不分你我。这个阶段的潜意识是："因为你符合我的想象，所以我爱你。"这个阶段一般会持续2～3年。

第二阶段：1+1=2，发现差异阶段。在这个阶段，恋人们从连体婴儿的状态恢复到两个人的状态，双方都发现彼此的差异，在对方身上和自己身上都发现了让自己失望的地方。这是两个人关系的关键期，如果一心留恋第一个阶段，而不用心接受这个阶段存在的必然性，那么就会无法超越这个阶段，爱情就会出现背叛或者分道扬镳。这个阶段的潜意识是："如果你按照我的意思做，我才会爱你。"

第三阶段：1+1=3，重新结合阶段。在这个阶段，度过了关系的危险期，恋人们开始重新审视、修复和经营他们的关系，有你，有我，有我们的关系。双方开始调整对对方的期望，开始完全接纳对方而不是试图改造对方成为自己希望的样子，双方开始考虑两个人的共同未来，虽然还有争吵和冲突，但是已经找到一种合理的调节方式。这个阶段的潜意识是："我爱的就是你！"双方接纳对方的所有，学会了知足感恩，学会不再依靠从对方身上不断索取来填补自己的不足，能够真正地、自由地给予。

（2）"真爱"与"迷恋"。真爱和迷恋在某些地方可能看起来很像，我们常常会把电视剧、电影中男女主人公之间缠绵悱恻的恋爱理解为真爱，而且在生活中也这样效仿，但是真爱与迷恋之间是有差别的。

差别一：迷恋通常是在非常快、非常短暂的时间内发生。所谓的"一见钟情"大部分都是迷恋；真爱是必须经过很长时间，对彼此的优点和缺点有充分的了解之后才能产生。如果连对方是谁都还不了解，怎么可能去爱对方呢？

差别二：迷恋通常是基于一种投射。迷恋是将个人凭空想象出来的东西完全投射到对方身上；而真爱是基于对对方长期、全面的了解。

差别三：迷恋通常是自我中心的，有强烈的占有欲。一朵花很漂亮，带给我美好的感觉，我就爱它。哪一天这朵花谢了，对我没有什么好处了，我就把它扔掉。但是真爱不是这样的。真爱是想要了解对方，愿意帮助他成长，让他得到益处，使他快乐。

差别四：迷恋是一种激情，但真爱与两个人之间细水长流的友情有关。最新脑科学研究显示，人处于恋爱关系中时，大脑会分泌一种叫做"苯乙氨"（Phenylethylamine，简称为PEA）的化学物质，这种激素会使人产生快乐、祥和的感觉。激素引发的刺激持续时间较短，过一段时间之后会慢慢消失。研究发现，那些彼此相爱、彼此珍惜的老夫妻，在见面时大脑中分泌的苯乙氨（PEA）逐渐降低，而"安多芬（Endorphin）"却不断升高。安多芬这种物质在女性生产的时候会大量分泌，具有最自然、最有效的止痛效果，可以使人觉得很平安、很温馨。

差别五：迷恋通常没有办法持续，而真爱是强烈的承诺和委身。在现代的婚姻、爱情关系中，如果两个人没有承诺的观念，他们之间的爱情很难持续下去。因为我们的生活在不断改变，每一个人的需要也在不断改变。如果没有承诺与委身，两个人的关系就会随着外在变化和各自需要的变化而分崩离析。

如果只有激情，没有承诺，这样的爱情很容易在遇到困难或者自己的需要发生变化后而破碎。但如果既有激情又有承诺，这样的爱情越遇到困难越牢固，在内心需要发生变化时，双方反而能发展出很好的互动关系，爱情变得更加丰富、饱满，双方不弃不离，时间愈久愈有味道。

（3）"爱情"与"友谊"。爱情常常会以友谊为基础，但友谊不一定能发展成爱情，友谊和爱情是两种具有不同内涵的情感，两者存在本质的不同。

友谊是"朋友间的交情"，是具有相同兴趣、爱好或者性格相似的人之间的一种彼此关心、相互帮助的感情，是在心理相容基础上形成的个人之间强烈而深沉的情绪依恋。它不分男女，也没有范围和年龄的限制。友谊具有如下特点：

第一，不排斥他人，可以是三五人或更多的人形成的朋友关系。

第二，时间可以是短期的，也可以是长久的。友谊可能因为各种客观或者主观原因而结束，一般情况下不会对彼此造成严重心理伤害，友谊的发展是多元的。

第三，有共同的爱好，能接受对方，欣赏对方。

第四，彼此相互信任，尊重对方的立场、看法。

第五，相互帮助，相互支持。

第六，彼此相互了解，双方可以分享彼此的经验与感觉。

对比爱情与友谊的特点可以看出，友谊是爱情的基础，爱情常常从友谊而来。一般来讲，先是好感，然后是喜欢，最后到达爱情。好感和喜欢多停留在友谊的阶段，而爱情已发展到了亲密关系的层次。爱情与友情的界限究竟在哪里？下列几项会有助于我们确信两个人的关系已经从友谊走向了爱情：

共有的目标。情侣与朋友的区别在于两人未来的方向是否一致。情侣们会倾向于选择一个相似的未来，随后他们会彼此分享许多他们能够承诺的、对这个共有未来的期待（比如双方在宗教、性别角色、要不要孩子、消费习惯等方面相容的观点）。这些共有的观念不是友谊成立的前提条件，却能对爱情关系造成巨大影响。

时间与注意力。当涉及一起度过的时间、双方对彼此的注意时，爱情关系就胜过友谊了。朋友之间也相互依赖，但是爱人们会将各自的生活交织在一起。处于爱情关系的双方会对彼此更加依赖，这也是从"你和我"到"我们"的一个健康的转化过程。爱情中感情的深度和丰富性将爱情与友情区分开来。

积极想象。在健康的爱情关系中，个体会为伴侣而神魂颠倒。他们对伴侣的行为、技能、观念方面有很高的评价，这些积极想象是健康的，同时它们也帮助区分了友情与爱情，因为我们对朋友会有更多更实际客观的评价。

影响。我们的朋友影响着我们的目标、喜好、观念，但是爱人会对"我是谁"产生更大的推动力。人们会将自己的爱人纳入自我概念，人们的自我认知更多地包括了他们的爱人而不是朋友的意见。

承诺。承诺是判定一段关系是友情还是爱情的最重要的因素，但是这一点常常被忽视。建立一段爱情关系的决定意味着稳定性，也反映出人们会有目的地为创造恋爱关系作出努力。虽然许多朋友可以成为好伴侣，而一个决定、一个和某人相伴一生的承诺，才是促进爱情关系的关键所在。

二、婚姻与家庭

在一个婚姻中，通常会有六个角色，分别是"男人""女人""小男孩""小女孩""爸爸""妈妈"。

"男人"代表的是丈夫成熟的具有性吸引的自我部分。

"女人"代表的是妻子成熟的具有性吸引的自我部分。

"小男孩"代表的是丈夫的内在小孩❶的部分。

"小女孩"代表的是妻子的内在小孩的部分。

"爸爸"代表的是丈夫道德中自我和责任的部分。

"妈妈"代表的是妻子母性中的爱和温暖的部分。

1．亲密关系的发展阶段

婚姻中的亲密关系可分为五个发展阶段，分别是浪漫期、权力争夺期、整合期、承诺期和共同创造期。这不是绝对时间的划分，而是一种循环的周期，婚姻伴侣很少停留在一个阶段，而不进入其他阶段。比如，大部分处在整合期的伴侣在面对压力时，很容易返回权力争夺期。某些处境会引发重新回到早期阶段的行为，例如，当男方为女方买了一份特殊的圣诞礼物，女方可能会重返浪漫期。同一份关系中的人也可能各自处在不同的阶段，比如妻子因为接纳丈夫而处于整合期，可是丈夫对妻子却处于浪漫期，因为他只愿看见自己在妻子身上投射出来的理想形象，这种情形并不代表婚姻关系必须结束。在大部分婚姻关系中，双方常常会处在不同的阶段，学习承认这些差异，不加以防卫，并欣赏双方的观点，关系就能持续成长（见图 8-4）。

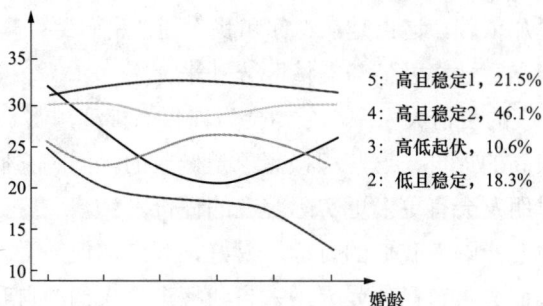

图 8-4　婚姻幸福水平

（1）浪漫期：兴奋，但没有真正的亲近。任何关系中最刺激的时刻就是浪漫期，世界似乎变得更明亮，陷入热恋的人觉得自己充满能量，有更明确的目标感，对生命充满热情，愿意去做不寻常的事，每一刻都觉得新鲜。

---

❶ 内在小孩疗法是近年来颇为引人注目的心理治疗方法。在心理治疗领域最早讨论内在小孩概念的是荣格（Carl Gustav Jung），他于 1940 年首次出版《儿童原型心理学》（《The Psychology of the Child Archetype》），以《在里面的小孩》（child within）指称儿童原型。而第一位正式使用"内在小孩"（inner child）这个词汇的则是米斯尔丁（Missildine），他在 1963 年出版的《Your Inner Child of the Past》一书（中译书名为《探索你内心的往日幼童》）中，以整本书讨论内在小孩概念及治疗方法。每个成年人的内心都有一个内在小孩。内在小孩是我们童年时的情绪、经验和需求。每个孩子都带着天真、信任、活力、自发性和易受伤的特质与天赋来到这个世界，如果这个小孩因为小时候的需求没有获得满足，或曾有被伤害的经验，长大后我们的内心便存留了这个脆弱、受伤，需要被关心的童稚小孩，因受挫、压抑，带着愤怒和受伤而无法展现他天性的特质，我们把这个童稚小孩就称之为内在小孩。

在浪漫期中，人们容易感到彼此的重要性并愿意亲近对方。可是，一经详细检视就会发现，双方只是沉迷于彼此的形象，对对方的感觉只是一种假象，即使感受到亲近和连接的经验，其实内心仍是分离的，他们虽然兴奋，却没有共鸣，充满能量，却不亲密。

这是因为在浪漫期中，对方并不是一个主体的人，而是一个可以照顾自己的焦虑和需求的对象。人们把自己对完美伴侣的概念投射到对方身上，当某人满足了自己的愿望时，就会把重心放到自身以外，于是变得软弱、不认识自己、无法和他人有关怀的对话。因此在浪漫期，其基本问题是潜在的不安全感。

（2）权力争夺期：新秩序前的混乱。一般说来，权力争夺期始于温和的劝告，催促对方稍作改变。"亲爱的，如果你留这种发型会更英俊"，意思其实是"如果你改变外观，就更符合我内心的理想男性的缩影"。

在权力争夺期，伴侣间必须承诺留在冲突之中，而不是退缩、离弃，或试图击败对方。在冲突中，会看见以前没看见的部分，双方会因此得到许多学习的机会。争吵似乎会造成破坏，但如果双方能不坚持控制对方，就可以更深地认识自己和对方。试图控制自己或对方却无法成功时，常常出现身体和情绪的症状，如头痛、背痛、沮丧和其他身心问题。

（3）整合期：进入整合，展现人性。整合期的伴侣可以意见不合，又不必争执，他们并不争辩谁对谁错，能接受彼此的差异，即使观点非常不同，仍能好好相处，这是逐渐接纳自我和他人的过程。由于接纳度越来越高，所以亲密感也就越来越深，不但更了解自己，也更了解彼此。

在整合期，伴侣首度展现人性。在先前的阶段中，两人都是物化的角色，到了整合期，各人都受到重视、接纳和肯定，在彼此的分享和见证中自由呈现自己，向自己和伴侣敞开时，就成为更个体化、更投入关系的人。

（4）承诺期：承诺是针对自己。承诺期的伴侣非常了解彼此，包括各自的真诚自我以及各自会玩的心理游戏和权力游戏。他们乐于沟通自己的想法和感受，并以这种方式深入了解彼此。他们越来越投入各自和共同的生活，由于完全了解自己和对方，已准备好作出全然的承诺。他们并不是向对方作出承诺，而是对生活和自己作出坚定的承诺。在这个过程中，他们愿意共享一个承诺，一起计划双方的期待和决定，并付诸行动。

（5）共同创造期：生命充满可能性。由于信任双方的承诺，所以能投入真诚的合作。他们在一起时，不论选择任何任务，都会成为创造的过程。这种婚姻充满原创力和活力，伴侣的努力是和谐一致的。

当伴侣之间能超脱权力争夺时的道德教训，在整合期了解自我和双方，并在承诺期用意志合作时，婚姻就进入了生命力最强大的阶段。在一起，却彼此不同、独立、个体化而真诚。

2. 婚姻中的冲突

当生活琐碎、激情消退，夫妻间会因为种种原因而争执不断，剑拔弩张。冲突其实一直都存在，争吵的焦点似乎也总是那几个，但争吵的问题却始终没有被很好地解决过。这似乎成为婚姻关系走不出的怪圈。心理学家经过大量的研究和调查发现，冲突几乎在每个家庭中都会存在。一般来说，引起夫妻冲突的主要心理原因有：

（1）观点差异。随着社会的发展，自由恋爱被倡导，两个人所成长的家庭、所受的教育不同，所产生的价值观、对同一事件的看法不同，比如，有的男人认为做家务是女人的活，而女人则坚信男女平等，这时候就会因为观点的差异产生冲突。在冲突中，关系里的每个人都想证明自己是对的，对方是错的。

（2）逃避责任。"这次孩子成绩没考好，都是因为你太溺爱孩子！"像这样的话在家庭中非常常见。当事情发生后，夫妻双方的第一反应往往是先去理论谁做错了，谁是无辜的，谁该为这件事负责，这也容易导致冲突的发生。

（3）安全感匮乏。一个家庭所能给予成员安全感的多少，决定着家庭的稳定程度。在夫妻关系中，如果夫妻坚信彼此都会不离不弃，无论怎么冲突，都会带着爱去解决问题。但是如果夫妻关系中安全感不足，亲密关系的一方或双方就会担心家庭的随时破裂和失去。丈夫无意间的一句气话，就可能会触碰到妻子安全感的高压线。一旦当丈夫出现有危险感的行动或说出危险感的话时，妻子就会马上联想到：他是不是不想要我了，我是不是要失去家了？

心理学家通过大量调查发现，很多家庭在面临冲突时主要有四种处理方式。

方式一：争吵。如果夫妻两个人都是强势爱指责的人，常常会通过争吵来解决问题。似乎谁的声音大谁就会胜利，谁的道理多谁就会胜利，谁的力量大谁就会胜利，谁的权利多谁就会胜利。总之，一定要分出是非对错，才能够平息他们心中的怒火。为了能赢得这场争论，他们还会引出其他方案来解决，如请家庭以外的人来评理，翻出陈年旧事来否定对方，将问题上升到人格或爱的高度。最后，要么是无果而终，要么是一方闷气妥协。但是结果无论谁赢谁输，家庭的和谐都受到了伤害。

方式二：妥协。妥协有两种，一种是一方妥协，一种是双方相互让步。如果在夫妻关系中有一个人比较弱势，这个人则往往容易妥协。所谓妥协，就是放弃自己的观点来顺从对方。妥协本身看似是放弃自己的观点，其实是一种压抑，将产生的委屈和不愉悦的感受进行压抑，再在将来的某个时间或另外一件事情上爆发。在冲突中，常常因为一件小事而大发脾气大动干戈，常常就是因为以前没有解决完的情绪带到了现在。对于双方妥协，看起来是相互让步了，问题解决了，其实是一种"双输"，因为你的目的没达到，我为了家为了你而做了让步，我的目的也没有达到，彼此都会产生一些委屈和不满。

方式三：逃避。有的人发现问题的时候会害怕冲突，干脆不去解决问题。比如，有的妻子怀疑对方不忠，但是又不敢说，于是假装不知道；有的妻子害怕一个人在家过夜，而丈夫又常常出差，妻子怕影响丈夫的事业而不向丈夫表达出来，假装很好没事，其实丈夫出差未必是件不可协调的事情，只是妻子选择了逃避；有的人没有跟对方商量擅自作了某个决定，对方虽然不高兴但压抑下来而不发表意见，逃避问题……在夫妻关系里，很多人因为害怕冲突而逃避问题，看起来他们的关系是和谐的，其实他们内心的隔阂却越来越大，因为不沟通不解决，压抑的情绪也会越来越多。

方式四：解决问题。有的家庭处理婚姻冲突的方式是拿出解决方案。比如，对于孩子培养问题，是否支持上钢琴班？给孩子多少时间自由玩耍？有的夫妻会用强大的理性来解决问题，让利益最大化。即使观点不一，他们也会搜集很多的道理和证据，来证明自己的观点，好让问题有最理想的解决方案。当然，在解决问题的时候，他们会常常忽略了对方的心理需求。家不是一个只用理性来说话的地方，需要更多的人文关怀，在冲突中让关系更加紧密。只追求解决问题的家庭，看起来十分优秀，条件丰厚，令人羡慕，但是他们常常会忽略感受，忽略爱，切断两个人的亲密关系，只剩下理性，少了亲密感。

幸福的家庭并不是没有冲突，而是在冲突产生的时候，采用了更健康的处理方式，相互支撑，相互学习，相互滋养，彼此成长，让冲突成为了婚姻的黏合剂。

第一，意识到婚姻亲密关系里的"我们"是一个共同体。

在步入婚姻的殿堂后，夫妻双方就成为了一个共同体，而不再是两个单独的个体。在冲突里会出现两个冲突的主体：你和我。冲突的时候，是你和我两个个体在争执，却忘了在婚姻亲密关系中还有一个重要的元素：我们。亲密关系里，有三个系统：你，我，我们。如果只看到前两个，在冲突的时候就会倾向于保护一个人的利益而伤害到另外一个人的利益。但如果把"我们"这个元素加进来则是另一种局面：我们是一体的，我们是一个共同体，伤害到你就是伤害到我的一部分，所以我不想我们的世界里有一点伤害发生。有人被伤害，婚姻亲密关系就被减分。我们的目标是让"我们"这个共同体加分，而不是让你减分来换取我加分。

第二，学会区分人和事。

冲突产生的时候，最怕事情和人一起否定。丈夫做错了一件事情或没挣到钱，妻子就会否定他的全部：你这个人真没用。妻子打碎了一个碗，也会被丈夫指责：你这个人什么都做不好。有时候我们明明在说一件事情，可是对方却感觉到了他的人被否定了。

和谐的家庭要学会将事情和人区分开来。我们对某个事情有了不同的态度，但是我们只针对事情，没有忽略掉爱。我认为这件事情你做错了，不应该这样做，但是我爱你这个人。健康的关系里，他们能带着爱去解决问题，而不是带着情绪发泄到对方身上。

第三，彼此相互学习。

当妻子想在周末一起去看话剧，而丈夫想一起去看球赛的时候，不要急着要求对方顺从自己。其中一方就可以试着去了解下对方的领域，正好身边有个专家，可以学习到更多额外的东西，丰富了自己的世界，也了解了对方的世界，产生了更多共同的话题，关系自然就更亲密了。

带着爱去做事情的时候，就容易相互理解，避免冲突。当冲突产生的时候，可以先去看看，他为什么会跟我不一样，有什么新的视角可以整合到我的世界里来。

第四，自我检视和自我提升。

总是脾气暴躁，总是觉得别人做的不好，总是认为人应该怎样。我们自身的性格，就决定着我们在人际关系里会有怎样的表现。在亲密关系里因为不去伪装，会更真实一些。

在亲密关系里有了冲突，正好有机会去检视一下自己，哪些地方在固执坚守，是不是有些一定要坚持不放的观念，在其他人际关系中是否也因为这些观念的坚持而产生过同样的冲突，自己有哪些性格哪些固有的处理问题的方式，在其他事情中自己是否也采用同样的方式处理，给别人造成过困扰。

亲密关系是修炼自己的最好的地方，因为在这里，可以暴露出自己很多问题，而解决这些问题，就是自我提升。

冲突本身并不可以免除，因为没有相同的两个人，差异会永远存在。美国著名家庭治疗大师萨提亚曾说过："问题本身不是问题，如何应对问题才是问题。"冲突本身不是问题，如何应对冲突才是问题。如果将冲突视为夫妻关系的羁绊继而指责对方不对，就会将关系推向危险的悬崖，但是如果将冲突视为机会，则会提升了自己和稳固了家庭。

三、夫妻关系与原生家庭

很多看似夫妻的问题，实质不是夫妻问题，而是原生家庭（各自父母的家庭）带来的心理成长问题，以前没有得到的满足，现在要加倍得到。过去的心理创伤，在与亲密的人互动关系中最常浮现，成为一种"病症"，而不是"病根"。

原生家庭指人从小成长的家庭环境。原生家庭塑造人的个性，影响人格成长，培养管理情绪的能力，为个人成长后人际互动的模式定型。人在原生家庭里形成的情感习惯和思维模式叫做"原生情结"。每个人都是带着原生家庭的心理烙印开始自己的成长历程的。可以说，原生家庭也是影响我们最早，持续力也最久的环境及系统。

1. 原生家庭对夫妻关系的影响

据调查显示，个性、价值观不同，是导致离婚第一大原因，其次才是第三者介入和性生活不和谐。价值观不同，就与原生家庭有很大关系，人的个性、价值观是在原生家庭形成的，特别是在我们中国家庭中，婚姻不是男女双方两个人的事，一桩婚姻背负着两个家庭、甚至两个家族利益的沉重包袱。原生家庭对婚姻的影响主要有以下几种体现：

对父母婚姻模式的继承性。如在一个原生家庭中，父亲是典型的大男子主义，家庭中大事小事父亲说了算，母亲对父亲俯首听命。因此，儿子虽受过高等教育，他的"原生情结"却是要求自己的配偶一切围绕着自己转，因为他从小接受的婚姻概念就是如此。如果恰巧他的另一半是来自父亲照顾母亲的家庭，那么，女方就不会认同丈夫的一切由男人说了算的想法。

对父母婚姻模式的排斥性。如一位女儿从小看到自己的父亲没有很强的处事能力，在生活中处处受到他人欺侮，那她长大后，可能就会期望自己的丈夫是一位很强势的男人，在她的印象中，父亲的懦弱是自己痛苦生活的根源，所以，在她自己的婚姻中，她就要避免这样的情况发生。

因此，原生家庭对一个人的影响是潜移默化的，在原生家庭形成的"原生情结"会在成长后在夫妻相处中不受意识控制地重复出现。很多夫妻在一定程度上"内化"了父母的行为方式，以致婚姻关系中夫妻双方的行为、认知、情绪等也起了连锁反应，并且在日常生活中毫无防备、意想不到的时刻，以超凡的强度，被我们生命中最亲近的人（通常是配偶）引爆。

很多心理学家认为，在婚姻中，表面上我们是在与自己的配偶相处，其实是不断重新经历自己过去与父母的关系。婚姻关系可以说是我们在成长过程中与父母互动模式的重现。

2. 原生家庭与夫妻关系维护

不同的原生家庭，在家庭文化、关系模式、家庭规则方面自然不同，两个来自完全不同的原生家庭的人，带着各自家庭的影子组成新的家庭，如果没有意识到这种差异，也处理不好这种差异的话，上演的不是两败俱伤，也是心力交瘁的生活剧。现实生活中，大多数人就在不知不觉间复制着前辈的思维方式和行为模式，代代相袭，进入无法挣脱的死循环。这就需要我们要由潜意识主宰状态转成意识主宰状态，了解过去带来的影响，并学会如何从"原生情结"中剥离出来。

第一，心灵回溯在婚姻中成长。

"心灵回溯"即当事人由当前人际关系引发的强烈情绪深入意识，探讨过激的情绪在原生家庭中的根源。个人特别愤怒或过度受伤的"情绪过激"反应，通常是与小时候的原生家庭的"原生情结"有关。夫妻双方可以借着"原生情结"被引发的机会，做一次哪怕是痛苦的心灵回游，了解自己在成长历程中曾发生的事。学习用现在的、较为成熟的、更客观的立场检视探寻自己和对方性格形成的源头，走出父母婚姻的阴影，帮助彼此成长，在成长中重建美好、和谐的婚姻关系。因此，认识彼此内在心理状态，也是解决冲突、建立亲密关系过程中不可缺的一环。

特别指出，"心灵回溯"是相当情绪化的过程，有些人甚至会暂时产生心理退化（regress）的现象，重新经历儿时的伤痛，陷入强烈的情绪当中，一下子分不清楚自己到底人在何处、身处何时（在过去某段时日或是现在）。在深入探索心灵脆弱的部分时，任何"批评""论断""越界"（cross—over），或对所吐露的心事做种种负面臆测与阐释，都可能使人再度受伤。所以，身旁最好有人关心、支持，懂得细心倾听，给你安全感。虽然心灵回溯可以在一个人独处时自行运用，不过，身边若有安全的人来帮助我们一步步经历上述过程，将会更有效果。

第二，清理各自的原生家庭。

夫妻双方各自会从自己生长的家庭里带来不同的规则。如何把两个家庭版本的规则变成一个版本，是婚姻中非做不可的必修功课。

分析各自原生家庭里的种种缺陷，利用好拥有的资源，制定出一个一方我行我素、另一方边走边退的双边协议，最后成功实施双方达成的协议。

第三，觉察过度强烈的情绪反应。

对大多数人而言，有着某些特别敏感、一触即发、人际杀伤力特强的"痛点"，这些"痛点"往往最容易被亲近的人引爆。许多人在外面能够保持平和的心态，但一回到家就会大发雷霆。

日常生活中，每当自己对某些事或情境产生超乎寻常的情绪反应时，就要加以留意，尤其是那些特别强烈，又一再出现的情绪，很可能背后掩藏着"原生家庭"里的"原生情结"。

第四，分清此刻和过去的界限。

一种强烈情绪宣泄出来后，要留意哪些是针对现在的人和事的，哪些是借题发挥的，属于过去的。不要把属于过去对父母的情绪掺杂进来，投射并发泄在丈夫（妻子）身上，令对方莫名其妙和不能接受。在过去和现在的情绪之间设一道防火墙，不让过去的情绪继续纠缠在现在的婚姻里。

第五，找出新的应对模式。

与所有的社会系统一样，家庭有它基本的需求：价值感、安全感、成就感、亲密感等等。我们的小家庭缺什么补什么，多什么去什么。丈夫自己仅有的那点价值感、成就感还不够，还需要妻子的欣赏，妻子就给他一点，这可是事半功倍的机会。丈夫想成为决策者，就送他点权力。他想成为父亲那样的权威者，就多给他点面子……这些招式省心省力还低成本，不妨试试。

我们每一个人从小生活的家庭，不仅塑造了我们的形象、性格，还给了我们各种各样的生活模式。有反省能力的人，会对这些模式进行修改、取舍。她们的生活会过得有滋有味。

另外，再生家庭与原生家庭的交往要保持平衡状态。国内知名的心理学家曾奇峰形容说，夫妻关系是"家庭的定海神针"，在有公婆、夫妻和孩子的"三世同堂"的家庭中，如果夫妻关系是家庭核心，拥有第一发言权，那么这个家庭就会稳如磐石。

四、开启爱的正能量

所谓爱的能力是指男女双方对爱的表达方式、爱的承诺以及如何判断、接受爱等方面的能力。它包括施爱的能力、受爱的能力与爱的对象的鉴别能力。施爱的能力即给予别人爱的能力，即懂得何时何地以怎样的方式去爱别人。受爱的能力能使我们理解和接受别人爱我们的能力，假如一个人处在自恋或自卑的状态中，那么他就无法真正理解和接受别人的爱。爱的对象的鉴别能力指一个人区分什么样的人适合自己爱和应该爱什么人的能力。另外，爱的能力既包括爱别人，令别人爱，还包括爱自己。爱上一个人，总是全心全意地关注对方，而几乎忘了自己，最终失去自己，也失去了爱人。只有懂得关爱自己的人，才会得到爱人的尊重。如果我所爱的人最终不能爱我，也应该释然于心，不是知音何必强求。让爱的感觉愉悦自己的心灵，丰富自己的思想，感谢我爱的人给我带来快乐，这才是爱的最大能力。

艾瑞克·弗洛姆（Erich Fromm）❶说过，如果一个人没有能力去爱周围的人，没有人道精神、勇气、忠诚和自我约束能力，那么他就不可能获得真正的爱情。爱情之花是美丽娇嫩的，人们热切地追求它，但有时候往往不知如何去呵护它，导致爱情之花夭折。

1. 表达爱的能力

当你爱上一个人时，能否用恰当的方式和语言向对方表达出来呢？表达爱需要勇气，需要信心。表达爱是在表明爱一个人也是幸福，即使得不到回报，让对方知道被一个人爱着，也是一种很崇高的境界。

那么，如何表达爱呢？

（1）鼓励。干得真不错/真的很棒/将来，你一定会很厉害的！

（2）有对比的称赞。真不错，比……（某个很好的）……还好/你越来越好看了！

（3）肯定对方的付出。你辛苦了/你真的很努力呢/看着你努力的样子，连我都觉得充满了干劲。

（4）不如人意时，接纳之，为之宽心。还行啊，我再盛一点/你怎样都是好看的/女性的美是和生日蜡烛的根数成正比的，这是真的。

（5）表达感谢。谢谢，我今天很开心/谢谢，老婆辛苦了/谢谢你总是在为我着想/好惊喜，好感动，谢谢/你说得很有用（很有道理），谢谢。

（6）对生活叮嘱。好好吃饭，多吃点菜/天气凉了，多穿点/今天下雨，记得带伞。

---

❶ 艾瑞克·弗洛姆（Erich Fromm，1900—1980），美籍德国犹太人，人本主义哲学家和精神分析心理学家。毕生致力于修改弗洛伊德的精神分析学说，以切合西方人在两次世界大战后的精神处境。

2. 接受爱的能力

当期待的爱来到了身边，能否勇敢地接受也是爱的能力的表现。有的人在别人向自己示爱后，内心挺高兴，但又不敢接受别人的爱，或者对爱缺乏心理准备，或者觉得自己不配、不值得被爱，因此而失去发展爱的机会。

小玉因为从小父母对她的疏忽，深深地感到自己不被爱。当她看到哥哥受到父母万般宠爱而自己得不到的时候，她便会把原因归结为自己不够优秀。这造成了小玉的价值感很低。为了生存，她发展出一种能力——格外乖巧懂事，甚至作为妹妹，会反过来去照顾和迁就哥哥，以这种方式小心翼翼地讨好父母。

小玉的这种心理模式也在她的人际关系中体现出来：她很会照顾周围的人，她觉得这样才能得到别人的认可和接纳，否则她就不配被爱。而别人给予她的爱，她都会诚惶诚恐，生怕别人发现她是如此不值得被爱而抛弃她，于是便会加倍地"偿还"人家。

小玉应该接纳她的情绪，当她看到自己习惯付出背后的真相，她内心的资源和力量便自然而然地显现出来。她会明白自己不再是那个可怜巴巴的、只能乞求被爱的小女孩，而是成长为可以学会用爱滋养自己的大姑娘，她可以付出爱，同时也值得被爱。

3. 拒绝爱的能力

有爱的能力的人不是对爱来者不拒，或者认为不是自己的爱就简单地拒之千里。当别人向自己示爱时，也有不少人优柔寡断，既怕伤害对方，又怕对方误会。拒绝爱的能力，首先表现为对他人的尊重，感谢对方对自己的欣赏和感情。其次要态度明确，表达清楚，要明确和对方只能是什么样的关系，可能有的人怕对方受伤害，虽然语言上拒绝了对方，但是行动上还与对方有较亲密的接触，如单独和对方去看电影、吃饭等，使对方容易误解，认为还有机会。

到底该怎么样拒绝别人的追求？应该温和地说些话安慰对方还是直接拒绝说些狠话（比如你太难看）让对方彻底死心？这并没有统一的答案，该怎么拒绝别人的追求，是因人而异的。

4. 鉴别爱的能力

鉴别爱是指能较好地分清什么是好感、喜欢和爱情。有鉴别爱的能力的人，是自信的人，也是尊重别人的人。有鉴别爱的能力的人，会自然地与别人交往，主动扩展交往的范围，珍惜友谊，会尽量多地体验他人的感受。过于自我孤立，过于站在自我的角度考虑问题，往往会对他人和自我感受的认识发生偏差。

心理学家总结情感成熟的标志如下：

不追求一时的快乐，始终愿意发展持久稳定的两性关系。

明白自我的局限性与优势所在，选择爱的对象时将是否适合放在首位，而不是不顾及实际情况，只凭愿望选择爱的对象。

爱的目的是为了发展自我性格，让自己体验到情感的甜蜜和幸福，而不是为了获取财富或利益。

不是带着矛盾的心态去爱一个人，能体验到爱带给自己的宁静与安全感。

不把性与爱分开，重视二者的和谐统一。

5．解决爱的冲突的能力

人际交往中的冲突其实是调整彼此间关系的工具，并不一定是坏事情，恋人之间的冲突也是这样。据调查，关系很好的夫妻平均每 5 天就会有一次冲突，而关系不好的夫妻平均一天一次冲突。那么我们要做的，就是学习如何处理冲突，如何"更好地吵架"。

爱的冲突一方面来自日常生活中的不一致，或不协调；另一方面可能来自于性格的差异。相爱的人不是寻求两人的一致，而是看两人如何协调、合作。爱需要包容、理解、体谅，需要用建设性的方式去解决冲突。沟通是非常有效的方式，恋人间需要有效的沟通，表达清楚自己的思想、感受，伤害性的争吵或者冷战都不利于问题的解决。

（1）学会分析不合理的愤怒。在日常工作与生活当中常常因为不开心或者对别人很不满意时，出现最多的反应就是愤怒。好多人都认为自己的愤怒是合理的应该爆发的，错都在别人身上，但并不一定是这样的，愤怒大多数都是不合理的。心理分析发现，不合理的愤怒有以下三大来源：

自私的要求未被满足。自私是绝大多数不当愤怒的根源。一个人越自私，他的愤怒就会越多。如果只是站在个人的位置上刻意要求别人，就会挑别人的毛病或者总感觉到自己在情感上、情理上吃亏了，愤然而起。所以有时候需要思考：自己的愤怒是不是因为自私引起？假如是，应该先让自己平静下来，然后去谅解对方。

完美主义要求无法满足。这一点更多体现于自己对自己，总是因为达不到自己所想达到的要求而愤怒，当面对自己无法满足的欲望与要求时，一种自我谴责与自我否定的情绪扑面而来，同时发现自己的能力不如别人的时候就会对生活失去了信心。自卑就是自我愤怒的一种，是虐待自己的愤怒，这也是抑郁症与强迫症最常见的心理表现。另外，对别人也一样，总是站在完美主义者的位置上要求别人来满足自己，希望别人按照自己的意愿来做事，也会产生愤怒情绪。

多疑。一个具有猜疑性格的人会常常错误诠释别人的动机，总是怀疑别人的行为可能会造成对自己的伤害，总以为别人对自己有什么企图。

因此，当自己想愤怒的时候，先问自己的愤怒是不是合理，假如有跟上面的三条有关那么就是不合理的，不合理的愤怒就让它自我消失吧。

（2）学会对愤怒的表达。经过上述内省的理性思维后，如果确认愤怒是合理的，那么就应当勇敢地说出来。恰当地表达愤怒是消除愤怒的另一种有效途径。

善于表达自己的愤怒有助于我们理性地认识事实的真相，同时有效地抑制沮丧意识与情绪低落。

假如什么事情都不敢说出来，内心的不平衡整天压抑着自己，根本没有心情去快乐，这也是造成抑郁沮丧的负性思维。

合理地表达愤怒有助于我们及时地宽恕对方。人是需要泄愤的，也就是发挥放气的功能，让自己内心的委屈与不满全部放出来，一个人轻松了，就容易接受别人的错误，当自己愤怒的时候多数看到的是自己，只有当心平气和的时候才更容易去接受别人。

运用得体的言语表达愤怒，告诉对方表达愤怒的目的是为了理解，而不是为了报复，这样更容易得到对方的尊重。

有效的愤怒有助于我们防止流言蜚语。自己的事情自己解决，两个人之间的事在两个人之间立刻解决掉，不要去听其他人是怎么说的，适当的解释更能让双方相互信任。

善于运用得体的语言去表达愤怒有利于平静地面对具有暴力倾向性格的强势心理。在强势面前越强，造成的自我承受的冲击力就越大，但选择太弱更会纵容对方的强势心理，反而让自己永远找不到站起来的机会。所以适当的愤怒是一种力量的补充，同时也是以柔克刚的最好方式。

适当的愤怒有助于加快双方进入沟通的节奏。假如说缄默是一种让人难以忍受的阴性表现，那么可以说愤怒是属于阳性的积极元素。有了适当的愤怒就会引起对方沟通的注意动力，也是夫妻之间很好的积极的传播信息。

因此如果学会了一种理性的沟通姿态与技巧，不管在何时何地面对任何人，都会充满自信。认准自己是对的，不放弃，但认准自己是不合理的，得饶人处且饶人，放别人一马，其实也是给自己一次真诚的机会。

（3）及时处理愤怒情绪。当天的愤怒当天处理好，睡觉前学会原谅对方，不要让愤怒过夜。愤怒是随时发生随时消失的，但假如总是把它放在心上舍不得，那么它就会变质，可能会变质为怨恨，也可能会变质为对生活的负性情绪。

（4）不怨恨，不报复。心里的那本账只记喜事乐事，只记得别人的优点与可爱，拒绝记录别人的坏与自己的怒。让自己的心胸更加开阔，让自己的个性更加开朗，不要让自己胸怀狭窄，更不要让自己的心里有着任何的仇恨，让自己坦荡些、简单些，也许我们会更快乐无忧。

6．失恋的心理承受力

失恋是人生中一个很大的挫折，考验的是人的耐受挫折的能力。失恋使人产生痛苦的感觉是很自然的事，每个人都会有，只是程度有别而已。失去爱会使人感到一种重要关系的丧失，一种身份的丧失，需要一定的时间去面对、适应和调整。

培养承受失去爱的能力。首先，要学习怎么看待失恋。有些人可能把失恋看作人生的一个巨大的失败，自尊心受到强烈伤害，有一种强烈的负性情绪体验。其实失恋只是一种选择的结果，自己不被某一个人选择，不等于自我全面失败，一无是处。每个人在爱的关系中心理需要不同，看中的关键点不同。每个人都有可爱的一面，只是每个人欣赏的角度不同。其次，在失恋中学习，把失恋作为一种人生的财富。也许失恋给人带来的强烈的内心冲击是其他事件所不能比拟的，这个过程中所体会到的情感挣扎与痛苦，使人有了更多的人生体验，人会在失恋中变得更加成熟。再次，失恋给人再恋爱的机会。一次失恋不等于整个爱情生命的结束，人还会再恋爱，再体验美好的爱情，需要用心去体验、去建设、去学习和感受。

失恋的人需要增强自己的心理承受力，增强心理的适应性，学会自我心理调节，从而达到新的心理平衡。下面介绍几种方法：

（1）逆向思考法。恋爱取得成功，除了社会公认的品质、观念以外，还有许多特殊的心理要求，比如：性格和谐、志趣相同、价值观一致、生理特征相配等等。如果在这些方面产生矛盾，恋爱不能进行下去。这时不必过于痛苦，不妨反过来思考一下，如果勉强凑合下去，造成以后感情破裂，爱情又有什么幸福可言？失恋固然不是幸事，然而没有志同道合、个性契合，及早分手也并非坏事，"塞翁失马，焉知非福"。

（2）合理宣泄法。失恋造成的情感压抑是十分严重的，如果不及时合理宣泄，就会出现各种不适应症状。比较有效的宣泄方法有：

向亲密的朋友或家人倾诉内心的苦闷和悲伤。

可以闭门痛哭一场。

寄情于山水之间，向大自然宣泄自己压抑的情绪。失恋后可以与朋友一起外出远游一次，体验大自然之美丽与伟大，会觉得自己失恋的痛苦只不过是沧海一粟，心胸会变开阔，郁闷的心情就会有所缓解。

升华。升华是宣泄失恋后心理能量的最理想方式。失恋者应运用理智，把感情、精力投入到能充分实现自身价值的事情中，从而将挫折在更高的境界中升华，获得更大、更多的收益。

（3）丢弃自卑。失恋并非羞耻之事，但有些失恋者认为失恋是令人耻辱的，是被对方"玩"了，这是一种丧失和被抛弃，他们会震惊、无助、伤心、愤怒、自责、不甘心、羞耻、否定自己，从而感到脸上无光、无地自容，产生强烈的自卑感，甚至因此离群索居。

无论如何，被动接受分手的一方受到的打击是更沉重的。这是因为失恋事件本质上是一种分离，这样的分离会勾起他/她小时候的某些与父母分离的情绪记忆，这样的伤害足以让他/她在一段时间之内脆弱得像个婴儿。我们可以通过下面的步骤调整自己：

第一，我们得允许自己伤心一阵。在这一阵我们会学不好、吃不好、睡不好，这正相当于痛苦的蜕变。

第二，来一个"分手仪式"。可以把自己对这段感情的任何感觉和对对方的任何情绪写在纸上，然后把这张烧掉，与之告别，这样的仪式会在心理上有一定的暗示作用。

第三，不能因为对方和自己分手就将自己全盘否定。没有人能够完全成熟到任何人都适合，所以两个人不合适不是任何人的错，并不能因此认为自己完全没有价值，我们的价值并不只在于永远成为一个不爱自己的人的附属品。

第四，不要用极端的伤害自己的方式强迫对方回心转意。有些人在对方提出分手后用某种方式来虐待和伤害自己，企图力挽狂澜，男生会喝酒、打架、通宵上网不上课，女生会不吃饭或者暴饮暴食、过度哭泣、伤害自己留下疤痕。但是实际上这些只会"得不偿失"，自己不珍爱自己，哪怕重新和好，对方感到的只是压力，怎么会珍爱你？

第五，看到新的可能性。分手了，相当于两个大陆板块分开了，但是也意味着可以有更多新的可能性，我们会发现新的板块，组成新的更稳固的大陆。虽然这段感情没有成功，但是我们也有成长，感谢对方陪自己走过的路，因为过去的爱更爱自己，走好下面的路。

恋爱一次成功固然好，但这毕竟只是可能性，而不是必然性，所以谈恋爱就要有谈不成的心理准备，失恋也是在情理之中，无可非议。有思想、有志气的青年不应受世俗偏见的束缚，不能自己看不起自己。如果能从失恋中发现自己的不足，有所进取并从失恋中受益匪浅，不愁今后找不到称心如意的好伴侣。

7. 爱情保鲜的能力

要使爱情长久保持新鲜感，其实需要多种能力的综合。爱需要两个人真正地关心对方，走进对方的内心世界，以对方的快乐为自己的快乐。要保持爱情的常新，需要智慧、耐力、持之以恒及付出心血，同时又有自己的个性，有自己的追求与发展。学习新的东西，善于交流，欣赏对方，是爱的重要源泉。有爱的能力的人是独立的人，有自己独立的价值观，有自己的生活空间。有爱的能力的人不排斥对方，尊重他人、关心他人，他会尊重对方的选择，尊重对方的个人的隐私，尊重对方的发展。

保持爱情的长久，要学会正确处理恋爱与工作、与其他人际交往等生活内容的关系。心存爱情，并将爱情作为发展的动力的人，会保持良好的精神风貌，散发着生命的活力，不断地进取向上，给人以美感和震撼力。爱需要学习和培养，每个人都有爱的能力，但需要自我探索与开发。我们力图归纳出以下三条爱情保鲜法则，与您共享：

（1）关系的平衡，是两人较好相处的前提。在关系中付出与收获必须相对平衡，谁也不觉得"亏"或"赚"太多，才可能持久。在一个女人眼里，如果她的男人不够帅，那很可能就特别温存或有能力；在一个男人眼里，他的女人也许不够聪明，那很可能特别漂亮或随和。"一无是处"常常只是情绪不良时的彼此攻击，逃避付出的、戛然而止的、见异思迁的，付出会比较少，因而难以品尝深入分享的平衡。

（2）关系层次的丰富，是两人保持爱恋质感的关键。一对亲密的人，可以亦师亦友亦手足亦亲子……不仅仅是一对恋人，相互独立又相互依赖，彼此支持又彼此尊重，彼此欣赏又能顺畅讨论，这样才可能把关系经营成花园、树林、果园，而非单薄的、容易凋零的一朵风之花。毕竟，娇嫩的花朵令人流连，而葱茏的绿树更令人信赖。花树、果树，有芬芳甜蜜，有更强的生命力。

（3）在关系中共同成长，是爱情生机的水土、阳光和肥料，是避免差距拉大、建设动态平衡的法宝。男女相互支持的共同成长，是情爱的持久保鲜剂。发现彼此的差异，并接纳这些差异，而并非挑剔、指责、讽刺和怨恨，在成长中找到对彼此更多的兴趣，发现对彼此更多的欣赏和留恋。同时，两人有了成长的愿望，才可能一直愿意改变，来提升彼此关系，形成不可多得的正向力量，去探索沟通方式的优化，去规范两人的边界与交集，去内省自我的控制欲，去分析彼此的依恋和独立模式，让自己成长，也激励对方成长。

爱的能力不是与生俱来的，它与一个人的成长环境、家庭背景、生存状态等后天因素有关。一般来说，家庭幸福的孩子，从小生活在充满阳光、充满关爱的环境中，成年后对爱的把握、理解和表达可能会更准确。许多恋爱中的人们以被人爱代替了去爱人，求爱往往是为了摆脱孤独和空虚，建立在这种前提下的情感是短暂的。成熟的爱情以自爱为基础，知道自己需要怎样的爱，并且具有给予爱的能力和拒绝爱的能力。

心理测量 8：爱情类型量表

指导语：

以下是一些与爱情有关的句子，请你尽量真实地依自己的经验和想法来填答。如果你有多次恋爱经验，请以你目前或最近一次的恋爱作答；如果你未曾有过恋爱经验，则请以你理想中的情况来作答。作答时，请选择："很不同意"：1 分；"不同意"：2分；"普通"：3 分；"同意"：4 分；"很同意"：5 分。

1. 初次见面时，我与他（她）立刻就有触电的感觉。
2. 我们彼此被对方的容貌所吸引。
3. 我们之间身体上的亲密接触是热情而满足的。
4. 我们深深地感觉彼此是天生的一对。
5. 我们很快地就有山盟海誓的承诺。
6. 我们对彼此有很深刻的了解。
7. 他（她）的容貌正符合我梦中情人的形象。
8. 我试图让他（她）弄不清楚我是否想和他（她）定下来。
9. 我相信他（她）心中保存的一些小秘密，并不会伤害他（她）。
10. 我曾经周旋于两个恋人之间，并且避免让他（她）们彼此知道。

11. 只要是对他（她）的感觉不见了，我就可以很快地把这段感情结束。

12. 如果对方发现我和别的异性朋友的一些事情，他（她）一定会心情恶劣。

13. 如果对方太依赖我，我就会故意抽身离远一点。

14. 我喜欢周旋在不同的异性之间，亦真亦假地谈恋爱。

15. 很难说我和他（她）之间的友谊何时转化为爱情。

16. 直到我有谈恋爱的意愿才会产生真正的爱情。

17. 我期望我曾经爱的人和我还是朋友。

18. 我觉得由长期的相处和了解来发展爱情是最好的方式。

19. 我们逐渐由友谊发展成爱情。

20. 我喜欢的爱情不是绚丽浪漫、激情或神秘的，而是如友谊般的感情。

21. 美好的爱情是由深厚的友谊逐渐发展出来的。

22. 在我认定一份爱情之前，我会考虑到对方的将来。

23. 在谈恋爱前，我会先设想自己未来的生活，并依此蓝图选择爱侣。

24. 门当户对很重要，两个人最好有相近的家庭社会经历及教育背景。

25. 他（她）对我家庭的看法如何，是我选择异性朋友时很重要的考虑因素。

26. 对方将来会不会是个好父亲或好母亲，是我选择对象的重要因素。

27. 当我考虑和他（她）是否交往时，我会先衡量因他（她）而可能的未来及影响。

28. 我认为优生学也是我选择爱情的一项重要因素。

29. 我和他（她）之间一有意见摩擦，我就浑身不对劲。

30. 我会因为与恋人之间产生裂痕或分手而极为沮丧，甚至想自杀。

31. 有时我会因为身在爱情当中，而兴奋得睡不着觉。

32. 他（她）的注意焦点不放在我身上时，我会非常不舒服。

33. 恋爱时我会全心投入以至于无法专心做其他事情。

34. 当我怀疑他（她）可能和其他人另有情愫时，我就坐立难安。

35. 若恋人有阵子疏忽我，我会做些特别的事来吸引他（她）的注意。

36. 我愿意尽我所能地帮助对方渡过难关。

37. 我宁可自己委屈吃苦，也不愿意让对方吃苦。

38. 我永远把对方的快乐和幸福放在自己的前面。

39. 为了他（她）的目标，我可以牺牲或改变自己的计划、意愿。

40. 我完全依照他（她）的感觉、想法来做事情。

41. 即使他（她）对我发脾气，我还是无条件地爱着他（她）。

42. 因为爱他（她），我可以包容一切他所做的事。

计分方法：

这42个项目是基于文中的6种爱情类型（情欲之爱、游戏之爱、友情之爱、现实之爱、激情之爱、奉献之爱)。把每种爱情类型上所有项目的得分相加,即为相应爱情类型的得分。

1~7 题:情欲之爱;

8~14 题:游戏之爱;

15~21 题:友情之爱;

22~28 题:现实之爱;

29~35 题:激情之爱;

36~42 题:奉献之爱。

你在每个爱情类型上的总得分是在 7~35 分。得分最高的爱情类型反映了你对爱情的态度,而得分最低的爱情类型则最不能反映你对爱情的态度。

家庭亲密度与适应性量表中文版(FACES Ⅱ-CV)

[美]奥尔森编制,沈其杰等修改

指导语:

这里共有 30 个关于家庭关系和活动的问题。该问卷所指的是与您共同食宿的小家庭。回答时请在五个不同的答案中选一个您认为适当的答案,并在所选的答案上打勾。请您不要有什么顾虑,认真按您自己的意见回答每一个问题,不要参考家庭其他成员的意见。如果您对某个问题不太清楚如何回答的话,请您按照估计作答。请您务必回答每个问题,不要漏项。

本测试共分为两个量表,第一个量表请您按照您家庭目前的实际情况来回答,第二个量表的问题与第一个量表完全相同,但请您按照您心目中理想的家庭情况来回答,回答时请不要考虑家庭目前的实际情况。

量表一:您家庭目前的实际情况

1. 在有难处的时候,家庭成员都会尽最大的努力相互支持。

□A 不是　□B 偶尔　□C 有时　□D 经常　□E 总是

2. 在我们的家庭中,每个成员都可以随便发表自己的意见。

□A 不是　□B 偶尔　□C 有时　□D 经常　□E 总是

3. 我们家的成员比较愿意与朋友商讨个人问题而不太愿意与家人商讨。

□A 不是　□B 偶尔　□C 有时　□D 经常　□E 总是

4. 每个家庭成员都参与做出重大的家庭决策。

□A 不是　□B 偶尔　□C 有时　□D 经常　□E 总是

5. 所有家庭成员聚集在一起进行活动。

□A 不是　　□B 偶尔　　□C 有时　　□D 经常　　□E 总是

6．晚辈对长辈的教导可以发表自己的意见。

□A 不是　　□B 偶尔　　□C 有时　　□D 经常　　□E 总是

7．在家里，有事大家一起做。

□A 不是　　□B 偶尔　　□C 有时　　□D 经常　　□E 总是

8．家庭成员一起讨论问题，并对问题的解决感到满意。

□A 不是　　□B 偶尔　　□C 有时　　□D 经常　　□E 总是

9．家庭成员与朋友的关系比家庭成员之间的关系更密切。

□A 不是　　□B 偶尔　　□C 有时　　□D 经常　　□E 总是

10．在家庭中，我们轮流分担不同的家务。

□A 不是　　□B 偶尔　　□C 有时　　□D 经常　　□E 总是

11．家庭成员之间都熟悉每个成员的亲密朋友。

□A 不是　　□B 偶尔　　□C 有时　　□D 经常　　□E 总是

12．家庭状况有变化时，家庭平常的生活规律和家规很容易有相应的改变。

□A 不是　　□B 偶尔　　□C 有时　　□D 经常　　□E 总是

13．家庭成员自己要作决策时，喜欢与家人一起商量。

□A 不是　　□B 偶尔　　□C 有时　　□D 经常　　□E 总是

14．当家庭中出现矛盾时，成员间相互谦让取得妥协。

□A 不是　　□B 偶尔　　□C 有时　　□D 经常　　□E 总是

15．在我们家，娱乐活动都是全家一起去做的。

□A 不是　　□B 偶尔　　□C 有时　　□D 经常　　□E 总是

16．在解决问题时，孩子们的建议能够被接受。

□A 不是　　□B 偶尔　　□C 有时　　□D 经常　　□E 总是

17．家庭成员之间的关系是非常密切的。

□A 不是　　□B 偶尔　　□C 有时　　□D 经常　　□E 总是

18．我们家的家教是合理的。

□A 不是　　□B 偶尔　　□C 有时　　□D 经常　　□E 总是

19．在家中，每个成员习惯单独活动。

□A 不是　　□B 偶尔　　□C 有时　　□D 经常　　□E 总是

20．我们家喜欢用新方法去解决遇到的问题。

□A 不是　　□B 偶尔　　□C 有时　　□D 经常　　□E 总是

21．家庭成员都能按家庭所作的决定去做事。

□A 不是　　□B 偶尔　　□C 有时　　□D 经常　　□E 总是

22．在我们家，每个成员都分担家庭义务。

□A 不是　　□B 偶尔　　□C 有时　　□D 经常　　□E 总是

23．家庭成员喜欢在一起度过业余时间。

□A 不是　　□B 偶尔　　□C 有时　　□D 经常　　□E 总是

24．尽管家里有人有不同的想法，家庭的生活规律和家规还是难以改变。

□A 不是　　□B 偶尔　　□C 有时　　□D 经常　　□E 总是

25．家庭成员都很主动向家里其他人谈自己的心里话。

□A 不是　　□B 偶尔　　□C 有时　　□D 经常　　□E 总是

26．在家里，家庭成员可以随便提出自己的要求。

□A 不是　　□B 偶尔　　□C 有时　　□D 经常　　□E 总是

27．在家庭中，每个家庭成员的朋友都会受到极为热情的接待。

□A 不是　　□B 偶尔　　□C 有时　　□D 经常　　□E 总是

28．当家庭产生矛盾时，家庭成员会把自己的想法藏在心里。

□A 不是　　□B 偶尔　　□C 有时　　□D 经常　　□E 总是

29．在家里，我们更愿意分开做事，而不太愿意和全家人一起做。

□A 不是　　□B 偶尔　　□C 有时　　□D 经常　　□E 总是

30．家庭成员可以分享彼此的兴趣和爱好。

□A 不是　　□B 偶尔　　□C 有时　　□D 经常　　□E 总是

量表二：您心目中理想的家庭情况

1．在有难处的时候，家庭成员都会尽最大的努力相互支持。

□A 不是　　□B 偶尔　　□C 有时　　□D 经常　　□E 总是

2．在我们的家庭中，每个成员都可以随便发表自己的意见。

□A 不是　　□B 偶尔　　□C 有时　　□D 经常　　□E 总是

3．我们家的成员比较愿意与朋友商讨个人问题而不太愿意与家人商讨。

□A 不是　　□B 偶尔　　□C 有时　　□D 经常　　□E 总是

4．每个家庭成员都参与做出重大的家庭决策。

□A 不是　　□B 偶尔　　□C 有时　　□D 经常　　□E 总是

5．所有家庭成员聚集在一起进行活动。

□A 不是　　□B 偶尔　　□C 有时　　□D 经常　　□E 总是

6．晚辈对长辈的教导可以发表自己的意见。

□A 不是　　□B 偶尔　　□C 有时　　□D 经常　　□E 总是

7．在家里，有事大家一起做。

□A 不是　　□B 偶尔　　□C 有时　　□D 经常　　□E 总是

8．家庭成员一起讨论问题，并对问题的解决感到满意。

□A 不是　　□B 偶尔　　□C 有时　　□D 经常　　□E 总是

9．家庭成员与朋友的关系比家庭成员之间的关系更密切。

□A 不是　　□B 偶尔　　□C 有时　　□D 经常　　□E 总是

10．在家庭中，我们轮流分担不同的家务。

□A 不是　　□B 偶尔　　□C 有时　　□D 经常　　□E 总是

11．家庭成员之间都熟悉每个成员的亲密朋友。

□A 不是　　□B 偶尔　　□C 有时　　□D 经常　　□E 总是

12．家庭状况有变化时，家庭平常的生活规律和家规很容易有相应的改变。

□A 不是　　□B 偶尔　　□C 有时　　□D 经常　　□E 总是

13．家庭成员自己要作决策时，喜欢与家人一起商量。

□A 不是　　□B 偶尔　　□C 有时　　□D 经常　　□E 总是

14．当家庭中出现矛盾时，成员间相互谦让取得妥协。

□A 不是　　□B 偶尔　　□C 有时　　□D 经常　　□E 总是

15．在我们家，娱乐活动都是全家一起去做的。

□A 不是　　□B 偶尔　　□C 有时　　□D 经常　　□E 总是

16．在解决问题时，孩子们的建议能够被接受。

□A 不是　　□B 偶尔　　□C 有时　　□D 经常　　□E 总是

17．家庭成员之间的关系是非常密切的。

□A 不是　　□B 偶尔　　□C 有时　　□D 经常　　□E 总是

18．我们家的家教是合理的。

□A 不是　　□B 偶尔　　□C 有时　　□D 经常　　□E 总是

19．在家中，每个成员习惯单独活动。

□A 不是　　□B 偶尔　　□C 有时　　□D 经常　　□E 总是

20．我们家喜欢用新方法去解决遇到的问题。

□A 不是　　□B 偶尔　　□C 有时　　□D 经常　　□E 总是

21．家庭成员都能按家庭所作的决定去做事。

□A 不是　　□B 偶尔　　□C 有时　　□D 经常　　□E 总是

22．在我们家，每个成员都分担家庭义务。

□A 不是　　□B 偶尔　　□C 有时　　□D 经常　　□E 总是

23．家庭成员喜欢在一起度过业余时间。

□A 不是　　□B 偶尔　　□C 有时　　□D 经常　　□E 总是

24．尽管家里有人有不同的想法，家庭的生活规律和家规还是难以改变。

□A 不是　　□B 偶尔　　□C 有时　　□D 经常　　□E 总是

25．家庭成员都很主动向家里其他人谈自己的心里话。

□A 不是　　□B 偶尔　　□C 有时　　□D 经常　　□E 总是

26．在家里，家庭成员可以随便提出自己的要求。

□A 不是　　□B 偶尔　　□C 有时　　□D 经常　　□E 总是

27. 在家庭中，每个家庭成员的朋友都会受到极为热情的接待。

□A 不是　□B 偶尔　□C 有时　□D 经常　□E 总是

28. 当家庭产生矛盾时，家庭成员会把自己的想法藏在心里。

□A 不是　□B 偶尔　□C 有时　□D 经常　□E 总是

29. 在家里，我们更愿意分开做事，而不太愿意和全家人一起做。

□A 不是　□B 偶尔　□C 有时　□D 经常　□E 总是

30. 家庭成员可以分享彼此的兴趣和爱好。

□A 不是　□B 偶尔　□C 有时　□D 经常　□E 总是

计分方法：

每个量表共有 30 个问题，采用五级计分：

"不是"：1 分；"偶尔"：2 分；"有时"：3 分；"经常"：4 分；"总是"：5 分。

对于每个问题，被试需要回答两次，第一个量表的总分为被试在亲密度和适应性上的各自实际感受得分；第二个量表的总分为被试在亲密度和适应性上的理想得分。两者之差为被试的不满意程度，差异越大，说明不满的程度越大。

心理书单 8：《新家庭如何塑造人》

【美】萨提亚著，易春丽等译，世界图书出版有限公司

《新家庭如何塑造人》是著名的家庭治疗师萨提亚的经典之作，是家庭治疗理论的重要著作，也是每个渴望身心和谐的人的必读书籍。正如萨提亚本人所说："我写这本书的最大的希望是帮助我们每个人获得成为和谐的人的权利和义务。书中所展现的经验和榜样会引导我们用创造性的方式去理解彼此、关爱自身和他人。"读完此书，你会发现更好地与家人交流的方式。

心理银幕 8：《贫民窟的百万富翁》

《贫民窟的百万富翁》是由丹尼·鲍尔和洛芙琳·坦丹执导，戴夫·帕特尔、芙蕾达·平托等主演的爱情片。该片获得第 81 届奥斯卡金像奖最佳影片奖，同年获得第 66 届美国金球奖电影类剧情类最佳影片奖。

电影讲述来自孟买的街头小青年贾马尔遭到印度警方的审问与折磨。原因是贾马

尔参加了一档印度版的《谁想成为百万富翁》电视直播节目，在他面对最后一个问题之前，主持人却揭发他作弊。警方想要搞清楚，为什么一个从没受过正规教育的服务员居然能答对目前为止的几乎所有问题。在解释为什么能完美答对每道题的同时，他讲起了认识的一位好莱坞明星，在一次宗教冲突中丧生的母亲，以及他与哥哥沙里姆如何认识了卡提姆——他一生的挚爱。贾马尔的生活由此徐徐展开……

他居无定所、饥寒交迫，妈妈在 5 岁的他面前因宗教纷争被棍棒打死，他险被丐头挖去双眼……但贾马尔在那么多悲惨事件组成的人生中，最常忆起的却是一个无比美好的画面：阳光下、月台上，身着鹅黄色裙衫的女孩儿卡提姆仰脸微笑着注视着他，那样的明媚而灿烂，那样的满怀信心和憧憬。

人们通常以为创伤事件一定会造成心理创伤，用这个观点去看贾马尔，他早就该是一个严重的心理障碍患者。贾马尔所经历的重大创伤事件俯拾皆是，这就是贾马尔最与众不同的地方——具有极高的复原力，不论遇到什么样的不幸和挫折，心中始终有坚定的希望和信心。复原力（Resiliency，又译坚韧性）是心理资本的四要素之一，指一种能够从逆境、不确定、失败以及某些无法抗拒的灾难中自救、恢复甚至提升自身的能力。一个人的复原力是在他遭遇巨大不幸的时候才会表现出来的。但是它的生成却取决于这个人平时怎样看待并应对他日常生活中的不幸。贾马尔具备了高复原力的三个基本特征：一是接受并战胜现实的能力，二是在危难时刻寻找生活真谛的能力，最后就是随机应变想出解决办法的能力。

测一测　看一看
爱与亲密关系

第九讲

职场适应

一位哲学家搭乘一位渔夫的小船。行船之际,这位哲学家问渔夫:"你懂数学吗?"渔夫回答:"不懂。"又问:"你懂物理吗?"渔夫回答:"不懂。"哲学家再问:"你懂化学吗?"渔夫回答:"不懂。"哲学家叹道:"真遗憾!这样你就等于失去了一半的生命。"这时,水面上刮起了一阵狂风,把小船掀翻了。渔夫和哲学家都掉进了水里。

渔夫向哲学家喊道:"先生,你会游泳吗?"哲学家回答说:"不会。"渔夫非常严肃地说:"那你就将失去整个生命了!"

一个没有学会在人生长河中游泳的人,即使其他东西学得再多,也无法在人生的长河中生存下来。因为他缺乏基本的适应和生存能力。适应和应变能力决定着生存质量和幸福感,只有适应才能生存并且发展。

团体活动 9：我的职场新生活

活动目的　用九分格综合技术，帮助职场新人积极适应新生活。

活动形式　序号分组，每组 8～10 人。

活动材料　A4 白纸、铅笔、彩笔、尺子。

活动过程

1. 请每位成员在 A4 白纸上用笔画出边框，再把画面分割成 3×3 格。

2. 指导语：

请以"我的职场新生活"为主题，从右下角按逆时针顺序画到中心，或者从中心开始按顺时针顺序画到右下角，这两种顺序都可以，请依顺序一格一格地把脑海中浮现的事物自由地画出来。实在不能用图表达时，用符号也可以。

3. 在画完 9 个格子之后，请成员再给每幅画配上简单的文字说明，最后用彩色铅笔或蜡笔上色。时间不够时，省略上色。

4. 以小组为单位，请每位成员尽可能地挖掘、拓展头脑中的意象，解说自己绘出、写出的图画、文字、图形、符号。

5. 每组派代表交流本组情况。

分享：

1. 我所画的"我的职场新生活"是理想的还是现实的？

2. 目前，我的职场生活适应状况如何？

3. 如果我在适应过程中已经遇到了难题，是什么？我是怎样处理的？

人生是一个不断适应与发展的过程。每一个人从出生，由家庭步入学校，从学校步入社会，从一种生活环境再进入另一种生活环境都是一种适应。适应是个体心理健康的一项最基本的标志，怎样尽快完成从学生到职业人的过渡，尽快适应职场环境，为今后事业的起步腾飞打下良好基础，是每一个刚刚踏入社会的职场新人面临的首要问题。

一、适应的心理学解读

1. 什么是适应

适应原为生物学术语，是指能增加有机体生存机会的身体和行为上的改变，分基因型适应和表型适应。所谓"物竞天择，适者生存"，在自然界中，只有通过采取与外界环境相适应的行为才能生存，一旦失去适应周围环境的能力，有机体则会遭到残酷淘汰。

我国心理学家林崇德[1]、杨治良[2]、黄希庭[3]（2003）认为，适应是指个体在生活环境中，在随环境的限制或变化而改变、调节自身的同时，又反作用于环境的一种交互作用的动态过程。个体通过这一过程来达到与环境之间和谐平衡的状态。一般来说，适应可分为三个层次：第一是感官上的适应，指视觉、味觉、嗅觉等感官接受刺激的时间长，敏感度降低而使绝对阈限升高的现象。第二是认知结构上的适应，指个体因环境限制而不断改变认知结构以求内在认知与外在环境经常保持平衡的历程。第三是社会适应，既包括个体为排除障碍、克服困难、满足自己的需求、与环境保持和谐而改变自己的一切内在观念（如态度）和外在行为的历程，也包括个体改变周围环境来谋求更好的发展。

2．适应的形式

适应是个体发展的基础，个体的发展是积极适应的表现。从适应的方向上看，个体在环境中的适应一般可以表现为以下两种形式：

一是消极适应，是个体与环境之间的消极互动过程。在这一过程中，个体认同顺应了环境中的消极因素，压抑了自身的积极因素及自身的潜能，没有达到人与环境之间的相互和谐。在这种形式的适应下，其结果是环境对个体进行了消极的改造，而个体却未发挥自己对环境的能动作用。这种消极适应是以牺牲个体的积极发展为代价的。

二是积极适应，是指个体积极主动地调整自己与环境的不适应行为，增强个体的主动性、积极性，使自身得到发展。环境中总是挑战与契机并存，既有促进个体成长的积极因素，也有不利于个体成长的消极因素。积极适应的职场新人能够调整自己，最大化地发挥周围环境中的积极因素，充分发展自己的潜能，朝向职场成功人士的目标迈进。

心 理 实 验 室

心理学工作者罗克和哈里斯进行了一项关于适应的实验。实验任务是让被试把手伸到桌子下面，从桌子另一端的五个目标中指出一个目标。在实验的第一阶段，桌子的表面是用黑布盖着的，目的是让被试只看到目标，而看不到他们在玻璃下面的手。在这种情况下，被试都能准确地指出目标。这些实验结果提供了一个基线，可以与后来的反应进行比较。在实验的第二阶段，让被试戴上棱镜，这时被试会把物体看成从实际位置向右移动了 4 英寸。接着，把黑布拿走，让被试指出中间的目标。开始时，

---

[1] 林崇德（1941—），男，汉族，北京师范大学教授，博士生导师。
[2] 杨治良（1938—），男，江苏江阴人，中共党员，华东师范大学教育科学学院心理学系终身教授、博士生导师。
[3] 黄希庭（1937—），男，西南大学教授，心理学博士生导师。

被试没有指对，但很快他们就完成得相当准确了。在实验的第三阶段，拿走棱镜，让被试用适应了的手（即他们戴上棱镜时用来指出目标的那只手）和另一只手进行实验。当用适应了的手进行实验时，被试在指点时出现的位置偏移，与由棱镜造成的视觉移动的范围是一致的。这些情况表明，对视觉歪曲的适应影响到手臂的位置感觉的变化，而不是视知觉的改变。如果被试在新的定位情况下已经学会了看靶子，可以预期他们能用两只手中的任何一只指出靶子的位置。

3. 适应的心理机制

许多学者对适应的心理机制进行了不同的解读。其中近代最有名的儿童心理学家让·皮亚杰（Jean Piaget）[1]的理论与巴尔蒂斯等人的模型对于我们理解这一过程具有尤为重要的影响。

（1）同化与顺应——实现个体与环境之间的平衡。皮亚杰指出，智慧的本质就是适应，适应的本质在于取得机体与环境之间的平衡。有机体力图通过适应来达到与环境的平衡，而这又是通过同化和顺应两个互补的过程实现的。同化指的是外部环境中的有关信息吸收进来并结合到已有的认知结构中，即个体把外界刺激所提供的信息整合到自己原有认知结构中的过程。顺应指的是外部环境发生变化，而原有认知结构无法同化新环境提供的信息时所引起的认知结构发生重组与改造的过程。

鱼 和 青 蛙

在一个小池塘里住着鱼和青蛙，它们是一对好朋友。它们听说外面的世界很精彩，都想出去看看。鱼因为自己不能离开水而生活，只好让青蛙一个人走了。这天，青蛙回来了，鱼迫不及待地向他询问外面的情况。青蛙告诉鱼，外面有很多新奇有趣的东西。"比如说牛吧，"青蛙说，"这真是一种奇怪的动物，它的身体很大，头上长着两个犄角，吃青草为生，身上有着黑白相间的斑点，长着四只粗壮的腿，还有大大的肚子。"鱼惊叫道："哇，好怪哟！"同时脑海里即刻勾画出它心目中的"牛"的形象：一个大大的鱼身子，头上长着两个犄角，嘴里吃着青草……鱼脑中的牛形象是鱼根据从青蛙那里得到的关于牛的部分信息，从本体出发，将新信息与自己头脑中已有的知识相结合，所理解的牛的形象。这就是同化的过程。假如有一天，鱼自己看到了牛，会发现牛的真实形象与鱼脑中的牛的形象是不一样的，是无法同化的，鱼将会重新构建一个正确的牛的形象。这就是顺应的过程。

经过同化和顺应这一对适应过程，个体的心理结构逐渐达到一种新的平衡状态。但是，这种平衡并非永远不变，当有机体进一步同化新的经验或者用已有的认知结构

---

[1] 让·皮亚杰（Jean Piaget，1896—1980），瑞士人，近代最有名的儿童心理学家。皮亚杰对心理学最重要的贡献是他把弗洛伊德的那种随意、缺乏系统性的临床观察，变得更为科学化和系统化，使日后临床心理学有长足的发展。

去顺应另一个新的观念时，平衡将会很快被打破。在皮亚杰看来，"平衡"仅仅是"不平衡"的一种"准备状态"，而进一步的学习和适应则会导致新的平衡出现。换言之，平衡是暂时的静止状态，而在不平衡状态下通过学习和适应实现新的平衡，则是一个永恒的运动状态。由此可见，人生中各个阶段的适应，都不是一蹴而就的，而是不断从一种平衡走向另一种平衡，从一种适应达到另一种新的适应的过程。

（2）选择、最优化和补偿——个体成功发展的路径。对于任何个体而言，实现成功的发展是积极适应的重要指标。巴尔蒂斯及其同事构建的选择、最优化和补偿模型对个体成功发展的实质进行了描述（张文新❶，2011）。在他们看来，发展在本质上是一个选择和选择适应性的过程。在这一过程中，个体选择和选择最优化会带来适应能力的发展。在人的毕生发展过程中，获得和丧失是同时存在的，个体的发展是一种在"获得——丧失"的动态作用中的发展。成功的发展主要是指获得的最大化和丧失的最小化。选择、最优化和补偿三个因素交互作用，体现了个体对自身所处发展情境的影响，也体现着情境对个体的影响。

选择，是指人们基于个人的偏好建构自身发展的目标层级，明确发展的功能领域，并确定最适合自己的目标。在人生的发展历程中，资源（如精力、金钱和社会支持）的束缚和限制（内部和外部）时时刻刻都存在着，因此个体需要确定可能的发展范围，选择最适合自己的目标。

最优化，是指个体为了达到更高的功能水平，致力于目标取向资源的投资。换言之，最优化就是指个体在与自己关系最密切的领域锻炼或训练自己。最优化能够促进获得、精炼和协调资源，把与目标相关联的手段或资源应用到已选择的领域或目标之中。

补偿，主要是指在面临目标取向资源的丧失或下降时，保持特定的功能水平。因此，补偿主要描述了个体对于丧失的管理。例如，对于体育明星，日常的职业训练（最优化）可能导致了他们的足部损伤（丧失），因此他们需要依赖特殊的治疗或工具来应对长期的足伤（补偿）。

当然，个体所进行的补偿努力可能会失败或者付出的代价高于所得。在这种目标相关资源丧失或下降的情况下，个体的适应性反应可以是重构目标层级、降低自己的标准，或者寻找新的目标。此外，补偿的适应性需要在整个目标系统和具有充分资源的背景下来认识。如果在忽视较为重要目标的情况下，把个体的许多资源投入到一个相对不重要的功能领域之中，这是不具有适应性的。

简而言之，巴尔蒂斯等人提出的选择、最优化和补偿告诉我们，人生成功的秘诀在于：巩固自己的收获，减少自己的损失。因此，想要达到成功的发展，第一条建议就是：保持自己的收获；第二条建议是：永远选择最重要的目标，根据这些目标来优

❶ 张文新（1962—），汉族，山东青州人，教育学（心理学）博士，教授，博士生导师。长期从事发展心理学基础研究，主要研究领域包括遗传与环境在个体发展的影响与作用基础研究，遗传与环境在个体发展的影响与作用机制等，被评为中国杰出人文社会科学家。

化表现，并在通向这些目标的道路上受到阻碍时进行补偿。

二、角色转换

人的一生有多次角色转换，比如：婴儿——幼儿园小朋友——学生——职业人；儿子（女儿）——父（母）。从学生角色到职业人角色的转换是我们每个人必须经历的过程，也是我们人生中最重要的一次转折。初入职场，面对与校园生活完全不同的环境与角色定位，有很多东西需要学习与适应，既然环境无法改变，那么首先需要调整的便是自己。

1. 大学生与职业人

大学生是社会的一个特殊群体，接受过高等教育，是掌握社会新技术、新思想的前沿群体、国家培养的高级专门人才。而职业人是参与社会分工，自身具备较强的专业知识、技能和素质等，并能够通过为社会创造物质财富和精神财富，而获得合理报酬，在满足自我精神需求和物质需求的同时，实现自我价值最大化的一类群体。

（1）承担的责任不同。大学生是以学习、探索为主要任务。首先，在校园里是不怕犯错误的，什么事情都可以去尝试，只要是为了学习的尝试，哪怕错了，也会得到原谅。所以给大学生一个简单的角色定位，那就是可以做错，但不用承担过多的社会责任，因为大学生有天然的豁免权。其次，大学生最快乐的事情就是有依靠，在学习方面可以依靠导师，有什么问题都可以向他请教；在生活上有什么困难可以依靠父母。总之，大学生在学校里基本没有什么负担。

而成为一个职业人以后，应尽快地适应社会。首先必须学会服从领导和管理，迅速适应上级的管理风格；完成单位交给的一件件具体的实实在在的工作任务；如果在工作中犯了错误，要承担成本和风险的责任，承担相应的社会责任。

（2）面对的环境不同。大学生在校园里面对的环境是寝室——教室——图书馆——食堂四点一线的简单而安静的生活方式，单纯而简单的校园文化气氛；学习时间可弹性安排，有较长的节假休息日；教学大纲可提供清晰的学习任务；学术上鼓励师生讨论甚至争论；布置作业或工作在规定时间完成；教师公平对待学生；以知识为导向；学习的过程以抽象性与理论性为主要原则等等。

但职业人在紧张的职场上，面临的社会环境是快速的生活节奏，紧张的工作和加班；规定上下班时间，不能迟到早退，自由支配的时间少；经常加班加点，工作任务急又重；以经济利益为导向；领导通常对讨论不感兴趣，对待职工不一定很公平；要承受不同地域的生活环境和习惯；由于缺乏实际工作经验，开始工作时往往不能得心应手；感觉工作压力显著增加，给心理造成很大的负担。

（3）所需的技能和工作方法不同。大学生主要看学习能力，包括理解、逻辑思维、记忆能力等；学习是个人的独立行为，学多学少都由自己做主，自己为自己的成绩负责。职业人要想完成岗位工作，需要更多的能力，如沟通、协调、学习、操作、洞察、计划、领导、实施力等；工作方法更注重团体合作，协作精神、整体效能和每位个体关系密切。

（4）人际关系复杂程度不同。处理好人际关系是每一位大学毕业生走上社会后必须学会的课题。大学毕业生初出茅庐，人际交往比较单纯，而社会上的人际关系相对于学校中的师生关系、同学关系要复杂得多，上下级之间的领导与被领导关系、同事之间的合作与竞争关系、与客户的业务关系等，都是职场新人要面对的。

2．从大学生到职业人的角色转换

（1）从"要"到"给"的转变，从"索取"到"贡献"的转变。因为父母的付出，大学生可以从家里"要"到宠爱与照顾；因为老师的付出，从学校里"要"到知识与技能；因为社会的付出、国家的付出，可在社会中"要"到社会的资助与培养。

大学生要转换成职业人，必须先"给"，否则什么也"要"不到。将"索取"的心态变成"贡献"的心态，是成为职业人的关键。从企业的角度来说，企业对人的判断有两个要求，一个叫做潜力，即未来成长的空间；一个叫做贡献，即你的加入对这个团队能够产生什么样的价值。作为职业人，应考虑"我能为单位带来什么？我能为企业创造什么？"而不应首先去想单位、企业或老板应该给我什么样的回报？只有既能为企业带来实际的贡献，又有可持续的发展的员工才是最受欢迎的。

（2）树立"不再可以随便犯错"的理念。大学生考试成绩不好不会给班级和学校造成经济损失，会有补考的机会；如果和同学不能相处融洽，仍然可以保持自己的个性，孤芳自赏；如果不喜欢哪位老师，可以不去听他的课，可以期盼着下学期换另一位老师；如果迟到、旷课只是耽误自己的学习，与其他同学没有多大的关系。

大学毕业生从校园走上社会成为职业人，如果工作失误，会造成重大的经济损失，没有挽回的机会；如果与同事关系不好，会被组织认为没有团队合作精神，将成为出局的人；如果迟到、旷工，耽误的是整个团队的业绩，随时有被开除的可能；作为职业人，必须成为社会、企业财富的创造者。

3．适应新环境

许多大学毕业生走上岗位以后，会产生对新环境的诸多不适应，主要表现在心理上、生活上、工作上、人际关系上和工作技能上的不适应。任何人对环境都有一个适应过程，怎样尽快适应新环境呢？

（1）心理适应。一般新人刚步入职场总是从基层做起。俗话说，"良好的开端是成功的一半"。首先要学会心理适应，学会适应艰苦、紧张而又有节奏的基层生活。职场新人通常缺少基层生活经历，可能不习惯一些制度、做法，这时，千万不要试图用自己的习惯去改变环境，而是要学会入乡随俗，适应新的环境。在这个阶段，需要培养自己的整体协作意识、独立工作意识和创造意识，同时要克服五种"心理"：对学生角色的依恋心理、观望等待的依赖心理、消极退缩的自卑心理、苦闷压抑的孤独心理和见异思迁的浮躁心理。

一是要有自信。虽然在刚开始的时候可能会做错很多事情，但只要能够吸取教训，在同事前辈们的帮助下，个人的整体协作意识、独立工作意识就会逐渐养成。二是做事要有耐性。要充分发挥自己的主观能动性和创造性，凡事要进行具体分析、具体对待，然后脚踏实地工作。在一个行业准备好从底层做起，不断积累经验提升能力，就能为今后的职业发展打下一个良好基础，形成一个有延续性的职业发展历程。

（2）生理适应。步入职场，就意味着从一个学生转换成了一个职业人。原来的许多生活习惯就都得改变。也许在学校的时候，喜欢睡懒觉，经常上课迟到或者频繁地来些"贵恙"，这也许不会带来什么严重的后果。可是，在工作期间，如果犯些什么懒病、娇病、馋病，每一件都可能带来非常严重的后果。

为了自己的职业前途，职场新人必须从散漫的校园生活向紧张的工作模式转换，调整生活规律。当然，调整规律并非要求成为一个机器人，有些事可以自己灵活地决定是否调整。

（3）岗位适应。初出校门的大学生不能适应新环境，大多与其事先对新岗位估计不足、想法不切实际有关。新入职的员工往往学历较高，但实际工作岗位更注重动手能力和经验的积累。当他们按照一个过高的目标接触现实环境时，许多所谓的"现实所迫"让他们在初入职场时就走了弯路，以至于碰了壁还莫名其妙、不知所措，往往会产生一种失落感，感到处处不如意、事事不顺心。新员工在刚刚踏上工作岗位时，要根据现实环境调整自己的期望值和目标，为自己做一个良好的职业规划，明确自己的职业目标是什么，在职场中扮演什么角色，并投入到再学习中。

❀ 三代人不同的职场观念

1. "90后"媛媛，关键词：拒绝上班

媛媛是一个拒绝上班的人。不过她并不是不想上班，而是觉得一定要找到自己喜欢的工作。7月份才毕业参加工作的她又刚刚完成了一次"跳槽"：在一家公司实习了不到两个月后，她感觉"工作太乏味，没什么前途"，于是不顾公司"3个月后立即转正"的承诺，毅然"跳槽"。"我一定要找一份自己喜欢的工作，有挑战性，能实现自我价值，"媛媛如此形容她心中的"理想职业"。为此，她从去年11月份实习进入职场后，已先后换过3份工作了。"工作不能凑合"是她每次跳槽时说服自己最有力的理由。"其实，我也不是太挑剔，比如，工作之初收入低一点，工作辛苦一点，工作环境差一点等等，我都可以接受。但是，工作一定要有意思，有前途，你说这样的要求高吗？"媛媛介绍，她身边的"90后"同学的想法大多相似。

2. "80后"小帅，关键词：拒绝加班

"80后"小伙小帅从名牌大学毕业后，到一家世界500强公司实习。入职最初一个月是培训期，小帅每天上班的内容就是认真听讲，进行产品和业务的相关培训。因为是刚入职，有很多东西需要尽快学习掌握，因此公司专门安排每晚 7 点到 8 点半是新员工自习时间，而因"复习功课"而耽误吃饭也是常有的事情。

还在实习期间，有一天下班后老板叫大家加班，他直接跟老板说："我可不可以不加班？"老板问他为什么，他回答说："我都做完了。"就因为这句话，实习期一结束，他就失去了这份工作。小帅认为，加班不是一种健康的值得提倡的生活方式。"以加不加班来评价员工是不是敬业爱岗，是一种病态的评价方式"，他说。

3. "70 后"严先生，关键词：主动加班

如今已是公司资深员工的严先生回忆起自己刚入职的时候颇有感慨："在工作上，我们刚入职时会很注重老员工的脸色，想尽快融入团队，但'90 后'完全不会注重这些，觉得我做完就可以回去了。他们在跟人接触上比较自我，对团队、组织的关心比较少，更崇尚自己活得自在。我们这代人刚入职场的时候，也有共性，一般嘴巴很甜，贴着老员工走，比较想尽快融入环境。"刚入职的时候，严先生的日子基本就是在加班中度过的，"我愿意主动加班，因为我们这一代有更强的责任心和集体感。"

三、开启职场适应正能量

1. 职业心理健康的标准

一个成功的职业人首先要具备健康的职业心理，根据健康心理学的基本理论，职业人的心理健康标准主要有以下七个方面：

智力正常。智力正常是个体正常生活最基本的心理条件，是胜任一项工作的一般基础。

能调控情绪，心境良好。其标志是情绪稳定和心情愉快，善于控制与调节自己的情绪，情绪的表达既符合社会的要求又符合自身的需要，情绪反应与环境相适应。

意志坚定，具有良好的挫折应对能力。

人格完整和谐。以积极进取的人生观作为人格的核心，并以此为中心把自己的需要、目标和行动统一起来。思考问题的方式是适中与合理的，待人接物常常采取恰当灵活的态度，对外界刺激不会有偏颇的情绪和行为反应，能够与社会的步调合拍，也能和集体融为一体。

自我评价正确。恰如其分地认识自己，摆正自己的位置，对自己不会提出苛刻的、非分的期望与要求，对自己的生活目标和理想也能定得切合实际。面对挫折与困境，能够自我悦纳，自尊、自强、自制、自爱适度，正视现实，积极进取。

人际关系和谐。乐于与人交往，既有广泛而深厚的人际关系，又有知心朋友。在交往中保持独立而完整的人格，有自知之明，不卑不亢。能客观评价别人和自己，善取人之长补己之短，宽以待人，乐于助人，积极的交往态度多于消极态度，交往动机端正。

适应正常。能根据环境特点和自我意识的情况努力进行协调，或改变环境适应个体需要，或改造自我适应环境，以有效的办法应付环境中的各种困难，不退缩。

2. 把握积极职场心态

❋ 成 长 的 苹 果 树

一棵苹果树，终于结果了。

第一年，它结了 10 个苹果，9 个被拿走，自己得到 1 个。对此，苹果树愤愤不平，于是自断经脉，拒绝成长。第二年，它结了 5 个苹果，4 个被拿走，自己得到 1 个。"哈哈，去年我得到了 10%，今年得到 20%！翻了一番。"这棵苹果树心理平衡了。

但是，它还可以这样：继续成长。譬如，第二年，它结了 100 个果子，被拿走 90 个，自己得到 10 个。

很可能，它被拿走 99 个，自己得到 1 个。但没关系，它还可以继续成长，第三年结 1000 个果子……

其实，得到多少果子不是最重要的。最重要的是，苹果树在成长！等苹果树长成参天大树的时候，那些曾阻碍它成长的力量都会微弱到可以忽略。真的，不要太在乎果子，自我成长是最重要的。

你是不是一棵自断经脉的"苹果树"？

刚开始工作的时候，你才华横溢，意气风发，相信"天生我才必有用"。但现实很快敲了你几个闷棍，或许，你为单位做了大量贡献而没人重视；或许，只得到口头重视但得不到实惠；或许……总之，你觉得自己就像那棵苹果树，结出的果子自己只享受到了很小一部分，与你的期望相差甚远。

于是，你愤怒、你懊恼、你牢骚满腹……最终，你决定不再那么努力，让自己的所做匹配自己的所得。几年过去后，当你反省，发现现在的你，已经没有刚工作时的激情和才华了。

"老了，成熟了。"我们习惯这样自嘲。但实质是，你已停止成长了。

这样的故事，在我们身边比比皆是。之所以犯这种错误，是因为我们忘记了生命是一个历程，是一个整体，我们觉得自己已经成长过了，现在是到了该结果子的时候。我们太过于在乎一时的得失，而忘记了成长才是最重要的。

好在，这不是金庸小说里的自断经脉。我们随时可以放弃这样做，继续走向成长之路。

（1）不断学习的心态。无论你来自哪所名校，也无论你在学校里的成绩有多好，即使你专业对口，在学校里学了很多业务知识，你依然会发现在工作中很难得心应手。因为学校培养的能力与公司所要求的能力并不完全一致。大学毕业生常常不能客观地认清自己在工作中的位置，有的表现为缩手缩脚，缺乏开拓精神；有的表现为清高自傲，好高骛远，不切实际。大学生确实掌握了一定的专业知识，能够较快较容易地掌握业务技术和接受新的技术。但是，这一优势毕竟还是停留在书本上，如果不虚心地向有经验的老员工学习，而是摆大学生架子，那么就会成为什么也不会干的"书呆子"。要脚踏实地把所学的知识同实际工作结合起来，通过积极的努力，尽快熟练掌握业务技术知识。

（2）安心做事的心态。"沉下心来做事"是一种难能可贵的品质。新员工首先要有一个理念：不要轻易跳槽。要把工作变成职业，最好变成事业。要认识到员工与企业是相互依存的，每个人不仅在为企业打工，更为自己打工，找到"薪水之外可以带来满足感和认同感"的内容，打造自己的核心竞争力，用心去呈现自己的职业价值。

折 叠 的 白 纸

想象一下，你手里有一张足够大的白纸。现在，你的任务是，把它折叠 51 次。那么，它有多高？一台冰箱？一层楼？或者一栋摩天大厦那么高？不是，差太多了！这个厚度超过了地球和太阳之间的距离。

折叠 51 次的高度如此恐怖，但如果仅仅是将 51 张白纸叠在一起呢？

这个对比让不少人感到震撼。因为没有方向、缺乏规划的人生，就像是将 51 张白纸简单叠在一起。今天做做这个，明天做做那个，每次努力之间并没有任何联系。这样一来，哪怕每个工作都做得非常出色，它们对你的整个人生来说也不过是简单的叠加而已。

（3）吃苦耐劳的心态。在各大企业招聘中，抗压等特殊能力被屡屡提到。专家认为，这类能力在面试中并不容易展现，多数是在工作三个月或半年之后才能体现出来。新员工一定要有吃苦耐劳的思想准备，进入公司之后，体现出应有的抗压能力与职业素养。

父 亲 的 策 略

儿子很不满意自己的工作，他愤愤地对父亲说："我的上司根本不把我放在眼里，改天我要对他拍桌子，然后辞职不干。"父亲说："我建议你好好地把你们公司的一切贸易技巧、商业文书和公司组织完全搞懂，甚至连怎样修理影印机的小故障都学会，然后再辞职不干。这样你将公司当作免费学习的地方，什么东西都懂了之后，再一走了之，不是既出了气，又有许多收获吗？"

儿子听了父亲的建议，从此默记偷学，甚至下班之后，还留在办公室研究商业文书。一年之后，父亲问起儿子的工作："你现在大概多半都学会了，准备拍桌子不干了吧！"

"可我发现这一年来，老板对我刮目相看，最近更是委以重任，如今我已经成为公司的红人了！"儿子自豪地说。

"这是我早就预料到的"，父亲笑着说，"当初，你的老板不重视你，是因为你的能力不足，却又不努力学习，而后来你痛下苦功，当然会对你刮目相看。只知道抱怨上司，却不会反省自己，这是人们常犯的错误。"

（4）沟通合作的心态。对于大多数人来说每周要工作40小时，和同事在一起的时间可能会超过和亲朋好友在一起的时间。因此能否迅速地开展工作，主要取决于能否和同事建立良好的关系，并尽快融入到团队中。主动与团队中的其他成员交流，可以让你尽快了解到工作的主要内容，并学到一些好的工作方法。当然，这只是最基本的层次，如果你想要更加愉快地工作，不妨尝试在团队中交朋友。其实，职业生涯往往意味着人际关系，如果你想在一个行业中有更深入发展的话，建立自己的人脉和社会关系非常重要。在团队中建立好的人脉关系，就是你迈出的第一步，这也标志着你已经走上了职业生涯的道路。

（5）职业生涯规划。对于职场新人来说，往往觉得工作无从下手，因此好的计划就显得非常重要，一个好的工作计划可以让自己的目标清晰并易于实现。当得到工作任务时，不妨自己先制订一个计划，然后与领导或同事多沟通，听听他们的建议。这不仅有助于工作本身，还可以逐渐提高你的组织能力，让你的工作循序渐进，有条不紊。

除了工作计划之外，还要给自己制订好个人职业发展规划。很多人在上学时搞不清楚自己到底想干什么、能干什么。当真正进入职场之后，往往才明白职业到底是怎么回事。这时要给自己制订好个人发展的计划——近期的可以考虑多长时间掌握业务知识、多长时间能够独立开展工作等等；远期则可以考虑自己未来的定位等等。有些人可能觉得这些虚无缥缈，其实理清思路，制订计划并量化任务之后，就会发现目标其实很近，最终目标的实现是一件水到渠成的事。

四只毛毛虫

有四只毛毛虫，各自去森林里找苹果吃。

第一只毛毛虫不知道这是一棵苹果树，也不知树上长满了红红的可口的苹果，更不知自己到底想要哪一种苹果，也没想过怎么样去摘取苹果。它也许找到了一颗大苹果，幸福地生活着；也可能在树叶中迷了路，过着悲惨的生活。不过可以确定的是，大部分的虫都是这样活着的，没想过什么是生命的意义，为什么而活着。

第二只毛毛虫知道这是一棵苹果树，也确定它的"虫"生目标就是找到一颗大苹果。但它并不知道大苹果会长在什么地方？它猜想：大苹果应该长在大枝叶上吧！于是就慢慢地往上爬，遇到分支的时候，就选择较粗的树枝继续爬。最后终于找到了一颗大苹果，这只毛毛虫刚想高兴地扑上去大吃一顿，但是放眼一看，它发现这颗大苹果是全树上最小的一个，上面还有许多更大的苹果。

第三只毛毛虫研制了一副望远镜，找到了一颗很大的苹果。它从大苹果的位置，由上往下反推至目前所处的位置，记下这条确定的路径。最后，这只毛毛虫应该会有一个很好的结局，因为它已经有自己的计划。但是真实的情况往往是，因为毛毛虫的爬行相当缓慢，当它抵达时，苹果不是被别的虫捷足先登，就是苹果已熟透而烂掉了。

第四只毛毛虫带着望远镜观察苹果，它的目标并不是一颗大苹果，而是一朵含苞待放的苹果花。它计算着自己的行程，估计当它到达的时候，这朵花正好长成一个成熟的大苹果，它就能得到自己满意的苹果。结果它如愿以偿，得到了一个又大又甜的苹果，从此过着幸福快乐的日子。

3. 如何改善你的工作

为了帮助你更深入地思考你的工作，你可以尝试研究图 9-1，它可以帮助你逐步改善工作。

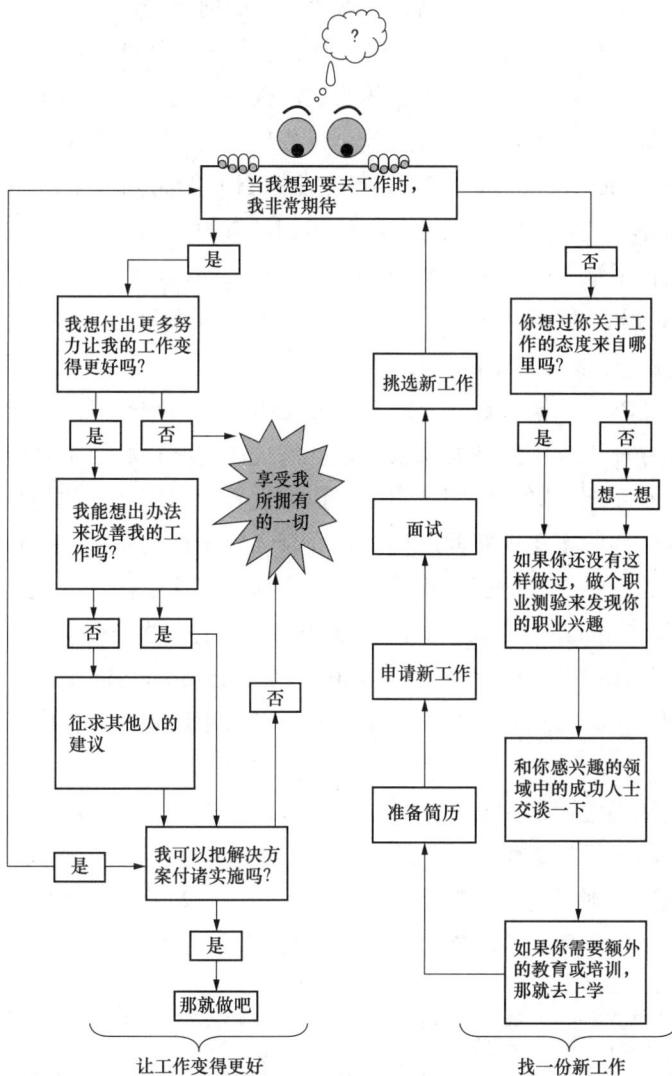

图 9-1　如何改善你的工作

四、积极心理资本

伴随积极心理学和积极组织行为学的兴起，心理资本逐渐受到国内外学者的广泛关注。心理资本超越了人力资本和社会资本，是一种能够被有效开发和管理，并能够对个体的绩效产生重要影响的核心积极心理要素，更是积极心理学研究的重要主题之一。内布拉斯加大学积极心理学家、国际著名管理学家弗雷德·路桑斯（Fred Luthans）❶提出了一个思考资源或资本的新方式，他认为，企业传统的资本形式包括以下几种：

经济资本，如工厂、设备、专利、技术等，核心问题是"你有什么"；

人力资本指的是公司所有员工的技能、知识和能力，核心问题是"你知道什么"；

社会资本，即可利用的关系、人脉和朋友，核心问题是"你认识谁"。

社会学家和心理学家们讨论的最后一个也是最新的一个资本形式是积极心理资本（Positive Psychological Capital）。2010 年在北京召开的第四届中国心理学家大会也以"发展心理资本，完善 EAP❷服务，创建和谐进取的组织文化"为主题，心理资本在国内的发展已初现端倪。心理资本研究对于全面、深入理解个体因素中的积极力量，提升个人和组织的竞争优势，具有重要而深远的价值和意义。

1．自我效能、乐观、希望和韧性

最先对心理资本这个概念进行系统研究的是组织行为学家和企业管理者们。他们发现，员工普遍存在工作压力和思想负担，他们关注薪酬福利但更关注成长进步，能够接受工作繁重和薪酬下降的现实压力，但迫切需要心理安慰。他们从如何提升员工工作积极性、降低离职率等现实问题出发，联合心理学家们对人在企业或组织行为中的员工心理体验进行了深入研究，由此衍生出心理资本这个概念。他们认为，心理资本（Psychological Capital Appreciation，简称 PCA），是个体一般积极性的核心心理要素，具体表现为符合积极组织行为学（Positive Organizational Behavior，POB）标准的心理状态，它超出了人力资本和社会资本，并且能够通过有针对性的开发而使个体获得竞争优势。

路桑斯教授敏锐地捕捉到心理学的这一进步，创造性地将积极心理学的思想延展到人力资源管理与组织行为学领域，进一步对心理资本进行了操作性定义。在其著作《心理资本》一书中，他提出，心理资本是指个体在成长和发展过程中表现出来的一种积极心理状态，具体表现为：①在面对充满挑战性的工作时，有信心（自我效能）并

---

❶ 弗雷德·路桑斯（Fred Luthans），也译作鲁森斯，博士，国际著名管理学家，美国内布拉斯加大学（University of Nebraska）杰出教授，盖洛普（Gallup）公司首席科学家，担任美国管理学会（National Academy of Management）主席，1997 年荣获美国管理学会杰出教育家大奖，2000 年入选美国管理学会名人廊，在美国管理学会的核心期刊上发表学术论文数量位居前 5 名。

❷ EAP（Employee Assistance Program），即员工援助计划。

能付出必要的努力来获得成功（自我效能，本书第二讲）；②对目标锲而不舍，为取得成功在必要时能调整实现目标的途径（希望，本书第三讲）；③对现在与未来的成功有积极的乐观归因（乐观，本书第四讲）；④当身处逆境或被问题困扰时，能够持之以恒，迅速复原并超越（韧性），以取得成功。积极心理资本的构成如图 9-2 所示。

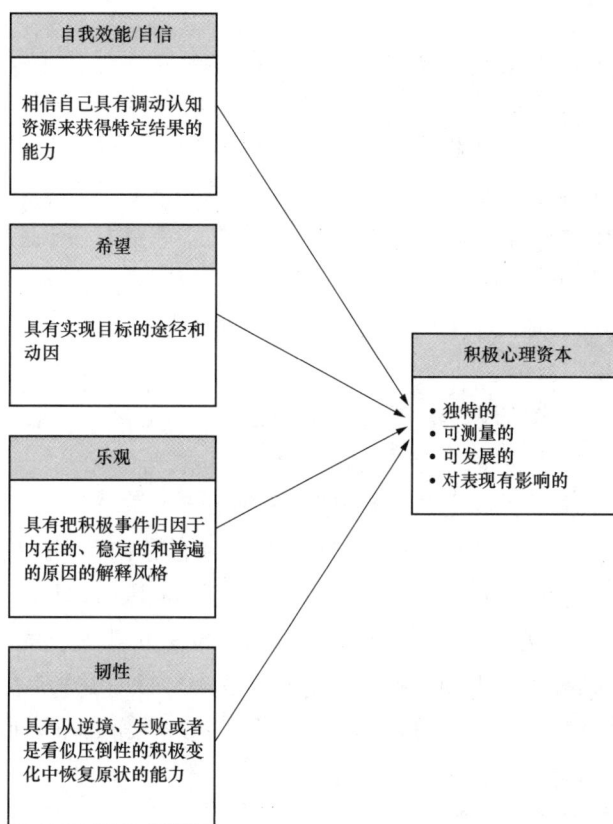

自我效能/自信

相信自己具有调动认知资源来获得特定结果的能力

希望

具有实现目标的途径和动因

乐观

具有把积极事件归因于内在的、稳定的和普遍的原因的解释风格

韧性

具有从逆境、失败或者是看似压倒性的积极变化中恢复原状的能力

积极心理资本

- 独特的
- 可测量的
- 可发展的
- 对表现有影响的

图 9-2　积极心理资本

积极心理资本的理论基础是心理资源理论。心理资源既包括那些人们内心深处珍视的事物，例如自尊、健康及平和等，也包括人们实现目标所需要的事物，例如社会支持、信誉等。不管哪种心理资源，都可以帮助人们获得事业（或学业）的成功。在心理资源理论中，资源保存理论可以用来很好地解释心理资本的形成及作用机制。一方面，心理资本是满足积极组织行为学标准的综合能力，符合关键资源理论，即心理资本是管理与调整其他心理资源以获得令人满意结果的关键性基础资源。另一方面，心理资本各组成成分之间以协同的方式发挥作用，即整体的作用比各个组成部分的作用的总和要大，符合多元资源理论。心理资本是一种综合的积极心理资源，具有投资和收益特性，可以通过特定方式进行投资和开发，从而将个体潜能挖掘出来。

2．心理资本的影响因素

纵观目前关于心理资本的研究，可以发现影响心理资本的因素主要体现在两个层面，即个体特征和组织环境方面。

（1）个体特征对心理资本的影响。影响心理资本的个体特征变量主要包括人口学变量、人格特征和自我强化。

大量研究表明，心理资本在性别、年龄和受教育程度等方面存在显著差异，男性的心理资本总体上高于女性；青少年的心理资本会随着年龄的增长而有所提高；受教育程度高的个体因其自身的优越感更容易产生高水平的自信和乐观状态。

人格特征对个体的心理资本具有显著影响，能够预测心理资本 10%～20% 的变异；控制点❶会影响个体的心理资本，内控型人格的人的心理资本高于外控型人格的员工。

自我强化指的是个体积极导向的不断激励、暗示自己的动机和行为，研究表明，自我强化会对个体的心理资本产生正向影响，不断自我强化的个体表现出更高的复原力❷，更容易从逆境中反弹。

（2）环境对心理资本的影响。环境是影响心理资本的重要因素，主要包括组织支持、工作挑战性、领导风格、教养方式和压力生活事件等方面。

组织支持是一种整体的概念，指整个组织重视员工的贡献和关心他们的幸福程度。大量研究表明，组织支持对员工的心理资本具有显著的正向预测作用。工作挑战性等体现工作意义的工作特征会使员工产生内在的激励作用，进而体验到积极的内在情感。关于领导风格，研究发现，真实型领导（如信任）和变革型领导对员工的心理资本具有显著正向影响。信任鼓励型和情感温暖型教养方式与心理资本存在显著正相关，忽视型教养方式与心理资本存在显著负相关。研究还发现，学习压力和人际关系敏感等压力生活事件对个体的心理资本具有显著的负向预测作用。

3．心理资本与主观幸福感

作为积极心理品质与人格特质，心理资本是以积极情感为核心的主观幸福感的一个成分。主观幸福感包括生活满意度、积极情绪体验和消极情绪体验三部分组成（本书第四讲）。心理资本中的长期积极情绪体验形成的积极心理品质的总和组成了总的主观幸福感。同时，已形成的主观幸福感通过积极的认知评价提升心理资本。因此，关于心理资本与主观幸福感的因果关系，或以心理资本为因，或以主观幸福感为因。

首先，心理资本是主观幸福感的基础与前提。具有积极心理资本的个体经常体会到对事件的控制感，较为乐观和主动，采取的应对方式比较积极，能较好地适应周围环境，从而有助于幸福感的保持和提高。

---

❶ 控制点的概念由社会学习理论家罗特（J. Rotter）提出，亦称控制观，个体在周围环境（包括心理环境）作用的过程中，认识到控制自己生活的力量，也就是每个人对自己的行为方式和行为结果的责任的认识和定向。

❷ 复原力（Resiliency），指个体面对逆境、创伤、悲剧、威胁或其他重大压力的良好适应过程，也就是对困难经历的反弹能力。它的基本特征有三点：接受并战胜现实的能力；在危机时刻寻找生活真谛的能力；随机应变想出解决办法的能力。

其次，主观幸福感可提升和发展心理资本。主观幸福感作为积极的情绪与情感体验，可提升个体的积极心理资源与心理力量。心理资本由于其内在固有的结构作用，是一个影响幸福感的长期强烈因素，但具有"幸福图式"的人，倾向于以正面的方式来看待和处理环境与事件，自信心强，解决问题的自我效能高，拥有更乐观的期望。因此，其所具有的主观幸福感也可提升个体的心理资本，即主观幸福感强的人其心理资本表现更为出色。

并不像它看上去那样

两个旅行中的天使到一个富有的家庭借宿。这家人对他们并不友好，并且拒绝让他们在舒适的客人卧室过夜，而是在冰冷的地下室给他们找了一个角落。当他们铺床时，较老的天使发现墙上有一个洞，就顺手把它修补好了。年轻的天使问为什么，老天使答道："有些事并不像它看上去那样。"

第二晚，两人又到了一个非常贫穷的农家借宿。主人夫妇俩对他们非常热情，把仅有的一点点食物拿出来款待客人，然后又让出自己的床铺给两个天使。第二天一早，两个天使发现农夫和他的妻子在哭泣，他们唯一的生活来源——一头奶牛死了。年轻的天使非常愤怒，他质问老天使为什么会这样，第一个家庭什么都有，老天使还帮助他们修补墙洞，第二个家庭尽管如此贫穷并且热情款待客人，而老天使却没有阻止奶牛的死亡。

"有些事并不像它看上去那样，"老天使答道，"当我们在地下室过夜时，我从墙洞看到墙里面堆满了金块。因为主人被贪欲所迷惑，不愿意分享他的财富，所以我把墙洞填上了。昨天晚上，死亡之神来召唤农夫的妻子，我让奶牛代替了她。所以有些事并不像它看上去那样。"

有些时候事情的表面并不是它实际应该的样子。如果你有信念，你只需要坚信，付出总会得到回报。你也许会不相信，但是坚持下去总会有发现惊喜的那一刻！

4. 心理资本与组织行为

心理资本不仅是每一个个体所关注的话题，更是组织管理者们所致力于研究和解决的核心。这是因为随着全球经济竞争的日趋激烈和技术发展步伐的不断加快，传统的人力资本和社会资本在日益激烈的人才竞争中不再具有持续竞争优势，而心理资本是一种积极导向的、可再生的非稀缺资源，被视为有待开发的、可以长期保持人才竞争优势的新型战略资源。人力资本强调"我知道什么"，诸如知识与技能；社会资本强调"我认识谁"，诸如关系和人脉；而心理资本则强调"我是谁"及"我想成为什么"，诸如希望和乐观。

心理资本直接影响个体的工作绩效、工作态度和工作行为。心理资本是工作绩效极其重要的外生变量，心理资本开发能有效促进员工高质量地完成工作分析中所核定的任务和职责；通过对工作所处的社会、组织以及心理背景的支持，员工能够产生更多间接为组织目标作出贡献的行为和过程；促进个体从系统解决问题、过去的经验、向他人学习以及在组织内传递知识的过程，获取有益的信息；通过对自我认知的改变，提高学习技能和其他相关能力，有效促进员工在知识不断共享和转移的过程中，不断获得本身的竞争优势，不断提升自己的核心竞争力，获取持续成长动力，从而不断有效地促进员工的知识创新。

心理资本对工作态度的影响主要体现在：心理资本与工作满意度、组织承诺等积极的工作态度结果变量呈显著正相关，整体的心理资本对工作满意度和组织承诺的预测作用要大于自我效能、乐观等单个维度的预测作用。与人力资本和社会资本相比，员工的心理资本对这些工作态度的影响作用更大。心理资本与员工的离职意愿等消极的态度结果变量呈显著负相关，心理资本是缓解员工离职意愿的积极资源。这说明在管理实践中，可以尝试通过开发与管理员工的心理资本来提高他们的工作满意度和组织承诺，降低他们的离职意愿并减少实际的离职行为。

心理资本对工作行为的影响主要体现在：组织公民行为、偏差行为和缺勤行为等方面。员工的心理资本水平越高，越有可能出现组织公民行为，越不可能出现偏差行为。研究显示，心理资本以及希望、乐观、韧性、自我效能与员工自愿或非自愿的缺勤行为呈显著负相关，并且整体的心理资本对员工自愿或非自愿的缺勤行为的预测作用要大于自我效能、乐观等单个维度的预测作用。心理资本能够正向预测员工的组织公民行为，负向预测员工的玩世不恭和反生产行为，并且对这些行为结果变量的预测作用要大于人口学变量、核心自我评价以及人格特征的预测作用。研究同时发现，工作团队领导的心理资本对团队成员的组织公民行为存在积极影响。

5. 心理资本的培养

心理资本的培养主要解决如何对个体和组织的心理资本存量与质量进行干预以产生积极效应的问题，可通过以下四个环节实现：

（1）树立希望。首先，设计目标与实现目标的途径。让员工制定明确、合理且富有挑战性的工作目标，以充分调动员工的内在工作动机。

其次，制订消除障碍的计划。让员工自己确定实现工作目标的途径，明确完成目标的过程中可能遇到的困难与障碍，并制定消除障碍的计划。在实施过程中，每个员工都会得到他人关于如何消除障碍或实现目标的建议，并在这些信息的提示下进一步完善其目标计划。

通过这种树立希望的练习，员工实现目标的途径能在很大程度上得到扩展，这将有利于削弱障碍对员工心理造成的负面影响，从而保证员工在工作过程中具有明确的目标和稳定的注意力。

（2）养成乐观精神。通过制定消除障碍计划，员工为形成积极预期和培养乐观精神奠定了良好的基础，特别是在员工确信其计划能够消除可能遇到的障碍时，认为目标能够实现的预期更会大大提高。随着计划的实施，当实际情况表明所制定的计划确实能够有效克服各种困难与障碍时，员工的积极心态将更加明显。群体中其他员工的成功与积极鼓励也会对员工形成正面促进作用，激励他们以更加乐观的心态完成目标计划。

（3）提升自我效能感。在这个环节中，员工主要练习如何分解目标并运用专业技巧实现目标。首先，要求员工向整个群体描述各个子目标及其实现方法，并接受其他成员的提问和质疑。通过这个过程，员工的任务控制感和目标承诺感都会大大增强。随后，员工通过互相交流的方式分享成功的经验。在这个过程当中，领导者起着关键作用，他可以运用调动情绪或社会劝说的技巧，使每个员工相信只要计划得当、时间安排合理，就一定能够实现目标，从而提高员工的自我效能感和必胜的信心。

（4）增强复原力。增强复原力的方法有增加资源/规避风险、干预影响过程等。这个环节的主要目的在于提高员工克服逆境的能力，让员工了解可用于实现目标的各项个人资源，包括智慧、技巧和社会网络等。首先，要求员工将可利用的资源尽量完整地列举出来，同时及时补充其没有列出的资源，并要求员工尽可能地利用这些资源。随后，让员工尽可能地预测实现目标的过程中可能会遇到的障碍，并制定规避障碍的计划。最后，让员工对自己在面对逆境时可能产生的想法和情感进行批判性反思，并思考如何基于多种资源和选择，采取最合理的方法来克服逆境，最终达到目标。

通过以上各项干预措施，个体的心理资本水平会有显著提高，工作满意感会得到明显的改善，工作绩效也会有大幅度提升。它表明通过培训、干预等外在手段，心理资本可以在短时间内得到极大的提升，这对于企业如何利用培训与学习来提高员工的心理健康水平具有重要的启示意义。

心理测量 9：社会适应能力量表

郑日昌编制

指导语：

社会适应能力指的是一个人在心理上适应社会生活和社会环境的能力。从某种意义上说，社会适应能力的高低代表了一个人的成熟程度。表 9-1 的问题能帮助你进行社会适应能力的自我判别。请认真阅读，根据你的实际情况，从 3 个备选答案中选出 1 个来。

表 9-1   社会适应能力量表

题号	题 目	是	无法肯定	不是
1	我每到一个新环境总要经过很长一段时间才能适应。			
2	每到一个新地方，我很容易同别人接近。			
3	在陌生人面前，我常常无话可说，甚至感到尴尬。			
4	我最喜欢学习新知识或新学科，它给我一种新鲜感，能调动我的积极性。			
5	每到一个新地方，我第一天总是睡不好，就是在家里，只要换一张床，也会失眠。			
6	不管生活条件有多大变化，我也能很快习惯。			
7	越是人多的地方，我越感到紧张。			
8	我的考试成绩多半不会比平时练习差。			
9	我最怕在班上发言，全班同学都看着我，心都快跳出来了。			
10	即使有的同学对我有看法，我仍能同他（她）交往。			
11	老师在场的时候，我做事情总有些不自在。			
12	和同学、家人相处，我很少固执己见，乐于采纳别人的看法。			
13	同别人争论时，我常常感到语塞，事后才想起该怎样反驳对方，可惜已经太迟了。			
14	我对生活条件要求不高，即使生活条件艰苦，我也能过得很愉快。			
15	有时自己明明把课文背得滚瓜烂熟，可在课堂上背的时候，还是会出差错。			
16	在决定胜负成败的关键时刻，我虽然很紧张，但总能使自己镇定下来。			
17	我不喜欢的东西，不管怎么学也学不会。			
18	在嘈杂混乱的环境里，我仍能集中精力学习，并且效率较高。			
19	我不喜欢陌生人来家里做客，每逢这种情况，我就有意回避。			
20	我很喜欢参加社交活动，我感到这是交朋友的好机会。			

计分方法：

1. 凡是奇数号题（1，3，5…），选"是"为–2 分，选"无法肯定"为 0 分，选"不是"为 2 分。

2. 凡是偶数号题（2，4，6…），选"是"为 2 分，选"无法肯定"为 0 分，选"不是"为–2 分。

将各题得分相加，即为总分。

结果解释：

35～40 分：社会适应能力很强。能很快地适应新的学习、生活环境，与人交往轻松、大方，给人的印象极好，无论进入什么样的环境，都能应付自如，左右逢源。

29～34 分：社会适应能力良好。

17～28 分：社会适应能力一般。当进入一个新环境，经过一段时间的努力，基本上能适应。

6～16 分：社会适应能力较差。依赖于较好的学习、生活环境，一旦遇到困难则易怨天尤人，甚至消沉。

5 分以下：社会适应能力很差。在各种新环境中，即使经过一段相当长时间的努力，也不一定能够适应，常常感到困惑，因与周围事物格格不入而十分苦恼。在与他人的交往中，总是显得拘谨、羞怯、手足无措。

如果你在这个测试中得分较高，说明你的社会适应能力较强。但是，如果你得分较低，也不必忧心忡忡，因为一个人的社会适应能力是随着年龄的增长、知识经验的丰富而不断增强的。只要充满信心，把握心理适应的策略，刻苦学习、虚心求教、加强锻炼，你的社会适应能力就会大大增强，一定能走出困境，实现更好的发展。

职业延迟满足量表

梁海霞、戴晓阳编制

职业延迟满足是指个体在其职业领域中，为了在未来获得更多的回报，或达到更高的职业目标，而甘愿放弃眼前相对较小利益的抉择取向，以及在等待或实现目标的过程中进行自我控制和克服困难、努力实现长远目标的能力，它是一种职业成熟的表现。

指导语：

下面是一些与工作、生活有关的情景，不存在好坏、对错之分，请按照您的真实想法在 A 和 B 两个选项中选择一个，在选项上面画"√"，不要多选也不要漏选。如果您从未经历过某种情景，就请您想象一下，然后做出选择。

1. 当选择了一个难度很大的工作，并且做得很辛苦的时候，我通常的想法是：

　　A. 具有挑战性的工作更能证明自己的能力。

　　B. 很后悔当初选择了这个难度很大的工作。

2. 假设我参加一项专业技术职称考试，但是几次都没有通过，我会：

　　A. 放弃努力。

　　B. 坚持努力。

3. 在我小的时候，如果让我在下面两个情景之间选择，我会选择：

　　A. 需要等待一段时间，可以得到一个较大的礼物。

　　B. 马上得到一个小礼物。

4. 假设我心爱的人在我生日宴会时迟到了很久才来，而且没有合理的解释，我的怨气或愤怒的情绪会：

　　A．强忍下去，事后找恰当的机会再告诉他/她。

　　B．当时就表现出来。

5. 工作的压力很大，让我觉得很难受的时候，我通常会：

　　A．想办法换个压力小点的工作。

　　B．寻找缓解压力的办法，继续把工作做好。

6. 小的时候，对于我的零花钱，我通常的做法是：

　　A．马上花掉，买自己想要的小东西。

　　B．把它一点点攒起来，以便实现一个大愿望。

7. 如果我逛街时看到一件我很喜欢但比较贵的物品，我通常的做法是：

　　A．等过段时间打折了再买。

　　B．迫不及待地买了它。

8. 我通常会对自己的人生道路：

　　A．从不给自己制定什么具体的目标，只要过好每一天就行。

　　B．规划出各阶段的具体目标，并努力地实现每一个目标。

9. 假如我现在有两个职位可以竞争上岗，我会选择：

　　A．很容易竞争到，但不是自己很喜欢的职位。

　　B．很难竞争到，但自己很喜欢的职位。

10. 小时候，如果我在学校得到一个包装精美的奖品，我会在什么时候打开它：

　　A．迫不及待地马上打开。

　　B．回家路上或到家后再打开。

11. 我在日常生活中对于承诺的事情，通常的做法是：

　　A．如果兑现承诺的难度大就放弃。

　　B．只要承诺了，就一定要兑现。

12. 假如我在找工作的时候遇到两家公司可供选择，我会选择：

　　A．甲公司起薪较高，但各种培训机会较少。

　　B．乙公司起薪较低，但可以获得较多的培训和学习机会。

13. 假如我主动承担的一个项目，结果不太理想，以后我会怎么做：

　　A．避免承担把握不大的项目。

　　B．总结经验，仍会承担一些具有挑战性的项目。

14. 如果生活中，有些我追求的东西总是得不到，我通常的想法是：

　　A．相信会成功，只是时机不到。

　　B．怀疑自己的能力，想放弃。

15. 工作中，我更愿意选择：

  A．短时间就可以出成果的小项目。

  B．耗时较长，但成果显著的大项目。

16．当我选择的工作开始一段时间后我才发现，这是一件相当棘手的任务，需要付出很大的努力，此时我可能会：

  A．既然已经开始，就要坚持做完，尽管会很辛苦。

  B．趁早放弃算了，不如换个简单、力所能及的工作来做。

17．当我有一些余钱的时候，我通常会：

  A．自费参加职业培训和继续教育。

  B．添置一些平时喜欢的东西。

18．假设我工作几年后发现离自己最初制定的目标还很远，我这时会：

  A．坚持最初的目标，继续努力。

  B．调整最初的目标，退而求其次。

19．小的时候，对于我想要的东西，我会：

  A．迫不及待地要得到它。

  B．可以控制自己忍耐一段时间再得到。

20．如果我是一个公司的中层管理者，我会选择做哪个团队的管理者：

  A．目前较好的团队。

  B．暂时不太好但很有潜力的团队。

21．假如我选择了一个暂时处于下风但很有潜力的团队工作，开始做才发现工作中困难重重，而此时公司中较优秀的团队邀请我加入，我会：

  A．离开原来的团队，加入优秀的团队。

  B．留在原来的团队，领导大家一起努力，共渡难关。

22．如果我有机会学习深造，但是要放弃现在稳定的工作，在这种情况下，我的选择是：

  A．放弃工作，学习深造。

  B．不去学习，继续工作。

23．假设在我争取一个大客户的过程中，遇到很多始料不及的困难，我这时会：

  A．继续寻找突破口，争取拿下。

  B．转而争取其他一些容易完成的客户。

24．在我的成长经历中，当需要决定一件事情的时候，我通常的做法是：

  A．会经过深思熟虑再决定，一般不会后悔。

  B．会立即做出一个决定，尽管以后常为此而后悔。

计分方法：

  本问卷采用迫选法，选择延迟满足得 1 分，选择及时满足得 0 分。所有 24 个条目得分之和即为该量表的总分，反映了被试职业延迟满足的总体状况。

每题的延迟满足选项分别为：1. A；2. B；3. A；4. A；5. B；6. B；7. A；8. B；9. B；10. B；11. B；12. B；13. B；14. A；15. B；16. A；17. A；18. A；19. B；20. B；21. B；22. B；23. A；24. A。

心理书单 9：《积极思考的力量》

［美］斯科特·W. 文特雷拉著，汤力群译，中信出版社

《积极思考的力量》讲述了关于管理类和个人职业成功的秘密，已被译成 42 种语言，发行超过 220 万册。

根据美国劳动统计局的统计，美国的企业每年因消极因素带来的损失大约有 30 亿美元。这些损失主要来自闲谈、苦恼、抱怨、暗地里打击别人的积极性等所导致的生产力下降。消极思想造成消极成本的例子数不胜数，但这种消极成本却常常被人们容忍，被人们忽视，被人们不屑一顾地当做生产成本看待。其实大可不必，我们不需要忍受消极，我们完全有办法改变这种现象，克服消极思想。乐观、热情、信念、正直、勇气、信心、决心、镇定、耐心、专心是治愈消极思想的不二法门，它将积极思考的阳光照进充满阴霾的心灵，唤醒人们与生俱来的积极思考的品质，产生令人叹为观止的力量，将一个脱胎换骨的你和崭新的事业展现在世人面前，那时候，你将对生命所能达至的境界发出由衷的礼赞。你经历过挫折和绝望吗？那时候，天空是铅灰色的，你消极、沮丧、敷衍，什么都不想做；你曾为员工的消极态度给企业造成的损失苦恼过吗？那时候你焦头烂额，无计可施。

《积极思考的力量》为我们每个人提供了一套实用的办法，向我们展示了如何抛弃自我限制、自我怀疑的念头，开发我们固有的潜能，令我们将其发挥到极致。积极思考者的十大品格可以产生强大的效果。这本书鼓励我们将精力集中于目标上，消除自我限制的心理和消极的自我内心对话，这样我们就获得了超强的能力去成功地对付棘手的情况和难缠的对手，使我们不管是在商业领域还是个人生活都能因此而获益。

心理银幕 9：《穿普拉达的女王》

《穿普拉达的女王》，是由大卫·弗兰科尔执导，梅丽尔·斯特里普、安妮·海瑟薇、艾米莉·布朗特等主演的喜剧片，梅丽尔·斯特里普凭借该片获得第 64 届美国金球奖电影类音乐喜剧类最佳女主角奖。

该片是根据劳伦·魏丝伯格（Lauren Weisberger）以自己的经历写的一部同名畅销小说拍摄而成的电影，讲述了一个刚从学校毕业的女孩子 Andre A Sachs 机缘巧合地进了一家优秀时装杂志社给总编当助手期间发生的故事。

安迪亚是个大学刚毕业、缺乏时尚触觉的朴素丫头，她为自己设计了清晰的职业生涯规划：在《T型台》杂志社积累工作经验，借此获得去任何一家报社或杂志社的通行证，成为一名出色的记者或编辑。

一个偶然的机会，初出茅庐的安迪亚幸运地得到了一份"成千上万女孩为之疯狂的职位"的面试通知，衣着朴素地奔赴《天桥》时尚杂志的总部。米兰达是《天桥》时尚杂志的主编，一个让人时刻不能松懈的女人，她不仅能够控制这个世界上流行的时尚，也能让整个《天桥》杂志社上上下下高度紧张。经过面试，安迪亚成功被录取，米兰达安排安迪亚作为自己的第二女助理。从此，安迪亚开始了让她抓狂的"保姆"生涯。

按照工作需要，安迪亚需要负责米兰达的部分日程安排、衣物的搜集、咖啡、牛排，还有她的两个双胞胎女儿的衣食住行。在经历了慌乱、压抑、抱怨、反省和改正这几个阶段以后，安迪亚成功地被米兰达定为第一女助理，并带她参加了巴黎最时尚前沿的年度盛会。

安迪亚得到了非比寻常的赏识，却也发现自己越来越远离最初的生活和自己心中最真实的愿望——到报社工作，去报道新闻，去揭示事实的真相。当她和米兰达交流工作、生活的时候，她才真正意识到自己究竟想要什么。于是，她毅然离开了已经打开一片天地的《天桥》杂志社，离开了五光十色的时尚圈，去一家报社寻找自己喜欢的梦想。让人欣慰的是，米兰达亲自致电那家报社为安迪亚作了"新职业推荐"，于是，安迪亚如愿以偿，重新做回了自我，有了属于自己的一片天空。

安迪亚，那个对一切都毫无知觉的女孩子，就是我们——刚刚从大学毕业，怀着校园的那种激情，来到一个完全陌生的世界，我们要做的，就是迅速把原来的自己转换到现在的角色当中去。

到了新的工作环境，我们应该知道谁是老板，谁能够决定自己的去留，自己直接对他负责，要做的就是首先完成他的各种要求。

我们总是抱怨领导对自己不重视的时候，应该知道，那是因为自己还不够优秀，没有达到足够吸引他注意力的程度。

留意那些在工作中跟我们有这样或那样联系的人们，因为我们永远不知道他们哪一个将会是在我们的下一个困难中扮演拯救者的贵人。

如果我们投入工作太深，有可能因此影响我们的家庭、感情，所以如果家人、爱人能够理解我们，我们应该心怀感恩，如果他们不能理解我们，也不要怨恨他们。

如果我们抓住了一份好的工作，那么不要轻易放弃，对我们自己负责，也对工作负责。

测一测　看一看
职场适应

第十讲
心理健康：爱与创造

美国作家欧·亨利在他的小说《最后一片叶子》里讲了这样一个故事：病房里，一个生命垂危的病人从房间里看见窗外的一棵树，在秋风中一片片地掉落下来。病人望着眼前的萧萧落叶，身体也随之每况愈下，一天不如一天。她说："当树叶全部掉光时，我也就要死了。"

一位老画家得知后，用彩笔画了一片叶脉青翠的树叶挂在树枝上。最后一片叶子始终没掉下来。只因为生命中的这片绿，病人竟奇迹般地活了下来。

这则故事告诉我们，人生可以没有很多东西，却唯独不能没有希望。希望是人类生活的一项重要的价值。只要心存相信，总有奇迹发生。有希望之处，生命就生生不息！

人生是个有始有终的过程。我们无法决定生命的长度，但我们可以掌握自己生命的宽度，实现生命的意义，活出精彩，体现价值。生命总会面临无尽的挑战，唯有探索生命的意义，培养尊重生命的态度，关怀、珍爱每一个生命的价值，热爱生活，积极乐观，才能拥有一个丰盛的人生。

团体活动 10：价值拍卖

活动目的

1．引导思考自己的价值观，学会抓住机会，不轻易放弃。

2．帮助体验、澄清自己的人生态度。

活动材料

道具钱、不同颜色的硬纸板、拍卖槌。

活动过程

1．事前准备。将拍卖的东西写在硬纸板上（最好是不同的颜色），以增加拍卖的趣味性，方便拍卖进行。

2．宣布游戏规则。每人手中有 5000 元道具钱，它代表了一个人一生的时间和精力。每个人可以根据自己对人生的理解随意竞买被拍卖的东西。每样东西都有底价，每次出价以 500 元为单位，价高者得到东西，有出价 5000 元的，立即成交。

拍卖的例子：1.爱情；2.友情；3.健康；4.美貌；5.礼貌；6.名望；7.自由；8.爱心；9.权利；10.拥有自己的图书馆；11.聪明；12.金钱；13.欢乐；14.长命百岁；15.豪宅名车；16.每天都能吃美食；17.良心；18.孝心；19.诚信；20.冒险精神等。

3．举行拍卖会。

（1）由专人主持拍卖。

（2）按游戏方式进行，直到所有的东西都被拍卖完为止。每人购买拍卖品所付出的钱不能超过 5000 元。

4．分享：

（1）我是否后悔买到的东西？为什么？

（2）在拍卖的过程中，我的心情如何？

（3）有没有人什么都没有买？为什么不买？

（4）我是否后悔自己刚才争取的东西太少？争取过来的东西是否是我最想要的？

（5）钱是否一定会带来快乐？有没有一种东西比金钱更重要，或比金钱带来更大的满足感？

（6）你是否甘愿为了金钱、名望而放弃一切？有没有除了比上面所说的更值得追寻的东西？

20 世纪 50 年代期间，心理学家们通过学术研究和实践，探讨了完整的人类行为。1955 年，艾瑞克·弗洛姆（Erich Fromm）❶讨论了"心智健全的社会"，把心理健康定义为"爱和创造的能力"。在同一时期，社会心理学家玛丽·雅霍达（Marie Jahoda，1958）❷描绘了心理健康的特征，认为它是一种积极的状况，由个体的心理资源和个人成长愿望所驱动。她描述了心理健康个体的六条特征：

对自我的态度，包括自我接纳、自尊和准确的自我认识；

追求实现个人潜能；

集中能量形成统一的人格；

有助于自主感的统一性和价值观；

对世界的准确认识，不因主观需要而扭曲；

掌控环境，享受爱、工作和娱乐。

在弗洛姆和雅霍达努力开展推行积极心理健康和美好生活观念的同时，精神病学家们开始起草袖珍版的《精神障碍诊断与统计手册》（《Diagnostic and Statistical Manual》，DSM）（美国精神病学会，1952）。在 21 世纪初，对积极的关注还是明显落后于消极。DSM 在过去 50 年间得到了巨大发展，其最新版本达到了 943 页，覆盖了心理疾病的症状。

为什么对积极心理健康和最佳人类功能的概念化努力落后于心理疾病方面的工作？一种解释是积极心理健康的获得是一个被动的过程，而心理疾病的治疗是一个主动的过程，需要更多的资源。另一种解释是，减轻痛苦比保持心理健康更值得关注。

一、心理危机及干预

心理危机是指由于突然遭受严重灾难、重大生活事件或精神压力，使生活状况发生明显变化，出现了以现有的生活条件和经验难以克服的困难，以致当事者陷于痛苦、不安状态，常伴有绝望、麻木不仁、焦虑，以及自主神经系统症状和行为障碍。

1. 心理危机的分类

（1）根据危机刺激的来源分类。

发展性危机。发展性危机又称为内源性危机、内部危机、常规性危机，是指由正常成长和发展过程中的急剧变化所导致的异常反应。爱利克·埃里克森❸认为，人生是

---

❶ 艾瑞克·弗洛姆（Erich Fromm，1900—1980），美籍德国犹太人，人本主义哲学家和精神分析心理学家。毕生致力修改弗洛伊德的精神分析学说，以切合西方人在两次世界大战后的精神处境。

❷ 玛丽·雅霍达（Marie Jahoda，1907—2001），英国社会心理学家。

❸ 爱利克·埃里克森（Erik H Erikson，1902—1994），美国神经病学家，著名的发展心理学家和精神分析学家。他提出人格的社会心理发展理念，把心理的发展划分为八个阶段，指出每一阶段的特殊社会心理任务，并认为每一阶段都有一个特殊矛盾，矛盾的顺利解决是人格健康发展的前提。

由一系列连续的发展阶段组成的，每个阶段都有其特定的身心发展课题。当一个人从一个发展阶段转入下一个发展阶段时，他原有的行为和能力不足以完成新课题，新的行为和能力尚未建立起来，发展阶段的转变常常会使他处于行为和情绪的混乱无序状态，如儿童与父母的分离焦虑；身心发育急剧变化的青少年的情感困惑；青年期的职业选择和经济拮据；以及新婚夫妇对婚姻生活缺乏足够心理准备和处理夫妻角色能力；缺乏足够育儿本领的父母面对第一个孩子的诞生；中年职业压力，下岗失业，婚姻危机，子女离家，父母死亡，习惯于忙碌的退休老人，衰老，配偶离去，疾病缠身等。如果没有及时为承担新角色培养新的能力和应对方式，没有及时建设性地解决某一发展阶段的发展性危机，个体未来的成长和发展就会受阻碍，就会固着在上一阶段，从而产生心理危机。

境遇性危机。境遇性危机也称外源性危机、环境性危机或适应性危机，是指由外部事件引起的心理危机，当出现罕见或超常事件，且个体无法预测和控制时产生的危机，如地震、火灾、洪水、海啸、龙卷风、疾病流行、空难、战争、恐怖事件等。境遇性危机具有随机性、突然性、意外性、震撼性、强烈性和灾难性，往往对个体或群体的心理造成巨大影响，如 2008 年 5 月发生在我国四川的"5·12"汶川大地震给民众造成的心理危机就是境遇性危机，这种危机发生突然，影响面广，影响程度深，影响时间长，需要进行及时有效的心理干预。

根据危机产生的原因，境遇性危机分为三类：一是丧失一个或多个满足基本需要的资源，具体形式的丧失包括亲人亡故、失恋、分居、离婚、使人丧失活动能力的疾病、肢体完整性的丧失、被撤职、失业、财产丢失等；抽象形式的丧失包括丢面子、失去别人的爱、失去归属感、失去特定身份等。丧失引起的典型的情绪反应是悲痛和失落。二是存在丧失满足基本需要资源的可能性。比如得知自己有可能下岗、将要离退休等。三是应付生活变化对个体原有能力提出更高的挑战。常见的情况是本人地位、身份及社会角色的改变所提出的要求超过了个体原有的能力，如初入职的生活适应、毫无准备的职位升迁等。典型的情绪反应是焦虑、失控感和挫折感。

无论哪一种境遇性危机，都具有以下共同的特点：一是当事者有异乎寻常的内心情绪体验，伴有行为和生活习惯的改变，但无明确的精神症状，不构成精神疾病。二是有确切的生活事件作为诱因。三是面对新的难题和困境，当事者过去的举措无效。四是持续时间短，几天或几个月，一般是 4～6 周。

存在性危机。存在性危机是指伴随重要的人生问题，如关于人生目的、责任、独立性、自由和承诺等个体内心出现的内部冲突和焦虑。存在性危机可以是基于现实的，也可以是基于后悔，还可以是一种压倒性的持续的空虚感、生活无意义感。比如一个 40 岁的人从未做过有意义的事，没有任何成就，没有产生过任何影响；一个 50 岁的人，一直独身并与父母在一起，从未有过独立的生活；一个 60 岁的退休者觉得自己的生活毫无意义。

（2）根据危机发生的早晚分类。

急性危机。急性危机由突发事件引起，当事人产生明显的生理、心理和行为的紊乱，若不及时干预会影响当事人或他人的身心健康，甚至会出现伤害他人或自伤的行为，需要进行直接和及时的干预。

慢性危机。慢性危机由长期、慢性的生活事件导致。比如有这样一位抑郁患者，4岁时哥哥自杀死亡，家庭气氛异常紧张、严肃，令人窒息。家失去了往日的欢乐和对患者的关爱。患者自诉，当时家里没有一句多余的话，如果谁在无意中提到这件事或这个人，都要遭到严厉的呵斥。原来慈爱的父亲变得性格暴躁，原本性格内向的母亲变得更加不爱讲话，家里气氛非常沉闷。患者非常聪明、敏感，回忆当时的情况时，感到异常痛苦。20多年过去了，当年的情景和内心体验仍非常深刻，记忆犹新。父母沉浸在失去儿子的痛苦之中，完全没有意识到自己还有更重要的责任——抚养其他未成年孩子并减少对其他子女的负性影响，以致于对孩子形成慢性危机。慢性危机的治疗需要较长时间。

当然在现实生活中，有很多心理危机是多种因素混合所导致的。

2. 心理危机的特征

现实生活中的危机涉及面很广泛，既有不同群体的不同危机，也有同一群体不同时期的同一危机。不同的心理学家对心理危机的特征持不同的观点，归纳起来，心理危机主要有以下特征。

（1）普遍性。心理危机的产生、发展及激化经历着复杂而微妙的心理过程。几乎每个人都不同程度地经历过心理危机，没有人能够幸免，但心理危机并非必然导致极端行为。只要我们把握机会、设定目标、形成计划、妥善处理，是完全可以顺利度过危机的。

（2）机遇性。危机意味着风险，又蕴藏着机遇。一方面危机是危险的，因为它可能导致个体严重的病态，包括对他人和自我的攻击。另一方面危机也是一种机会，因为它带来的痛苦会驱动当事者寻求帮助，解决问题，从而使自己得到成长。在危机状态下，如果个体成功地把握了危机并及时得到了适当、有效的心理危机干预或帮助，可能就学会了新的应对技能，不但重新得到了心理平衡，还获得了心理上的进一步成熟和发展。危机的成功解决能使个体从危机中得到对现状的真实把握、对过去冲突的重新认识，以及学到更好地处理危机的应对策略和手段，这就是机会。没有危机，就没有成长，如果当事者能够有效地利用这一机会，就会在危机中逐步成长并达到自我完善。

（3）复杂性。心理危机是复杂的，可以是生物性、环境性和社会性危机，也可以是情境性、过渡性和社会文化结构性危机，造成危机的原因可能是生理的，也可能是心理的和社会的。另外，由于个性不同，个体面临危机也会采取不同的反应形式。例如，有的当事者能够自己有效地应对危机，并从中获得经验，使自己变得成熟；有的当事者虽然能够度过危机，但并没有真正地解决问题，在以后的生活中，危机的不良后果还会不时地表现出来；而有的当事者在危机开始时就心理崩溃了，如果不提供及时、有效的帮助，就可能产生有害的、难以预料的后果。

（4）动力性。伴随着危机的出现，焦虑和冲突总是存在的，这种情绪导致的紧张为变化提供了动力。因此，也有人把危机看作成长的催化剂，它可以打破个体原有的定势或习惯，唤起新的反应，寻求新的解决问题的方法，增强挫折的耐受性，提高适应环境的能力。个体在成长和追求发展的同时，也意味着带动一个可能受挫的机制，如能及时调整，适应变化，则能形成动力，促进心理健康发展。

（5）困难性。当个体处于危机中，其可供利用的心理能量降到最低点，有些深陷危机的个体拒绝成长，危机干预者需要帮助个体重建新的平衡，这就需要运用专业的心理学支持。

3．心理危机的形成阶段及干预策略

心理危机理论中将心理危机的形成和演变过程分为四个阶段。

（1）警觉阶段。当一个人感受到自己的生活突然出现变化，或即将出现变化时，他内心的基本平衡被打破了，表现为警觉性提高，开始体验到紧张。为了达到新的平衡，他试图用自己以前在压力下习惯采取的策略做出反应。处于这一阶段的个体多半不会向他人求助，有时还会讨厌别人对自己处理问题的策略指手画脚。

（2）功能恶化阶段。经过第一阶段的尝试和努力，当事者发现自己习惯解决问题的办法未能奏效，常用的应对机制不能解决目前所存在的问题，创伤性应激反应持续存在，焦虑程度开始增加，生理和心理等紧张表现加重及恶化，当事者的社会适应功能明显受损或减退。为了找到新的解决办法，他开始试图采取"尝试——错误"的方法解决问题。需要指出的是，高度情绪紧张多少会妨碍当事者冷静地思考，也会影响他采取有效的行动。在这一阶段中，干预者应将干预的重点放在帮助当事者处理紧张焦躁的情绪。

心 理 应 激 反 应

应激是人对某种意外的环境刺激所做出的适应性反应。例如，人们遇到某种意外危险或面临某种突然事变时，必须集中自己的智慧和经验，动员自己的全部力量迅速作出选择，采取有效行动。此时人的身心处于高度紧张状态，即为应激状态。应急状态的产生与人面临的情境及人对自己能力的估计有关。当情境对一个人提出了要求，而他意识到自己无力应付当前情境的过高要求时，就会体验到紧张而处于应激状态。人在应激状态下，会引起机体的一系列生物性反应，如肌肉紧张度、血压、心率、呼吸等都会出现明显的变化。这些变化有助于适应急剧变化的环境刺激，维护机体功能

的完整性。加拿大学者汉斯·塞里（Hans Selye）[1]把这种变化称为适应性综合症，并指出这种适应性综合症包括动员、阻抗、衰竭三个阶段：

动员阶段：有机体在受到外界紧张刺激时，会通过自身的生理机能的变化和调节来进行适应性的防御。

阻抗阶段：通过心率和呼吸加快、血压升高、血糖增加等变化，充分动员人体的潜能，以应付环境的突变。

衰竭阶段：若引起紧张的刺激继续存在，阻抗持续下去，此时必需的适应能力已经用尽，机体会被自身的防御力量所损害，结果导致适应性疾病，可见，"应激是在某些情况下可能导致疾病的机制之一"（Levine，1972）。

（3）求助阶段。如果经过"尝试——错误"的方法未能有效地解决问题，当事者的情绪、行为和精神症状进一步加重，内心紧张程度持续增加，促使其想方设法地寻求和尝试新异的解决办法，其中包括社会支持和危机干预等。在这一阶段中，当事者的求助动机最强，常常不顾一切，不分时间、地点、场合和对象地发出求助信号，甚至尝试自己过去认为荒唐的方式，比如一向不迷信的人去占卜等。此时，当事者也最容易受到别人的暗示和影响。

（4）危机阶段。如果当事者经过前三个阶段仍未能有效地解决问题，他很容易产生"习得性无助"，会失去信心和希望，甚至对自己整个生命意义发生怀疑和动摇。很多人正是在这个阶段应用了不恰当的心理防御机制，使得问题长期存在、悬而未决，当事者可能会出现明显的人格障碍、行为退缩、精神疾病等，有的甚至企图自杀，希望以死摆脱困境和痛苦。强大的心理压力有可能触发从未完全解决的、曾被各种方式掩盖的内心深层冲突。有的当事者会出现精神崩溃和人格解体。在这个阶段中，当事者特别需要通过外援性的帮助（包括家人、朋友和心理咨询专业人员）渡过危机。

4．常见心理防御机制

防御机制概念是精神分析学派引入现代心理学的，它的使用可以使我们保护自己不被强烈的消极情绪击垮。

（1）否认——把已经发生但又不愿被接受的痛苦事实加以否定，当作根本没有发生过，以减轻心理重负，避免精神崩溃。日常生活中最常见的是亲人的突然死亡，身患癌症，听到消息后根本予以否认，很像鸵鸟遇见敌人后的反应。

（2）退行——当人遭遇危机事件或面临心理压力时，会放弃习惯化的成熟应对策略而使用早期幼稚的、不成熟的方式应对环境变化。退行是为了争取别人的同情理解和关心照顾，或者为了逃避责任或某些难以应付的事件。如大学生考试不及格就对老师哭哭啼啼，苦苦哀求，或者不吃饭，对自己赌气。

---

[1] 汉斯·塞里（Hans Selye，1907—1982），加拿大著名内分泌生理学家，首先将压力的概念用于生物医学领域。他根据对人及动物的大量研究，提出了著名的"压力与适应学说"，并于1950年出版了第一本专著《压力》，被称为"压力理论之父"。

（3）幻想——脱离实际的空想，在现实生活中遇到难以实现的愿望或陷入困境时，以异想天开的方式在精神上自我满足。"自我陶醉"和做"白日梦"就是对幻想机制的生动写照。如失恋者对自己爱恋对象的"追求"毫不留情地予以"拒绝"的幻想。

（4）压抑——把不能被意识所接受的那些具有威胁性的冲动、欲望、情感抑制到潜意识领域当中以保持心境的安宁。日常生活中许多人将痛苦的事"遗忘"，别人问起来总说"不知道""不记得"。这种"不记得"不同于自然遗忘，其记忆内容并未真正消失，而是转入了潜意识层面，从而避免触及此事而引起痛苦。人们经常通过做梦将压抑的愿望和记忆表现出来。

（5）解脱——无论人有意或无意犯错，都会感到不安，尤其当事情牵连别人，令别人无辜受伤害和损失时，会内疚和自责，倘若我们用象征性的事情和行动来尝试抵消已经发生的不愉快事件，以处理自己的情绪，补救心理上的不舒服，称为解脱。一位足球队员在比赛中犯规让对方的一位队员受伤，他到花店买了一束花，送到医院，心里就会感觉好受一些，这就是解脱。

（6）投射——当一种内部的、本能的冲动太令人焦虑时，自我可能把这种冲动归之于某个外部对象，用这种方式摆脱焦虑。投射的本质是在别人身上看到实际上存在于自己心理上那些不能接受的情感或念头。投射为人们提供了免于面对自己缺陷的一种方式。

（7）反向作用——采用某种与它本来面目完全相反的伪装。如一个怨恨自己母亲的女孩因社会要求儿女必须爱双亲，就会产生强烈的焦虑。为了避免焦虑，这个女孩就会表现出相反的冲动——爱。但是她对母亲的爱是不真实的，这种爱往往很做作，很夸张和过分。

（8）合理化——指一个人遭受挫折或无法达到自己所追求的目标时，常常会找各种理由为自己辩护或做出解释以原谅自己而摆脱痛苦。合理化有很多形式，如丢了东西宽慰自己"破财免灾"，不思进取谓之"知足常乐"等，就是一种合理化机制。最典型的是酸葡萄心理（吃不着葡萄说葡萄是酸的）和甜柠檬心理（吃不到甜葡萄而只有柠檬的时候认为柠檬也是甜的）。

（9）补偿——指通过新的满足来弥补原有欲望达不到满足的痛苦。如学习成绩平平，但体育成绩突出；对高考失去信心，却在网络游戏中沉迷，并认为自己可以脱颖而出，成为高手，从而确认自己的价值。

（10）升华——将自己不为社会所认同的动机或欲望导向比较高尚的目标和方向。如科学的创造发明、文学艺术活动等，既能满足自己的欲望，又能有益于社会和他人。有些人年轻时遭受失恋打击，几乎失去生活下去的勇气，但他从此全心投入事业，心无旁骛，付出比常人多出几倍的努力，既克服了自己的颓废情绪，又获得了事业的成功。

干预者在当事者的心理防御阶段需要做两个方面的工作：一是通过交谈激发当事

者的情感流露，加深他对自己处境和内心情感的理解，使当事者在与干预者的交流中恢复自信和自尊。二是作为参谋或顾问，帮助当事者学习建设性地解决问题。

5. 心理危机自助

在遇到心理危机时，当事者如果不想求助，或者不方便求助，首先要努力镇定下来，思考下列问题：

（1）到底发生了什么事？回想事情的起始，把每个细节都想到，然后坦然接受现实，因为抱怨和愤恨无济于事。

（2）现在的感受是什么？它们对我有用吗？心理危机产生时，人会感到软弱、慌乱、悲哀，这是正常的应激反应，控制它们的方法是告诉自己：我现在需要理性思考，我肯定能找到战胜困境的对策，因为办法总比困难多！理性思考有助于减轻消极情绪，客观地分析问题、积极地解决问题。

（3）哪些情况对我不利？找到问题的症结，确定冲出困境的突破口。有时候要克服的障碍是外界的、他人的，有时候要克服的可能是自己的非理性信念（本书第五讲）和行为。目标准确，行动才更有效。

（4）事情会有几种结果？分析问题要用全面、发展的眼光，对一件事尽可能多地想几条出路，让自己有所选择，才不会陷入绝境。

（5）可以从哪些方面得到帮助？

（6）针对问题寻求帮助，从亲朋好友到相关的社会机构，想想谁最有可能帮到自己。确定后马上行动，越早与外界沟通并得到支持，越有利于缓解危机，切不可在不堪重负时，还要隐藏于内心。

（7）怎样争取到最有利的结果？对自己最有利的结果，应该是战胜困境，并能使自己快乐及有所成长。不可铤而走险、饮鸩止渴，更不可自残生命。

我们应该一分为二地看待心理危机，它既隐藏着危险，也暗示着机遇。它能使人增长智慧，积累应对危机的成功经验，得到成长。因为每个人的真正"救世主"是我们自己！

二、自杀与预防

2014年《世界卫生组织自杀报告》显示：全球每年大约有100万人死于自杀；每10万人中有10.7人自杀；每隔40秒就有1人自杀。自杀位居15～34岁年龄段青壮年死因的首位。

2019年3月，世界卫生组织公布了全球健康面临的十大威胁，其中，自杀已成为15～19岁青少年死亡的第二大原因，第一大原因是事故。

为了预防自杀和降低自杀率，自2003年开始，世界卫生组织将每年的9月10日确定为"世界预防自杀日"，以帮助公众了解诱发自杀行为的危险因素，增强人们对不良生活事件的应对能力，预防自杀行为。

"世界预防自杀日"历年主题

2018 年：共同行动，预防自杀

2017 年：用您一分钟，挽救一个生命

2016 年：联结、交流与关注

2015 年：伸出援手，挽救生命

2014 年：防止自杀，联系全世界

2013 年：歧视：自杀预防工作的绊脚石

2012 年：全球预防自杀，加强保护因素，唤醒生存希望

2011 年：多元文化社会之自杀预防

2010 年：无论是谁，无论在哪里，全球携手预防自杀

2009 年：社会文化因素与预防自杀

2008 年：全球化思维、全国性计划、地方化行动

2007 年：终生预防自杀

2006 年：理解激发新希望

2005 年：预防自杀是每一个人的事情

2004 年：拯救生命，重建希望

2003 年：自杀一个都太多

自杀的原因虽然复杂而不相同，但是人到了自杀的时候，总以为可以"一了百了""从此解脱"。可事实上，自杀只不过把责任转嫁给别人，将问题转嫁给社会，给家人、亲友留下一副沉重、痛苦的担子。生命宝贵，生命需要珍惜！

1. 自杀的过程

自杀不是突然发生的，它有一个发展的过程。对于不同年龄、不同个性、不同情境下的人，自杀过程有长有短。我国学者一般把自杀过程分为三个阶段：

第一，自杀动机或自杀意念形成阶段。当事者表现为遇到难以解决的问题，想逃避现实，为解脱自己而准备把自杀当作解决问题的手段。

第二，矛盾冲突阶段。当事者产生了自杀意念后，由于求生的本能又会使他陷入生与死的矛盾冲突之中，从而表现出谈论自杀、暗示自杀等直接或间接的表现自杀企图的信号。

第三，自杀行为选择阶段。从矛盾冲突中解脱出来，决死意志坚定，情绪逐渐恢复，表现出异常平静，考虑自杀方式，做自杀准备，如买绳子、收集安眠药等。等待时机一到，即采取结束生命的行为。

2．自杀原因分析

自杀的原因一直是学者们探讨的重点问题，因为没人会无缘无故地去自杀。寻找自杀的背景，努力消除引起自杀的原因，可减少自杀事件的发生。一般认为自杀是由于主观上或客观上无法克服的动机冲突或挫折情境造成的。

（1）自杀的客观原因。自杀的客观原因包括人际关系紧张、社会竞争激烈、不可预测的天灾人祸、家庭纠纷、成长环境不良、压力过大等。调查发现，当战争、社会动乱、经济危机等社会状态不稳定时，自杀率会有所变化。社会变化剧烈时，自杀率有明显的增高趋势。苏联解体后，俄罗斯的自杀率明显上升。家庭关系是影响自杀的另一重要社会原因。家庭关系失调，家庭功能丧失，父母离异或夫妻冲突，爱情纠纷，亲子不和等缺乏正常的家庭温暖的人容易自杀。经济困难、严重疾病也常常是自杀的诱因。工作、学习负担过重，紧张疲劳也是自杀的原因之一。

（2）自杀的主观原因。自杀的主观原因包括面临变化的不适应、内心的烦恼、心理压力等。

从个人角度看，因住所搬迁、工作调动等改变而引发的情绪问题，以及由于个人体力或智力条件的限制不能达到目的，或者个人健康状况不佳、生理上的缺陷不能胜任工作，能力不够、经验不足导致的容易在工作和生活中遭到失败，这些都可能产生心理压力，甚至导致自杀。

从心理因素看，青年期是人一生中心理变化最激烈的时期，也最容易产生各种烦恼。研究发现，当个人内在的不快乐因素（即丧失自己认为重要的事情，如自尊心、成就感、爱恋的对象等）或外界环境，尤其是人际关系上的冲突达到令人无法忍受的程度时就会引发自杀行为。据世界卫生组织的资料显示，维也纳自杀防治中心对1040位企图自杀者的自杀原因加以分类时，发现寂寞、失去所爱的人等个人不快乐因素、与人争吵等人际冲突因素造成的自杀行为的分布与性别、年龄有关，44%的男性和30%的女性是由于不快乐的原因而自杀的；56%的男性与 70%的女性是由于人际冲突的原因而自杀的；30 岁以下的人由于人际关系冲突而自杀者占多数。

✸ "我再也坚持不下去了"

2014 年春天，某高校一名女生在入学报到后的第一天夜晚，再也经受不住抑郁症的折磨，从学校公寓四层窗户纵身跳下。家长在整理她的遗物时，发现了她在生命的最后几天中，在计算机上留下的几行字：

"我好痛苦……

我该怎么办？谁能告诉我？

来到新学校，谁能救我？

坚持，再坚持一下！

我再也坚持不住了……"

最终，这个女孩再也没能坚持住，靠自己的力量她无法战胜抑郁症这个强大的病魔。这几句话非常真实地表达了自杀者的心理历程。设想一下：假如在她与病魔苦苦挣扎的时刻，能有人向她伸出手，结果可能完全不同。

想自杀的人共同的心理特征是孤独，认为谁也理解不了自己，谁也帮不了自己，在这个世界上唯有自己最不幸、最痛苦，因此绝望，想以死来解脱困境。但实际上，想自杀的人心情很矛盾，在想死的同时又渴望获得帮助。

企图自杀者一般具有以下典型的心理状态：

矛盾心态。死亡对于自杀者来说是既可怕又有吸引力的事。现实生活中许多有形无形的困难可以在死亡的幻想中得以解决和满足。但死亡毕竟是可怕的，企图自杀者一方面想求得解脱，另一方面又想向他人求助。

偏差认知。企图自杀者的知觉常因情绪影响而变得歪曲，表现为"绝对化""概括化"或两者交替。"绝对化"是指对任何事物都怀有"其必定如此"的信念，比如"我做任何事都注定失败""周围的人肯定不喜欢我"等。"概括化"是指以偏概全、以一概十的不合理思维方式，常常使人过分专注于某项困难而忽略除死亡之外的其他解决方法，比如"我考试作弊，我爸爸一定不会饶恕我，永远不再爱我""我有缺陷，别人都瞧不起我"等，从而自暴自弃，自责自怨，自伤自毁。

冲动行为。青少年的自杀意念常常在很短的时间内形成，因情绪激动而导致冲动行为，一想到死马上就采取行动。他们对自己面临的危机状态缺乏冷静的分析和理智的思考，往往认定没办法了，只有死路一条，思维变得极其狭隘。

关系失调。自杀者大多性格内向、孤僻，自我中心，难以与他人建立正常的人际关系。当缺乏家庭的温暖和爱护，缺乏朋友的支持与鼓励时，常常感到彷徨无助，最后变得越来越孤独，进入自我封闭的小圈子，失去自我价值感。

死亡概念模糊。企图自杀的青少年对死亡的概念比较模糊，部分人甚至认为死是可逆的、暂时的，因此对自杀的后果没有充分估计。

（3）精神病理学原因。精神病理学原因包括抑郁症、精神分裂症、酒精中毒等。据临床观察，有20%左右的企图自杀者有精神症状的存在。研究表明，抑郁症患者的自杀率高达15%，比一般人群高20倍。精神分裂症患者人格失衡，行为异常，常出现妄想、幻听幻觉症状，幻听症状尤为频繁，其内容多半是"有人在说我的坏话，说要杀死我"等等"被害妄想"，从而出现自杀或他杀的危险。

✸　被 害 妄 想

被害妄想是精神疾病妄想症中最常见的一种。患者往往处于恐惧状态，感觉被人议论、诬陷、遭人暗算、财产被劫、被人强奸等。被害妄想往往有自杀企图。发生妄想症的人，往往有着特殊的性格缺陷，如主观、敏感、多疑、自尊心强、自我中心、好幻想等。这常与病人童年时期受过某些刺激，缺乏母爱，缺乏与人建立良好的人际关系等有关。

3. 自杀危机的预防

预测人的行为是一件比较困难的事，预测自杀行为就更加困难，因为自杀的原因非常复杂。即使与自杀者接触极其密切的人都难以觉察其细小的变化，而且自杀行为常常带有突发性，令周围人措手不及。即使通过种种征兆发现了自杀的迹象，进行危机干预也并非易事。直接对当事者说，会使当事者感到自己的隐私被侵犯，反而增加危险性。

但是，由于自杀行为有一定规律可循，因此，只要抓住机会，因势利导，及时提供心理支持和帮助，自杀行为是有可能被预防的。

一般而言，自杀者在自杀前处于想死，同时又渴望被救助的矛盾心态时，从其行为与态度变化中可以看出蛛丝马迹，大约三分之二的人都有可观察到的征兆。据南京危机中心调查，在61例自杀的大学生中，有22人曾明显地流露出各种消极言行以引起周围人的注意。

日本心理学家长冈利贞认为，企图自杀者在自杀前会流露出种种征兆，可以从言语、身体、行为三方面观察。

言语。有自杀意念的人会间接地、委婉地说出来，或者谨慎地暗示周围的人，如"想逃学""想出走""活着没有意思"等。

身体。有自杀意念的人会有一些身体症状反应，比如感到疲劳、体重减轻、食欲不好、头晕等，这往往是抑郁情绪所致，不能简单地认为是身体有病，应引起注意。

行为。当一个人自杀意念增强时，在日常生活中会表现出不同于平常的行为，如无故缺课、频繁洗澡、看有关死亡的书籍，甚至出走、自伤手腕等。

根据临床经验，有以下表现者一般具有自杀的危险性，应给予更多的关注：

（1）有过自杀未遂；

（2）说过要自杀；

（3）将自己珍贵的东西送人；

（4）收集与自杀方式有关的资料并与人探讨；

（5）流露出绝望、无助以及对自己或这个世界感到气愤；

（6）将死亡或抑郁作为谈话、写作、阅读内容或艺术作品的主题；

（7）讨论自己现有的自杀工具；

（8）有条理地安排后事；

（9）直接说出"我希望我已经死了""我不想再活了"之类的话；

（10）间接说类似"现在没人能帮得了我""我再也受不了了"的话语等。

4．自杀危机的有效帮助

自杀的干预主要在预防，预防自杀可分为三级，即一级预防，二级预防和三级预防。

一级预防主要是指预防个体自杀倾向的发展。一级预防的主要措施有管理好毒药、危险药品和其他危险物品，监控有自杀可能的高危人群，积极治疗自杀高危人群的精神疾病或躯体疾病，广泛宣传心理卫生知识，提高人群应付困难的技巧。

二级预防主要是指对处于自杀边缘的个体进行危机干预。通过心理咨询服务帮助有轻生念头的人摆脱困境，打消自杀念头。

三级预防主要是指采取措施预防曾经有过自杀未遂的人再次发生自杀。

具体来说，为企图自杀者提供有效帮助的途径主要有以下几点：

（1）改变对自杀的错误认识。社会上对自杀这种行为所持的态度和认识差别很大，其中有一些错误的观念，若不加以纠正，对自杀预防是不利的。

第一，自杀无规律可循。自杀事件常常带有突发性，一旦发生，周围的人常感意外和诧异。其实大部分自杀者都曾发出过明显的直接或间接的求助信息，他们在决定自杀前会因为内心的痛苦和犹豫而发出种种信号。

第二，宣称自杀的人不会自杀。当有些人向他人透露自己会自杀，尤其当用语带有恐吓成分时，他不过是说说而已，真正想死的人是不会把自己的打算告诉别人的。其实研究表明，80%的企图自杀者在自杀前曾向他人谈论过自杀，这种人很可能有自杀的举动，必须引起高度重视。

第三，一般人不会有自杀念头。国内外研究结果显示，30%～50%的成年人一生中都曾有过一次或多次自杀念头。对于性格健康、家庭关系好的人，自杀意念可能只是一闪而过，很少发展为真正的自杀行动；而性格或精神卫生状况存在问题的人在缺乏社会支持时，自杀念头就有可能转变为自杀的行为。

第四，所有自杀的人都是精神异常者，只有精神病患者才会自杀。事实证明，大多数自杀者是正常人，他们只是有暂时性的情绪障碍。

第五，自杀危机改善后就不会再有问题。有自杀企图的人经过危机干预状态改善后，情绪会有所好转，自杀的危险性大大减低，可以放松防范。然而，研究结果表明，企图自杀者在一次自杀危机改善后，至少在三个月内还有再度自杀的可能，尤其是抑郁病人在症状好转时危险性最大。

第六，对有自杀危险的人不能提及自杀。很多人担心，对那些有情绪困扰的人、有自杀意念的人，主动谈及自杀会加强他们自杀的意念。事实恰好相反。那些有严重情绪困扰的人往往愿意别人与他倾谈，听他诉说对自杀的感受。如果故意避开不谈，他们反而会因被困扰的情绪无从分解而加重情绪问题。

（2）如何面对有自杀征兆的人。

保持冷静和耐心倾听。

让他/她倾诉自己的感受。

认可他表露出的情感，不试图说服他们改变自己。

询问他们是否想自杀，"你是否觉得那样痛苦、绝望，以至于想结束自己的生命？"相信他说的话，当他说要自杀时，应认真对待。

如他要倾听者对其想自杀的事情予以保密，不要答应。

让他相信别人的帮助能缓解面临的困境，并鼓励他们寻求帮助。

说服其他相关人员共同承担帮助他的责任。

如果认为他当时自杀的危险性很高，不要让其独处，要立即陪他去心理卫生服务机构接受评估和治疗。

对刚刚出现自杀行为（服毒、割腕等）的人，要立即送到最近的急诊室进行抢救。

（3）如何劝解自杀者。

遇到有人跳楼、跳桥、跳河等突然情况，目击者要以关心、尊重的口气劝说当事者先从高处下来，除了告诉当事者有事好商量外，对于其提出的合理要求可以暂时答应下来。

劝说时，尽量让当事者开口将自己的困难讲出来，并尽量把对话进行下去，此时可以找些能触动当事者的话题，比如"你现在最割舍不下的是什么""父母多大年纪了"等，注意不要说教，不要评价他的行为，要着重强调当事者自身存在的价值。

目击者应该迅速拨打110、120等紧急电话，并在当事者可能跳下来的地方做好张网、铺垫等工作，以防万一。

进行劝解时要让当事者有这样一个牢固的观念：自杀获救还可以抚平对亲友的伤害，弥补过错，如果真的自杀身亡，那才真的是不可原谅。

不要给出诸如"一些都会好转的""不要胡思乱想"等没有实质性内容的建议，不要与当事者争辩。

切忌聚众起哄看热闹，更不能用"你倒是跳啊"之类的言语刺激当事者。

对于自杀未遂、重返工作岗位的人应给予特别注意，不刻意营造快乐的气氛，不与自杀未遂者争辩自杀的害处，不要企图揭穿他为什么自杀，而要主动与他交往、做朋友等。

三、热 爱 生 命

生命是短暂而又脆弱的，鲜活的生命非常容易在顷刻间画上句号。现实中的每一个人总会面对各种压力，碰到各种失意和挫折。一个人如果能够把种种不如意看作生命必须经历的一部分，那么，负面的东西就可能转变成积极的因素。但许多人缺少的就是耐挫力，经常抱怨"累""没意思"，存在消极、懈怠心理。所以，通过生命教育，可以助人找到无数的生存理由，从而把非理性选择的依据一个个排除，认识生命的珍贵，怀有自爱之心，尊重生命，敬畏生命。

1. 生命

（1）生命的存在形态。

生命的存在形式有生物性、精神性和社会性三种形态。

生物性的存在。人是生物性的存在，生物性是生命的最基本的特性，是生命的社会性、精神性存在的基础和前提。人的生命作为一个自然生理性的肉体而存在，人的生长和发展就必然要服从于生物界的法则和规律。衣食住行、生老病死是每一个人都必须经历、无法逃避的。

精神性的存在。人之所以为人，就在于人不仅仅是为了满足自己的自然生命而活着，还要追求超越生物性存在的精神性存在，人要规划自己的人生，创造自己的价值，指导和提升生物性的存在。生命正是有了精神性的存在，才有了人文意义和价值，有了理性的意蕴和道德的升华。

社会性的存在。每个人要想生存下去，就必须参与和融入到社会活动中，在与人的沟通、交往和互动中保存自己的生命，追求生命的意义，实现生命的价值。正是这种社会性的存在使人面对千差万别、千变万化的社会生活时，能够使自己有一种生命的智慧和坚定的信念，使人面对有生有死、有爱有恨、有聚有散、有得有失的有限人生和无奈命运时，有豁达的胸怀和安然的态度。

（2）生命的特点。

生命的有限性。生命的有限性表现在三个方面：第一，生命存在的时间有限，人的自然寿命一般是七八十岁，至多百十岁。第二，生命的无常性，表现在生老病死、旦夕祸福的不可预测性上，任何人都逃脱不了，"文似看山不喜平"，生命又何尝不是如此？第三，个体生命的存在不能离群索居，不食人间烟火，每个人都需要别人的帮助、支持和关怀。正是生命的有限性才促使人努力思考、发奋创造、积极生活，实现自己生命的意义。

生命的双重性。生命的双重性体现在：一是人作为肉体的存在物是自然界的一部分，受自然规律的决定和制约，具有自然性。二是人作为精神的存在物要受到道德规律的决定和支配。每个时代、每个人都必须面对这种矛盾，人的这种双重性、矛盾性及其之间的作用是人的生命存在的最根本的动力，人就是在生命的双重性中寻求生命的意义，实现生命的价值。

生命的创造性。创造性是生命的基本特点。生命本身就是一个不断成长、发展、生生不息的过程。生命就是运动，不间断的运动，一切静止就是死亡。但生命比单纯的持续运动更为丰富，生命是在此基础上不断产生新内容的创造性运动。人们通过创造去把握生活的变化，通过创造去发现生命的意义，通过创造去实现对生命的认识、把握和超越。

2. 生命的意义

生命的意义是关于生命的积极思考，包括个人存在的意义，寻求和确定获得价值的目标，并接近这些目标。关于生命意义的研究，最有影响力的是奥地利心理学家维克多·E.弗兰克尔（Viktor Emil Frank）❶在《生命的意义》一书中提出的理论。他认为在生活的压力之下，人们之所以会产生各种心理问题，是因为他们没有找到生命的意义。生命意义对心理健康有积极影响，缺乏对生命意义的理解与心理问题的产生之间有正相关，对生命意义的探索和情绪健康有正相关，对生命意义的正确认识能够减缓消极生活事件对忧郁的影响。人们对于生命意义的追寻是生活的基本动力。

对于生命意义的认识也受心理健康状态的影响。心理健康状态在一定程度上依赖于人们怎样看待生命，一个人在生活中如果没有找到自己生命的意义，会产生严重的后果。第一，当人们在探索生命意义的过程中遭受挫折时，可能被生存的空虚感所笼罩，便会转而寻求享乐和金钱作为补偿。第二，生存意义的挫折感与价值观的矛盾会导致心理疾病。弗兰克尔曾提出过"星期天精神病"的概念，他说很多人在忙碌了一周以后突然间变得无所事事，于是感到惆怅和空虚。第三，缺乏对生命意义的认识是人自杀的主要原因。研究发现，自杀的人缺乏对生存的重要信仰和价值的认识，当遇到较大压力时，往往会放弃解决问题的努力和尝试，而选择轻生。许多人自杀是因为生存的空虚感造成的，许多人的忧郁情绪、攻击性和沉溺于药物等问题也是由于心灵深处的空虚感造成的。人们需要意义和精神，绝不仅仅在严重压力之下，而在每个人的日常生活中。我国李虹对 788 名大学生样本进行了分析，发现自我超越的生命意义对心理健康有着直接的作用，并且能够缓解压力对心理健康的负面影响。该研究还发现，个人对生命意义的追寻和执着在整个人的一生中都能够起到缓解压力的作用。由于人们对生命意义的执着，使得他们能够对消极生活事件有新的不同解释，使他们有能力在消极事件中找到积极的意义，从而提高他们应对消极事件的能力。

生命意义对人生的发展也具有重大的作用。第一，体会生活的意义。一个人如果能够理解并承担生活中的责任，肩负起责任，就会感到满足和充实，真正体会到生活的乐趣和意义。第二，确立生活的目标。对生命意义的探求使人在不同的人生阶段确立生活目标，并在实现目标的过程中感受到活得充实、丰富、精彩。在对 2.5 万名青年进行调查研究后发现，青年缺乏对生命意义的理解主要由于三个方面的原因：追求金钱；追求享乐生活；缺乏感恩。第三，加强自我顽强性。对生命意义的追寻能够加强个体对压力的承受能力和对挫折的耐受力。关键在于当个人生活目标遇到障碍时，应该坚定沉着，不轻言放弃，要不断尝试去解决问题，只有这样才不会在压力和挫折面前产生无力感。弗兰克尔曾经说："今天，如此多的人对生活抱怨，因为他们不知道，

---

❶ 维克多·E.弗兰克尔（Viktor Emil Frank，1905—1997），奥地利心理学家，维也纳第三心理治疗学派——意义治疗与存在主义分析（Existential Psychoanalysis）的创始人。

也感受不到生命的意义究竟是什么，他们缺乏对活着的价值的理解。他们被自己的内在空虚感所缠绕，被自己的生存空虚感所缠绕。"

3. 生命教育

尼采说："人如果知道了为什么而活，那他就能面对任何生活。"生命教育是指对个体从出生到死亡的整个过程中，通过有目的、有计划、有组织地进行生存意识熏陶、生存能力培养、生命价值提升，最终使其生命质量充分展现的活动过程，宗旨是珍惜生命、注重生命质量、凸现生命价值。生命教育的目的是帮助人们更好地理解生命的意义，确立生命尊严的意识，高扬生命的价值，引导他们建立正确的价值观和生活态度，使其能拥有一个美好的幸福的人生。

（1）生命教育帮助我们成为自己。从生命的视野看，个体生命是独一无二的，也只能成为独一无二的自己。个体生命的独特性是个体存在的理由和根据。任何生命都有自己存在的价值和意义，每个人都有权利和义务去发展、探索属于自己的特色，使自己接近真实的自我，形成、实现和发扬自己生命的独特价值。

（2）生命教育有助于认识生命的意义。有人问哲学家亚里士多德："您和平庸的人有何不同？"这位先哲回答说："他们活着是为了吃饭，而我吃饭是为了活着。"生命意义是关于生命的积极思考，是个人正在努力实现自己给予高度评价的生命目标。一个人对自己生命意义的认识一般比较稳定，并会逐渐转化为生命发展不同时期的信念和价值体系。只有正确地认识了自己生命的意义，人才能更好地认识生命，进而珍爱生命。弗兰克尔认为："生命一旦有了意义，就能健康地生活下去。生命的目的不只是要去追寻一个意义，而是有了意义之后，才能活得更好。"一般来说，有崇高生活理想的人，当他面对激烈的竞争、巨大的压力以及种种失落与痛苦时，能正确而客观地迎接挑战，获得更大的发展。反之，则容易造成个人的挫败感，进而走向堕落。

（3）生命教育有助于培养积极的生命情感。生命情感，即个体对自我生命的认识、肯定、接纳、珍爱，对他人生命乃至整个生命世界的同情、关怀与钟爱。积极的生命情感，引人振奋、乐观、朝气蓬勃、充满勇气、富于爱心，成为人生的动力和光明之旅。生命情感的美满丰盈，是奠定丰富人生的基础。但消极的生命情感却意味着对生命的否定，对生命意义的无望，对他人生命的漠视以及衍生的生命状态的沉沦。它使人抑郁、悲观，或孤傲、仇视，与周围的世界格格不入，不幸的人生由此发端。

4. 实现人生价值

每个人来到世上都面临着"人的一生该如何度过"这个问题，不同的人会有不同的人生选择、不一样的人生道路，但实现自我、体现人生价值是我们毕生的追求。

（1）统一个人价值和社会价值。人生价值是个人价值和社会价值的统一。当个体眼光长远，胸怀他人和社会时，目标和作为就围绕着为社会带来福利这个初衷进行，从而体现出他存在的社会价值，并且个体在为社会和他人付出心血和汗水的同时，个体的能力、品质和成就获得了社会和他人的认可与尊重，个体的潜能得到了发挥，成为自己想要并且应该成为的人，个人价值就得到了体现，最终达到自我价值和社会价值的完美统一。

（2）多元价值，择优而从。北宋程颐曾说："君子未尝不欲利，但专以利为心，则有害。唯仁义，则不求利而未尝不利也。"当今多元价值充斥社会，我们仍然推崇将个人价值的实现融入社会中，承担起应负的社会责任，而不是盲目、疯狂地追求一夜成名或赚取大把钞票。

（3）己欲立而立人，己欲达而达人。近代思想家严复曾说过："两利为利，独利必不利"。梁启超进一步指出："善能利己者，必先利其群，而后己之利亦从焉"。每个人都渴望自我实现，享有人生的成功，但不能局限于自身价值的实现，而不顾及他人。

（4）追求品质生活，不沉溺享乐。心理学家们研究发现一种心理效应：如果人们在一定水平上的愿望实现后会感觉到快乐的话，他们会很快习惯于在某个愿望实现后不停地期待着下个更高水平上的收入、财富或是健康等所带来的快乐，即：当低层次的愿望被满足后，人们的目标会继续保持着上升的趋势。当社会财富资源分配不均衡时，人们评估自己所拥有的财富，并不是根据他们所需求的生活的舒适度，而是与那些拥有财富最多的人进行比较。在比较中，他们觉得自己没有那么有钱，最终的结果是，他们觉得自己不快乐。这种心理效应叫做"相对剥夺"。在这个追求时尚，彰显个性的时代，我们都期待高品质的生活，但有节制的物质追求、无止境的精神修养才能铸就幸福的人生。

（5）明确目标，适宜发展。确立人生目标，首先应该对自己的能力、性格、兴趣、优点和不足有正确的认识。好高骛远容易导致受挫和失败，妄自菲薄、目标定得太低又缺乏奋斗的动力和激情，因此要制定一个经过自己努力可以达到的目标。目标要避免空洞和模糊，将远大目标分解为具体的小目标，便于操作和执行。对要做的事情进行合理安排，对时间进行管理规划。

（6）坚定意志，积极行动。在实现人生价值和目标的过程中，面对挫折和失败，不要沉溺于沮丧、绝望和无所作为中，要有一颗永不言弃的坚定的心，切忌半途而废。只有积极行动起来才能实现人生价值。如果你还只是停留在对美好未来的憧憬中，对远大理想的空谈中，那么就在此时此刻行动起来吧。

（7）终身学习，与时俱进。当今社会，知识更新正在无限加速，过时的知识储备、陈旧而缺乏创造力的思维方式会让人落后于时代的发展步伐，最终被社会淘汰。因此，实现人生价值应当"活到老，学到老"，让学习成为一项终生的事业。

（8）学会感恩。积极心理学大力倡导感恩，把它当作二十四项积极人格特质之一（本书第一讲）。感恩可以使我们经常感受到幸福，尽量享受生活中的乐趣。感恩还可以使我们释怀人生的烦恼，从更客观的角度来看待人生。科学研究表明，感恩是最强的幸福"促进剂"。因为感恩不仅是一种美德，而且也孕育了其他所有的美德。心怀感恩，人会变得心平气和，开心一笑，人会变得阳光灿烂。更重要的是，感恩带来的幸福感会有传染性。哈佛大学心理学家尼古拉斯，花了 20 年时间跟踪调查了 5000 多名被试，调查结果表明幸福就像传染病，可以在人与人之间蔓延，当人们彼此贴近时，会因为彼此的幸福而变得更幸福。比如，一个人感到很幸福，那么距离他 1 公里外的好朋友的幸福指数也会上涨 15%。更令人惊奇的是这种传染效应能超越直接的联系，影响到第三方：当一个朋友的朋友快乐时，我们也会变得更快乐，即使我们从未与他有过直接联系。

心 怀 感 恩

霍金是一位可以与爱因斯坦齐名的杰出的英国科学家，对现代物理学有突出的贡献。但是，他在 21 岁时就被诊断出患有肌萎缩性侧索硬化症（卢伽雷病），到后来全身只有几个手指能够活动。有一次，霍金在学术报告结束之际，一位年轻的女记者跃上讲坛，面对这位已在轮椅里生活了三十余年的科学巨匠，深深景仰之余，又不无悲悯地问：霍金先生，卢伽雷病已将你永远固定在轮椅上，你不认为命运让你失去太多了吗？这个问题显然有些突兀和尖锐，报告厅内顿时鸦雀无声，一片静谧。霍金的脸庞却依然充满恬静的微笑，他用还能活动的手指，艰难地叩击键盘，于是，随着合成器发出的标准的伦敦音，宽大的投影屏上缓慢而醒目地显示出如下一段文字：

我的手指还能活动；

我的大脑还能思维；

我有终生追求的理想；

有我爱和爱我的亲人和朋友；

对了，我还有一颗感恩的心……

报告厅内掌声雷动……

感恩是需要培养、需要学习的。人不是生来就会感恩，而是首先学会了抱怨。感恩，是人生一个漫长的学习过程。下面的方法有助于我们培养感恩习惯。

写下：在每天临睡前写下最让自己感激的 5 件事。坚持 8 周以后，这个练习会改变我们对世界固有的思维方式，更乐于帮助他人。

记住：生活的每一天都是一份贵重的礼物，我们有潜力将每一天变成一项杰作。

抓住：及时捕捉到你抱怨的情绪和行为，思想当下或生活中仍然值得感激之处。

表达：向你的家人、朋友、同事表达你的感激，确切地告诉他们：他们为你做了什么，你的感受如何？

感恩磨难。辩证看待以往遭遇过的挫折、失败，乃至不公正的待遇。正是由于这些生活经历，人才变得更加顽强。很多人回首往事，习惯于把自己放在"受害者"的位置上，因而怨天尤人。若把自己放在"幸存者"的位置时，就会有很多的感悟，因为人会更多看到自身的力量和成就。

感恩亲友。积极心理学研究证明，亲友是化解压力最有效的预测因素。当我们在经历困难时，我们的社会支援系统越发达，问题解决就越快。而不断地感恩会强化这样的社会链接，令我们的亲朋好友会随时随刻出现在身旁，分享我们的烦恼与喜悦。

感恩社会。积极心理学的研究还表明，助人为乐、回报社会能大大增强个人的幸福感（本书第四讲）。当我们更多参与社会公益活动时，就会感受到世间的更多美好；如果很少参与，就会发现世间的更多丑陋与不足。学会回报社会，会令自己和他人都活得更加开心。

感恩自己。人生在世，最大的对手莫过于自己。有时候，我们需要对自己高标准，严要求，以达成某些十分重要的人生目标。有时候，我们需要给自己的心情放个假，以无为而有为。无论怎样进退，我们都需要不断地接纳自我，完善自我。

心理测量 10：生活态度测验

指导语：

面对生活你是什么样的态度？请仔细阅读表 10-1 的每一道题，选择符合你的答案。

表 10-1　　　　　　　　　　生　活　态　度　测　验

序号	题　　　目	符合	不符合
1	我对未来充满希望和热情。		
2	当事情变糟时，我知道不会一直这样，心情就会好转。		
3	我不能想象今后的十年中，我的生活会是什么样子。		
4	我预料我最关心的事情能够成功。		
5	我运气不佳，也不相信会有好运。		
6	我过去的经历已为我的将来打下良好的基础。		
7	当我展望未来时，我预想会比现在幸福。		
8	我从未得到我想要得到的东西。		

续表

序号	题　　目	符合	不符合
9	将来我不可能获得真正满意的生活。		
10	对我来说，前途渺茫，捉摸不定。		
11	我想将来好的时候会多于坏的时候。		
12	追求自己想要的东西是徒劳的，因为很少有可能得到它。		

计分方法：

第 3、5、8、9、10、12 题：选"符合"得 1 分，选"不符合"得 0 分；

第 1、2、4、6、7、11 题：选"符合"得 0 分，选"不符合"得 1 分。

小于等于 6 分：表明你对生活充满希望和信心；

7～11 分：表明你对生活有轻度无望感；

大于 12 分：表明你对生活有中度无望感，甚至有自杀意愿，建议立即寻求心理援助。

自杀态度调查问卷（SAQ）

肖水源、杨洪编制

指导语：

本问卷旨在了解被试对自杀的态度。下列每个问题的后面都有 1. 完全赞同；2. 赞同；3. 中立；4. 不赞同；5. 完全不赞同五个数字供您选择，分别代表您对问题从完全赞同到完全不赞同的态度，请根据您的选择圈出相应的数字。

1．自杀是一种疯狂的行为。

2．自杀死亡者应与自然死亡者享受同样的待遇。

3．一般情况下，我不愿意和有过自杀行为的人深交。

4．在整个自杀事件中，最痛苦的是自杀者的家属。

5．对于身患绝症又极度痛苦的病人，可由医务人员在法律的支持下帮助病人结束生命（主动安乐死）。

6．在处理自杀事件过程中，应该对其家属表示同情和关心，并尽可能为他们提供帮助。

7．自杀是对人生命尊严的践踏。

8．不应为自杀死亡者开追悼会。

9．如果我的朋友自杀未遂，我会比以前更关心他。

10．如果我的邻居家里有人自杀，我会逐渐疏远和他们的关系。

11．安乐死是对人生命尊严的践踏。

12．自杀是对家庭和社会一种不负责任的行为。

13．人们不应该对自杀死亡者评头论足。

14．我对那些反复自杀者很反感，因为他们常常将自杀作为一种控制别人的手段。

15．对于自杀，自杀者的家属在不同程度上都应负有一定的责任。

16．假如我自己身患绝症又处于极度痛苦之中，我希望医务人员能帮助我结束自己的生命。

17．个体为某种伟大的、超过人生命价值的目的而自杀是值得赞许的。

18．一般情况下，我不愿去看望自杀未遂者，即使是亲人或好朋友也不例外。

19．自杀只是一种生命现象，无所谓道德上的好和坏。

20．自杀未遂者不值得同情。

21．对于身患绝症又极度痛苦的病人，可不再为其进行维持生命的治疗（被动安乐死）。

22．自杀是对亲人、朋友的背叛。

23．人有时为了尊严和荣誉而不得不自杀。

24．在交友时，我不太介意对方是否有过自杀行为。

25．对自杀未遂者应给予更多的关心与帮助。

26．当生命已无欢乐可言时，自杀是可以理解的。

27．假如我自己身患绝症又处于极度痛苦之中，我不愿再接受维持生命的治疗。

28．一般情况下，我不会和家中有过自杀者的人结婚。

29．人应该有选择自杀的权力。

计分方法：

SAQ 共 29 个条目，都是关于自杀态度的陈述，分为如下 4 个维度：

1．对自杀行为性质的认识（F1）：共 9 项，即问卷的第 1、7、12、17、19、22、23、26、29 项。

2．对自杀者的态度（F2）：共 10 项，即问卷的第 2、3、8、9、13、14、18、20、24、25 项。

3．对自杀者家属的态度（F3），共 5 项，即问卷的第 4、6、10、15、28 项。

4．对安乐死的态度（F4），共 5 项，即 5、11、16、21、27 项。

对所有的问题，都要求受试者在完全赞同、赞同、中立、不赞同、完全不赞同作出一个选择。在分析时，1、3、7、8、10、11、12、14、15、18、20、22、28 为反向计分，即回答"1""2""3""4"和"5"分别记 5、4、3、2、1 分。其余条目均为正向计分，回答"1""2""3""4"和"5"分别记 1、2、3、4、5 分。在此基础上，再计算每个维度的条目均分，最后分值在 1～5 之间。在分析结果时，可以以 2.5 和

3.5 分为两个分界值，将对自杀的态度划分为三种情况，≤2.5 分为对自杀持肯定、认可、理解和宽容的态度，＞2.5～＜3.5 分为矛盾或中立态度，≥3.5 分为对自杀持反对、否定、排斥和歧视态度。

心理书单 10：《生命的重建》

[美] 露易丝·海著，徐克茹译，中国宇航出版社

　　《生命的重建》是名副其实的健康观念世界第一畅销书，被全世界读者认为人类健康的福音书。作者露易丝·海在书中为我们揭示了疾病背后隐藏的心理模式，从而开辟了重建生命整体的完美道路。本书出版后，露易丝·海所倡导的"整体健康"观念旋风般席卷了全世界，千千万万人因此改变了自己的健康状态和生命质量。本书创造了《纽约时报》畅销书排行榜50周第1名的骄人纪录，被译为25种文字，在35个国家或地区出版。本书英文版已71次印刷，总销量2000万册。被媒体称为"圣人"的露易丝·海将深刻的哲理、科学的精神与博大的爱，结合自己的坎坷经历，以浅显生动的语言娓娓道来，如清泉般滋润每一个读者的心田。正如戴夫·布朗的评价：露易丝的书是上帝送给这个烦恼世界最好的礼物。对我们每一个人来说，这本书都具有无法想象的价值！

　　露易丝·海是美国最负盛名的心理治疗专家，杰出的心灵导师，著名作家和演讲家。她是全球"整体健康"观念的倡导者和"自助运动"的缔造者。露易丝·海揭示了疾病背后所隐藏的心理模式，认为每个人都有能力采取积极的思维方式，实现身体、精神和心灵的整体健康。露易丝的个人思想是在她痛苦的成长过程中逐渐形成的。她的童年在飘摇与穷困中度过，自幼父母离异，5 岁时遭强暴，少年时代一直受到凌辱和虐待。她后来逃到纽约，历经坎坷，成为一名时装模特，并和一个富商结婚，但 14 岁后她又被丈夫所遗弃。1970 年，露易丝在纽约开始了她一生为之奋斗的事业。1976 年她的处女作《治愈我的身体》出版，奠定了她在这一领域的专家地位。不久，露易丝被确诊患有癌症，她开始在自己身上实践整体康复的思想。6 个月后，她摆脱了癌症，完全康复了。1984 年，露易丝的代表作《生命的重建》出版，很快就被译为 25 种文字，在 35 个国家和地区出版。1985 年，露易丝创建了名为"海瑞德"的艾滋病救援组织。她还建立了"Hay 基金会"和"露易丝·海慈善基金会"，帮助和支持艾滋病患者、被虐待妇女和社会最底层的穷苦人。她每月一期的专栏《亲爱的露易丝》发表在美国、加拿大、澳大利亚、西班牙和阿根廷等国家的 50 多种出版物上。露易丝·海帮助了千千万万人改变了健康状态，提升了生命质量。这位伟大的女性被世

界各地的媒体亲切地称为"最接近圣人的人"。

心理银幕 10:《闻香识女人》

《闻香识女人》翻拍于 1974 年迪诺·莱希的电影《女人香》，由马丁·布莱斯特执导，阿尔·帕西诺、克里斯·奥唐纳等主演的一部剧情电影。该片获得第 65 届奥斯卡最佳影片、最佳导演、最佳男主角奖。

电影讲述了一名预备学校的学生，为一位脾气暴躁的眼盲退休军官担任助手期间发生的故事。年轻的学生查理（克里斯奥唐纳饰）无意间目睹了几个学生准备戏弄校长的过程，校长让他说出恶作剧的主谋，否则将予以处罚。查理带着烦恼来到退伍军人史法兰中校（埃尔·帕西诺饰）家中做周末兼职。中校曾经是林登·贝恩斯·约翰逊总统的幕僚，经历过战争和许多挫折，在一次意外事故中双眼被炸瞎。他整天在家里无所事事，失去了生活下去的勇气和信心。他准备用尽最后的精力享受一次美好的生活。他带着查理出游、吃佳肴、开飞车、跳探戈、住豪华酒店……然后想就此结束自己的生命。查理竭力阻止了中校的自杀行为，从此他们之间萌生如父子般的感情。史法兰也找回了生活下去的勇气和力量。影片最后史法兰在学校礼堂激昂演说，挽救了查理的前途，讽刺了学校的伪善。两人在互相鼓舞中得到重生。

测一测　看一看
心理健康：爱与创造

参 考 文 献

1．叶浩生．西方心理学的历史与体系．北京：人民教育出版社，1998．

2．周辅成．西方伦理学名著选辑．北京：商务印书馆，2013．

3．任俊．积极心理学．上海：上海教育出版社，2006．

4．荆其诚．简明心理学百科全书．长沙：湖南教育出版社，1991．

5．任俊．写给教育者的积极心理学．北京：中国轻工业出版社，2010．

6．朱智贤．心理学大词典．北京：人民教育出版社，1989．

7．任俊．塞里格曼传．北京：北京师范大学出版社，2010．

8．俞国良，辛自强．社会性发展．北京：中国人民大学出版社，2013．

9．车文博．人本主义心理学．杭州：浙江教育出版社，2003．

10．蒋燕宾．大学生正负生活事件、应对方式对主观幸福感的影响研究．上海：华东师范大学，2009．

11．阳志平，彭华军，等．积极心理学团体活动课操作指南．2 版．北京：机械工业出版社，2016．

12．曲韵．积极心理疗法简明手册——自学与自助．北京：知识产权出版社，2016．

13．刘翔平．积极心理学．2 版．北京：中国人民大学出版社，2018．

14．彭聃龄．普通心理学．北京：北京师范大学出版社，2012．

15．郑日昌．心理测量学．北京：人民教育出版社，1999．

16．迈克尔·J．弗朗，里奇·吉尔曼，E．斯科特·休布纳，著．张大均，张骞，王金良，译．学校积极心理学手册．2 版．重庆：西南师范大学出版社，2017．

17．菲利普·津巴多，著．邹智敏，肖莉婷，译．普通心理学．北京：机械工业出版社，2017．

18．卡伦·霍妮，著．郑世彦，译．我们内心的冲突．杭州：浙江文艺出版社，2019．

19．马歇尔·卢森堡．非暴力沟通．北京：华夏出版社，2018．

20．艾里希·弗洛姆，著．刘福堂，译．爱的艺术．上海：上海译文出版社，2018．

21．海伦·帕尔默，著．徐扬，译．九型人格．北京：华夏出版社，2016．

22．菲利普·津巴多，迈克尔·利佩，著．邓羽，肖莉，唐小艳，译．态度改变与社会影响．北京：人民邮电出版社，2018．

23．E．阿伦森，著．刑占军，译．社会性动物．上海：华东师范大学出版社，2007．

24．维克多·E．弗兰克尔．活出生命的意义．北京：华夏出版社，2018．

25．萨提亚，著．聂晶，译．萨提亚家庭治疗模式．北京：世界图书出版公司，2007．

26．理查德·格里格，菲利普·津巴多，著．王垒，译．心理学与生活．北京：人民邮电出版社，2014．

27．杰弗瑞·简森·阿内特，著．高雯，译．发展心理学：人类文化与人的毕生发展．北京：电子工业出版社，2018．

28．戴维·迈尔斯．心理学导论．北京：商务印书馆，2019．

29. C. R. 斯奈德，沙恩·洛佩斯，著. 王彦，席居哲，王艳梅，译. 积极心理学：探索人类优势的科学与实践. 北京：人民邮电出版社，2013.

30. 克里斯托弗·彼得森. 打开积极心理学之门. 北京：机械工业出版社，2016.

31. 阿兰·卡尔. 积极心理学——有关幸福和人类优势的科学. 2 版. 北京：中国轻工业出版社，2013.

32. 坎特威茨，著，杨治良，译. 实验心理学——掌握心理学的研究. 上海：华东师范大学出版社，2004.

33. 埃伦·兰格. 专念学习力. 杭州：浙江人民出版社，2012.

34. 拉夫·科斯特. 快乐之道. 北京：中华书局，2010.

35. 马丁·塞里格曼，著. 任俊，译. 你可以改变的和不可以改变的心理品质. 北京：中国人民大学出版社，2010.

36. 文特雷拉. 积极思考的力量. 北京：中信出版社，2003.

37. 戴维·伯恩斯. 好心情手册. 郑州：河南人民出版社，2006.

38. 马克·罗森. 谢谢你折磨我. 长春：吉林出版集团有限责任公司，2011.

39. 克里斯托夫·安德烈. 幸福的艺术. 北京：三联书店出版社，2008.

40. 卡伦·霍妮. 经官能症与人性的发展. 沈阳：万卷出版公司，2011.

41. 索尼娅·柳博米尔斯基. 幸福增加了 40%. 上海：华东师范大学出版社，2009.

42. 丹尼尔·吉尔伯特. 撞上幸福. 北京：中信出版社，2015.

43. 马库斯·白金汉，唐纳德·克利夫顿. 现在发现你的优势. 北京：中国青年出版社，2010.

44. 马克·威廉姆斯，约翰·蒂斯代尔，津戴尔·塞戈尔. 改善情绪的正念疗法. 北京：中国人民大学出版社，2009.

45. 约翰·瑞迪，埃里克·哈格曼. 五公里的快活和智慧. 北京：中国人民大学出版社，2010.

46. 埃伦·J. 兰格，著，王佳艺，译. 专念：积极心理学的力量. 杭州：浙江人民出版社，2012.

47. 克里斯托弗·彼得森，史蒂文·迈尔，马丁·塞利格曼. 习得性无助. 北京：机械工业出版社，2011.

48. 马修·李卡德. 快乐学：修练幸福的 24 堂课. 上海：天下杂志出版社，2007.

49. 伯恩斯. 抑郁情绪调节手册：十天改善我的自尊. 北京：中国轻工业出版社，2006.

50. 芭芭拉·弗雷德里克森. 积极情绪的力量. 北京：中国人民大学出版社，2010.

51. 马丁·塞利格曼，著. 赵昱鲲，译. 持续的幸福. 杭州：浙江人民出版社，2012.

52. 马丁·塞利格曼，著. 洪兰，译. 真实的幸福. 沈阳：万卷出版公司，2018.

53. 马丁·塞利格曼，著. 洪兰，译. 活出最乐观的自己. 沈阳：万卷出版公司，2010.

54. 米哈里·希斯赞特米哈伊. 心流与创新心理学. 杭州：浙江人民出版社，2014.

55. 劳伦·斯莱特. 20 世纪最伟大的心理学实验. 北京：中国人民大学出版社，2007.

56. 西格蒙德·弗洛伊德，著. 林克明，译. 性学三论：爱情心理学. 西安：太白文艺出版社，2004.

57. 戴维·迈尔斯，著. 张智勇，乐国安，侯玉波，等，译. 社会心理学. 北京：人民邮电出版社，2006.

58. 贝克，著. 翟书涛，等，译. 认知疗法：基础与应用. 北京：中国轻工业出版社，2001.

59. 罗兰·米勒，丹尼尔·珀尔曼，著. 王伟平，译. 亲密关系. 北京：人民邮电出版社，2011.

60. 阿尔弗雷德·阿德勒，著. 曹晚红，魏雪萍，译. 自卑与超越. 汕头：汕头大学出版社，2010.

61. 罗杰·霍克，著. 白学军，译. 改变心理学的40项研究. 5版. 北京：人民邮电出版社，2010.

62. 李中权，王力，张厚粲，等. 人格特质与主观幸福感：情绪调节的中介作用. 心理科学，2010.

63. 陈姝娟，周爱保. 主观幸福感研究综述. 心理与行为研究，2003，8.

64. 杨彦春. 老人幸福度与社会心理因素的调查研究. 中国心理卫生杂志，1988，2.

65. 刘仁刚，龚耀先. 老人幸福感及其影响因素. 中国临床心理学，2000，8.

66. 任俊，蔡晓辉. 积极幻想研究述评. 心理科学进展，2010，18.

67. 任俊，周频. 积极情绪增进与社区民众心理健康. 中国农业大学学报（社科版），2010，35.

68. 陈晓娟，任俊，马甜语. 积极心理健康内涵解析. 心理科学，2009，32.

69. 任俊，叶浩生. 积极人格：人格心理学研究的新取向. 华中师范大学学报（人文社会科学版），2005，44.

70. 任俊，叶浩生. 积极心理学：实现心理学价值回归的新视野. 光明日报（理论版），2004，11.

71. 马甜语. 积极心理学及其应用的理论研究. 吉林大学，2009.

72. 王维嘉. 国内积极心理学视域下积极情绪的研究. 社会心理科学，2014，11.

73. 黄静茹. 中国积极心理学研究发展现状. 西南石油大学学报（社会科学版），2013，2.

74. 赵海楠，于丹丹. 从积极心理学视角谈如何追寻幸福. 心理医生，2015，13.

75. 崔巍. 居民幸福感的影响因素及时代演变. 经济问题，2019，9.

76. 陈红艳，袁书卷，程利娜. 自我价值感和抑郁对老年人主观年龄和主观幸福感的链式中介作用. 中国老年学杂志，2019，9.

77. 王林，时勘，骆冬赢. 工作—家庭冲突和反刍思维对主观幸福感的影响机制研究. 东北大学学报（社会科学版），2019，9.

78. 刘志侃，程利娜. 家庭经济地位、领悟社会支持对主观幸福感的影响. 统计与决策，2019，8.

79. 裴宇晶. 九型人格理论在企业人力资源管理中的应用. 现代管理科学，2011，12.

80. 祁云鹤，赵艳博. 浅谈萨提亚模式对提升高职学生主观幸福感的作用. 河北旅游职业学院学报，2018，9.

81. 郭彤梅，郭秋云，孟利兵，唐朝永. 知识型员工心理资本和创新绩效的关系研究. 经济问题，2019，9.

82. 詹启生，李秒. 家庭亲密度对大学生职业决策自我效能感的影响：心理资本的中介作用. 中国健康心理学杂志，2019，9.

83. 孙云晓. 积极的解释让孩子自信和乐观. 湖南日报，2019，7.

84. 王菊红. 积极心理学视野下儿童乐观解释风格的训练方法. 江苏教育，2018，2.

85. 祁豪. 习得性无助综述. 现代交际，2019，4.

86. 赵和平. 大学生乐观型解释风格现状及干预研究. 重庆：重庆师范大学，2012.

87. 马晓羽. 走向多元化的积极心理学：问题与超越. 长春：吉林大学，2019.

88. 赵旋. 大学生心理资本对职业决策的影响. 哈尔滨：哈尔滨师范大学，2019.

89. 倪娜，袁晶，朱蕾. 运用积极心理干预策略探索心理育人新模式. 临床医药文献电子杂志，2019，6.

90. 王孜航. 基于 PAC 心理弹性理论的企业管理沟通问题研究. 企业改革与管理，2019，8.

91. 石丽，姬高雅. 积极心理学视域下研究生主观幸福感提升路径探析. 科教导刊，2019，4.

92. 李飞，徐治然. 理论与实践：心理资本与大学生就业能力. 黑龙江教育（高教研究与评估），2019，2.

93. Wheeler L. Motivation as a Determinant of Upward Comparison. Journal of Experimental Social Psychology，1966，（1）.

94. Collins R L. For Better or Worse：The Impact of Upward Social Comparison on Selfevaluations. Psychological Bulletin，1996，（1）.

95. Hakmiller K L. Social Comparison Processes under Differential Conditions of Egothreat. Dissertation Abstracts，1963，（2）.

96. Wills T A. Downward Comparison Principles in Social Psychology. Psychological Bulletin，1981，（2）.

97. The New Science of Happiness，Times，2005，1（17）.

98. Tellegen A，Lykken D T，Bouchand Tjetal. Personaliy similarity in twin reared apart and together. Journal of Personality and Social Psychology，1988，54（6）.

99. E. Diener. Subjective Well-being，Pschology Bulletin. 1984，95（3）.

100. E. Diener. Subjective Well-Being and Personality. In：Barone D F，Hersen M，Van Hetaled. Advaned Personality，The Plenum Series in Social/Clinical Psychology. New York：Plenum Press，1998.

101. Diener E.，Lucas R. E. & Oishi，S.，Subjective Well-Being：The science of Happiness and Life satisfaction. In C. R. Snyder and S. J，Lopez（eds.）. Handbook of Positive Psychology，New York：Oxford University Press，2002.